金工实习

主　编　朱　流

参　编　郑宝增　裘　钧　张　飘

张子园　秦利明　涂志标

李剑平　王　静　李爱奇

机械工业出版社

金工实习又叫金属加工工艺实习，是一门实践基础课，是机械类各专业学生学习工程材料及机械制造基础等课程的必修课；是机械类专业教学计划中重要的实践教学环节。主要内容包括绪论、工程材料、测量器具、钳工、车削加工、铣削加工、数控车床、数控铣床、三坐标测量、电火花线切割加工、刨削及磨削、电焊、锻压等。金工实习对于培养学生的动手能力有很大的意义，可以使学生了解传统的机械制造工艺和现代机械制造技术。

本书可供机械类及近机械类专业学生使用。

图书在版编目（CIP）数据

金工实习/朱流主编. —北京：机械工业出版社，2013.6（2024.9重印）

ISBN 978-7-111-42589-2

Ⅰ.①金…　Ⅱ.①朱…　Ⅲ.①金属加工-实习-高等学校-教材　Ⅳ.①TG-45

中国版本图书馆 CIP 数据核字（2013）第 131938 号

机械工业出版社（北京市百万庄大街 22 号　邮政编码 100037）
策划编辑：周国萍　责任编辑：周国萍　杨　茜
版式设计：常天培　责任校对：张　媛
责任印制：常天培
北京机工印刷厂有限公司印刷
2024 年 9 月第 1 版第 8 次印刷
169mm×239mm · 15.5 印张 · 314 千字
标准书号：ISBN 978-7-111-42589-2
定价：29.00 元

凡购本书，如有缺页、倒页、脱页，由本社发行部调换

电话服务
社 服 务 中 心：（010）88361066
销 售 一 部：（010）68326294
销 售 二 部：（010）88379649
读者购书热线：（010）88379203

策划编辑电话：（010）88379733
网络服务
教 材 网：http：//www.cmpedu.com
机工官网：http：//www.cmpbook.com
机工官博：http：//weibo.com/cmp1952
封面无防伪标均为盗版

前　言

金工实习是一门实践性很强的技术基础课，是机制类专业学生熟悉加工生产过程、培养动手实践能力的重要实践性教学环节，也是必修课程。通过金工实习，学生将熟悉机械制造的一般过程，掌握金属加工的主要工艺方法和工艺过程，熟悉各种设备和工具的安全操作方法；了解新工艺和新技术在机械制造中的应用；掌握简单零件的加工方法，提高工艺分析能力；培养学生认识图样、加工符号及了解技术条件的能力。结合实习培养学生的创新意识，为培养应用型、复合型高级人才打下一定的理论与实践基础，并使学生在提高工程素质方面得到培养和锻炼，同时为学习工程材料和机械制造技术基础等后续课程打下良好的基础。

本教材在编写过程中注重把握与“工程材料”和“机械制造基础”这两门课程的分工与配合，着重于单工种的工艺分析。在金工实习过程中，机械类专业侧重于工程材料及热处理、测量器具、钳工、车削加工、铣削加工、数控车床、数控铣床、三坐标测量、电火花线切割加工、电焊、锻压等内容的学习；非机械类专业学生侧重于钳工、车削加工、铣削加工、刨削及磨削等内容的学习。

本教材具有地方性院校教学的特点。在编写过程中，组织工作于一线的教师参与相关内容的编写，将其丰富的教学经验融于教材，同时也可以针对学生平时出现的问题，进行着重陈述，在各章后均安排了练习题，有助于学生消化、巩固和深化教学内容。

本教材的第1~3章由朱流编写，第4章由郑宝增编写，第5章由张飘编写，第6、11章由秦利明编写，第7章由裘钧编写，第8章由涂志标编写，第9章由王静、李爱奇共同编写，第10章由张子园编写，第12、13章由李剑平编写。朱流负责统稿并担任主编，聂秋根为本书主审，并提出许多宝贵意见，在此表示衷心感谢。

本书在编写过程中，得到了实验室教师的支持和热忱帮助，同时得到机械工业出版社有关同志的大力支持，特此感谢。

由于编著者的水平和经验有限，书中难免有欠妥甚至是错误之处，敬请广大读者批评指正。

编著者

目　录

第1章 绪 论

1.1 金工实习的性质和目的

金工实习是一门实践性很强的技术基础课，是机械类专业学生熟悉加工生产过程、培养动手实践能力的重要实践性教学环节。通过金工实习，学生将熟悉机械制造的一般过程，掌握金属加工的主要工艺方法和工艺过程，熟悉各种设备和工具的安全操作使用方法；了解新工艺和新技术在机械制造中的应用；掌握简单零件的加工方法，提高工艺分析能力；培养学生认识图样、加工符号及了解技术条件的能力。

通过金工实习，学生可掌握一定的工程基础知识和操作技能，培养学生的工程实践能力、创新意识和创新设计能力，加强劳动、纪律和职业能力方面的锻炼，培养踏实认真、理论联系实际和求真务实的工作作风，全面提高学生的综合素质，为后续课程和日后的工作奠定一定的实践基础。

1.2 金工实习的内容

机械类专业金工实习主要安排了解工程材料及其常规热处理工艺，铸造、锻压(锻造和冲压)、焊接、钳工、车削、铣削、刨削、磨削、数控加工、特种加工及检测等工种的实习。

(1) 铸造　铸造是指熔化的金属液浇注到预先制作的铸型型腔中，待其冷却凝固后获得零件毛坯的加工方法。铸造是获得零件毛坯最重要的方法。各种机械的机体、底座、机架、箱体、工作台等主体部件大都采用铸造。

(2) 锻压　锻压是利用冲击力或压力使加热后的金属坯料产生塑性变形，从而获得零件毛坯的加工方法。

(3) 焊接　焊接是通过加热或加压（或两者并用)，使焊件形成原子间结合的一种连接方法。

(4) 钳工　钳工是以手工操作为主，使用各种工具完成制造、装配和修理等工作的一个工种。钳工的基本操作有划线、锯切、锉削、攻螺纹、刮研、装配等。

(5) 车削　车削是指在车床上利用工件的旋转运动和刀具的直线运动或曲线运动来改变毛坯的形状和尺寸，把毛坯加工成符合图样要求的零件。

(6) 铣削　铣削是平面加工的主要方法之一。另外，铣削还可用于加工台阶面、沟槽、各种形状复杂的成形面、切断等。

（7）刨削　刨削在单件、小批量生产和修配工作中得到广泛的应用。刨削主要用于加工各种平面（水平面、垂直面和斜面）、各种沟槽（直槽、T形槽、燕尾槽等）和成形面等。

（8）磨削　磨削是指用砂轮或其他磨具加工工件。磨削常用于半精加工和精加工，主要可以加工外圆、内孔、平面、成形面等。

（9）数控加工　数据加工是指通过数控机床进行零件的生产加工。数控机床是随着数字技术及控制技术的发展而产生的，通过数字程序进行控制的机床。

（10）特种加工　特种加工是指直接利用电能、声能、光能和化学能等能量形式对工件进行加工的各种工艺方法，常见的有电火花线切割、激光、超声波等。

（11）检测　学生通过典型零件的检测实训，掌握普通量具及三坐标测量机的选择、使用和保养，同时了解几何尺寸及几何公差的检测方法。

第2章　工程材料及热处理

2.1　工程材料

2.1.1　常用工程材料分类

工程材料主要指用于机械工程、电气工程、建筑工程及航空航天工程等领域的材料。世界各国对工程材料的分类也不尽相同，但就大的类别来说，可以分为金属材料、非金属材料及复合材料三大类，如图2-1所示。

- 工程材料
  - 金属材料
    - 钢铁材料(黑色金属)
      - 铸铁
        - 灰铸铁
          - 普通灰铸铁
          - 球墨铸铁
          - 蠕墨铸铁
          - 可锻铸铁
        - 白口铸铁
        - 麻口铸铁
      - 工业用钢
        - 碳素钢
        - 合金钢
    - 非铁金属及其合金(有色金属及其合金)
      - 铝及铝合金
      - 铜及铜合金
      - 钛及钛合金
      - 镁及镁合金
      - 轴承合金
      - 硬质合金
  - 非金属材料
    - 工业陶瓷
      - 普通陶瓷
      - 特种陶瓷
    - 高分子材料
      - 塑料
      - 橡胶
  - 复合材料
    - 层叠型复合材料
    - 纤维增强型复合材料
    - 细粒增强型复合材料

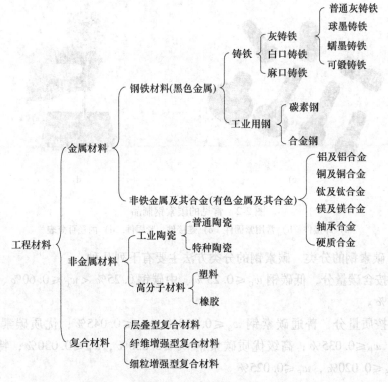

图2-1　工程材料的分类

2.1.2　常用金属材料简介

1. 碳素钢

碳素钢是指碳的质量分数低于2.11%，并有少量硅、锰以及磷、硫等杂质的铁碳合金。工业上应用的碳素钢碳的质量分数一般不超过1.4%。这是因为碳的质量分数超过此量后，表现出很大的硬脆性，并且加工困难，失去生产和使用价值，无法很好地满足相关的生产和使用要求，常见的碳素钢制品如图2-2所示。

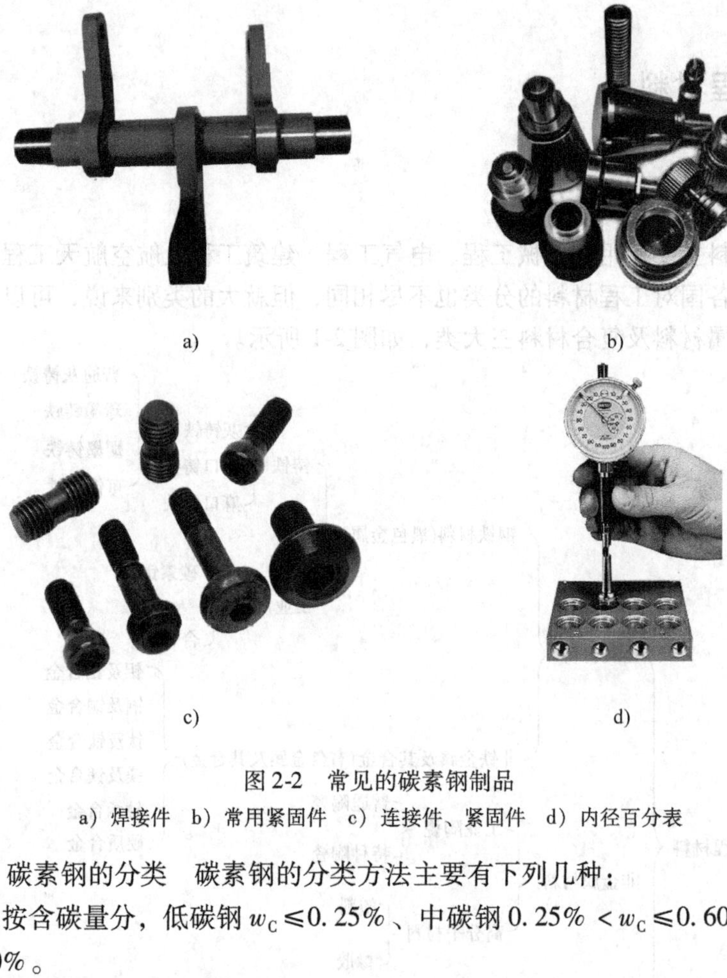

a) b) c) d)

图2-2 常见的碳素钢制品

a）焊接件 b）常用紧固件 c）连接件、紧固件 d）内径百分表

（1）碳素钢的分类 碳素钢的分类方法主要有下列几种：

① 按含碳量分，低碳钢 $w_C \leqslant 0.25\%$、中碳钢 $0.25\% < w_C \leqslant 0.60\%$、高碳钢 $w_C > 0.60\%$。

② 按质量分，普通碳素钢 $w_S \leqslant 0.050\%$，$w_P \leqslant 0.045\%$；优质碳素钢 $w_S \leqslant 0.035\%$，$w_P \leqslant 0.035\%$；高级优质碳素钢 $w_S \leqslant 0.030\%$，$w_P \leqslant 0.030\%$；特级优质碳素钢 $w_S \leqslant 0.020\%$，$w_P \leqslant 0.025\%$。

③ 按用途分 碳素钢分为碳素结构钢、碳素工具钢。

④ 按冶炼方法分，可分为平炉钢、转炉钢（氧气转炉、空气转炉）和电炉钢。

⑤ 按钢的脱氧程度分，可分为沸腾钢（钢号后标“F”）、镇静钢（用“Z”表示，可不标出）、半镇静钢（钢号后标“b”）、特殊镇静钢（代号为“TZ”，可不标出）。

（2）典型碳素钢的牌号、主要性能及用途（表 2-1）

表 2-1　碳素钢的牌号、主要性能及用途

序号	分类	典型钢号	典型钢号说明	用　途
1	碳素结构钢	Q235AF	沸腾钢，质量为 A 级，屈服强度为 235MPa	主要用作焊接件、紧固件、轴、支座等
2	优质碳素结构钢	45	平均碳的质量分数为 0.45%	低碳钢强度低，塑性好，可制作容器、冲压件等；中碳钢强度高，塑性适中，可用于制作调质件，如轴、套等；高碳钢强度高，塑性差，弹性差，可制作弹性零件及耐磨件，如弹簧、轧辊等
		65Mn	Mn 含量较高，平均碳的质量分数为 0.65%	
3	碳素工具钢	T8	平均碳的质量分数为 0.8%	根据碳的质量分数不同，分别用于制作冲模、量规或锉刀、刮刀及手用工具等

2. 合金钢

合金钢就是在碳素钢的基础上加入其他元素的钢，加入的其他元素称为合金元素。常用的合金元素有硅（Si）、锰（Mn）、铬（Cr）、镍（Ni）、钨（W）、钼（Mo）、钒（V）、钛（Ti）、铝（Al）、硼（B）及稀土元素（RE）等。合金元素在钢中的作用，是通过与钢中的铁和碳发生作用、合金元素之间的相互作用以及影响钢的组织和组织转变过程，从而提高了钢的力学性能，改善钢的热处理工艺性能和获得某些特殊性能。合金钢常用来制造重要的机械零件、工程结构件以及一些在特殊条件下工作的钢件，如图 2-3 所示。

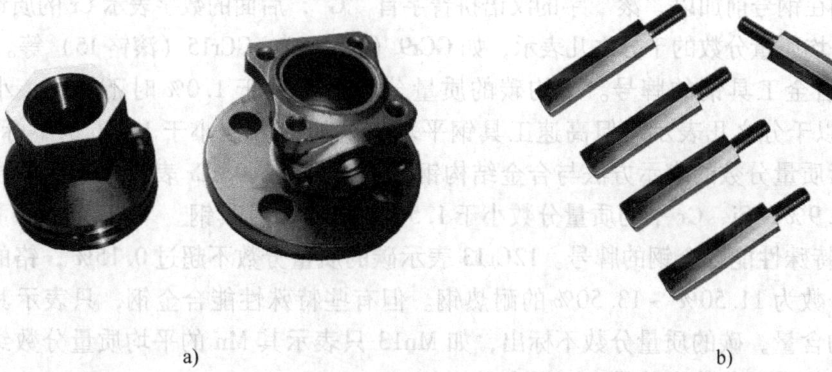

a)　　b)

图 2-3　常见的合金钢制品

a）螺母及联接件　b）连接件

（1）合金钢的分类

1）按化学成分分类。按合金元素含量的不同，合金钢分为低合金钢（合金元素质量分数小于 5%）、中合金钢（合金元素质量分数为 5% ~10%）和高合金钢

（合金元素质量分数大于10%）三类。

2）按用途分类。

① 合金结构钢。合金结构钢分为两类：一类为机器零件用钢；另一类为建筑及工程结构用钢。

② 合金工具钢。合金工具钢通常分为刀具钢、模具钢、量具钢三类。

③ 特殊性能钢。特殊性能钢是具有特殊物理、化学和力学性能的钢，分为磁钢、不锈钢、耐热钢、耐磨钢等。

（2）合金钢的牌号　我国合金钢的牌号是以钢中碳的质量分数及所含合金元素的种类和数量来表示的。从牌号上可以直接识别出钢的化学成分、钢种及用途。合金钢的牌号编制规则如下。

1）合金结构钢的牌号。合金结构钢的牌号采用“数字+化学元素+数字”的方法编制。前面的数字表示钢的平均含碳量，以平均万分数表示碳的质量分数，例如平均碳的质量分数为0.25%则以25表示。合金元素直接用化学符号表示，后面的数字表示合金元素的含量，以平均百分数表示合金元素的质量分数，合金元素的平均质量分数少于1.5%时，牌号中只标明元素，不标明含量，当合金元素质量分数为1.50%~2.49%、2.50%~3.49%、3.50%~4.49%、4.50%~5.49%……时，则相应地以2、3、4、5……来表示。例如，含有0.37%~0.44%C、0.8%~1.1%Cr的铬钢，以40Cr表示。含有0.56%~0.64%C、1.5%~2.0%Si、0.6%~0.9%Mn的硅锰钢以60Si2Mn表示。

另外，对于有些合金结构钢，为表示其用途，在钢号前面再附以字母。如：滚动轴承钢在钢号前加以“滚”字的汉语拼音字首“G”，后面的数字表示Cr的质量分数，以平均质量分数的千分之几表示，如GCr9（滚铬9）、GCr15（滚铬15）等。

2）合金工具钢的牌号。平均碳的质量分数大于等于1.0%时不标出；小于1.0%时以千分之几表示，但高速工具钢平均碳的质量分数小于1.0%也不标出。合金元素质量分数的表示方法与合金结构钢相同。例如，9SiCr表示平均碳的质量分数为0.9%，Si、Cr平均质量分数小于1.5%的低合金工具钢。

3）特殊性能合金钢的牌号。12Cr13表示碳的质量分数不超过0.15%，铬的平均质量分数为11.50%~13.50%的耐热钢。但有些特殊性能合金钢，只表示其主要合金的含量，碳的质量分数不标出，如Mn13只表示其Mn的平均质量分数约为13%，碳的质量分数在牌号上不予表示。

3. 铸铁

碳的质量分数在2.11%以上的铁碳合金。工业用铸铁一般碳的质量分数为2%~4%。C在铸铁中多以石墨形态存在，有时也以渗碳体形态存在。除C外，铸铁中还含有质量分数1%~3%的Si，以及Mn、P、S等元素。合金铸铁还含有Ni、Cr、Mo、Al、Cu、B、V等元素。C、Si是影响铸铁显微组织和性能的主要元素。按断口颜色可分为灰铸铁、白口铸铁和麻口铸铁，常见的铸铁及其制品如图2-4所示。

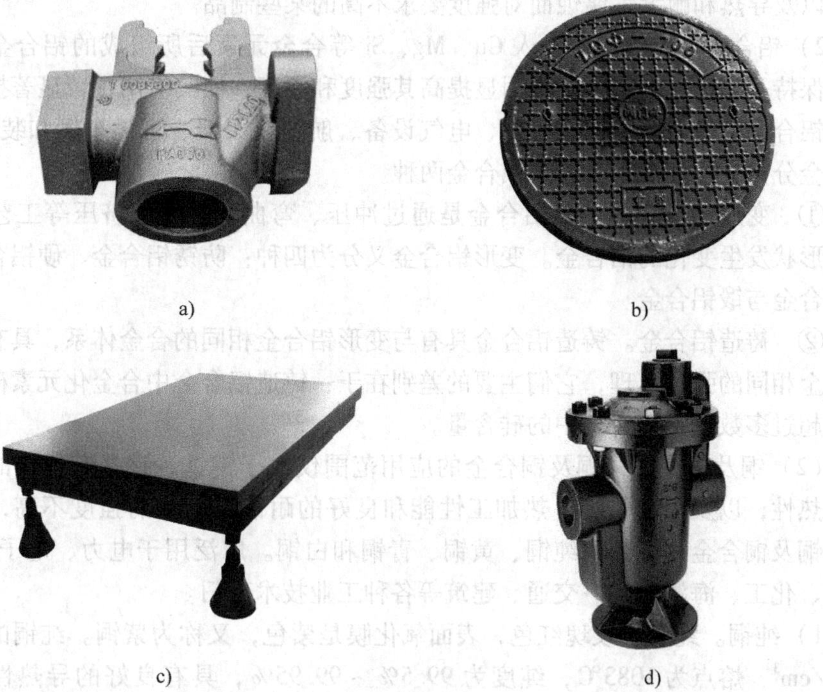

图2-4　常见的铸铁制品

a）阀体　b）下水道盖子　c）铸铁平台　d）泵体

（1）灰铸铁　这种铸铁中的碳大部分或全部以自由状态的片状石墨形式存在，其断口呈暗灰色，有一定的力学性能和良好的可加工性，普遍应用于工业生产中。

（2）白口铸铁　白口铸铁是组织中完全没有或几乎没有石墨的一种铁碳合金，其断口呈白亮色，硬而脆，不能进行切削加工，很少在工业上直接用来制作机械零件。由于其具有很高的表面硬度和耐磨性，又称为激冷铸铁或硬铸铁。

（3）麻口铸铁　麻口铸铁是介于白口铸铁和灰铸铁之间的一种铸铁，其断口呈灰白相间的麻点状，性能差，应用极少。

4. 有色金属及其合金

有色金属是指Fe、Cr、Mn三种金属以外所有的金属。与黑色金属相比，有色金属具有更好的耐蚀性、耐磨性、导电性、导热性、韧性、塑性及更高的强度，具有放射性等特殊性能，具有良好的延展性，易于进行压力加工和轧制，是发展现代工业、现代国防和现代科学技术不可缺少的重要材料。

（1）铝及铝合金

1）纯铝。纯铝是银白色金属，主要的性能特点是密度小，导电性和导热性高，耐大气腐蚀性能好，塑性好，无铁磁性。因此适宜制造要求导电的电线、电缆，以及导热和耐大气腐蚀而对强度要求不高的某些制品。

2）铝合金。在纯铝中加入 Cu、Mg、Si 等合金元素后所组成的铝合金，不仅基本保持了纯铝的优点，还可明显提高其强度和硬度，使其应用领域显著扩大。目前，铝合金广泛应用于普通机械、电气设备、航空航天器、运输车辆和装饰装修。铝合金分为变形铝合金及铸造铝合金两种。

① 变形铝合金。变形铝合金是通过冲压、弯曲、轧制、挤压等工艺使其组织、形状发生变化的铝合金。变形铝合金又分为四种：防锈铝合金、硬铝合金、超硬铝合金与锻铝合金。

② 铸造铝合金。铸造铝合金具有与变形铝合金相同的合金体系，具有与变形铝合金相同的强化机理，它们主要的差别在于：铸造铝合金中合金化元素硅的最大含量超过多数变形铝合金中的硅含量。

（2）铜及铜合金　铜及铜合金的应用范围仅次于钢铁，它具有优良的导电性和导热性，以及很好的冷、热加工性能和良好的耐蚀性；铜的强度不高，硬度较低。铜及铜合金一般分为纯铜、黄铜、青铜和白铜。广泛用于电力、电子、仪表、机械、化工、海洋工程、交通、建筑等各种工业技术部门。

1）纯铜。纯铜呈玫瑰红色，表面氧化膜是紫色，又称为紫铜。纯铜的密度为 $8.9g/cm^3$，熔点为 1083℃，纯度为 99.5% ~99.95%，具有良好的导热性和导电性，其电导率仅次于银而位居第二位，广泛用作导电材料及配制铜合金的原料。

根据铜中杂质含量及提炼方法不同，纯铜分为工业纯铜、无氧铜和磷脱氧铜。

2）铜合金。根据化学成分不同，铜合金分为黄铜、青铜和白铜三类。根据生产方法的不同，铜合金还可以分为加工铜合金和铸造铜合金。

① 黄铜。黄铜是以锌为主加元素的铜合金。其力学性能明显优于纯铜，黄铜具有良好的工艺性能、力学性能及耐蚀性，且其导电性和导热性较高，是有色金属材料中应用最广泛的一种。

② 青铜。青铜指以除锌、镍外的元素为主要合金元素的铜合金。包括锡青铜、铝青铜、铍青铜、硅青铜等。根据加工产品的形式，青铜也可分为压力加工青铜和铸造青铜。青铜具有优良的综合力学性能，耐蚀性高于纯铜和黄铜，耐磨性及弹性均较好。

（3）轴承合金　轴承合金又称为轴瓦合金，是用于制造滑动轴承的材料。轴承合金的组织是在软相基体上均匀分布着硬相质点，或硬相基体上均匀分布着软相质点。轴承合金应具有如下性能：良好的耐磨性和减摩性；有一定的抗压强度和硬度，有足够的疲劳强度和承载能力；塑性和冲击韧度良好；具有良好的抗咬合性；良好的顺应性；好的镶嵌性；良好的导热性、耐蚀性和小的热膨胀系数。轴承合金用于各类轴承制品，如图 2-5 所示。

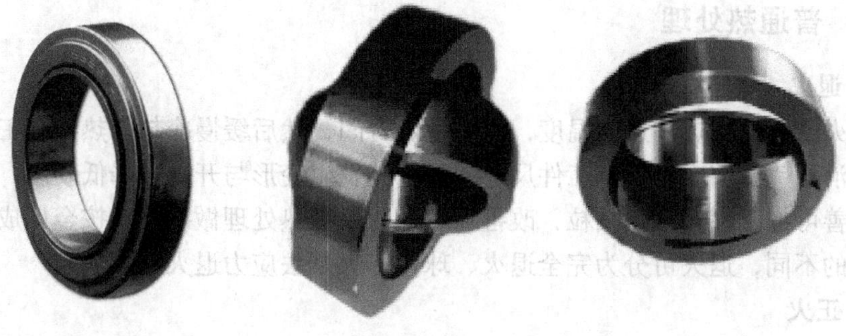

图 2-5　常见的轴承合金制品

2.2　常用热处理方法

2.2.1　概述

热处理是采用适当的方式对金属材料或工件进行加热、保温和冷却，以获得所需要的组织结构和性能的工艺。热处理在机械制造业中占有十分重要的地位。它可以充分发挥材料性能的潜力，提高零件的加工性能和服役性能，减轻工件自重，节约材料，降低成本。

热处理与其他加工方法（如压力加工、铸造、焊接等）不同，它不改变工件的形状和大小，而只改变工件的内部组织和性能。热处理的目的，是为了改善钢的性能，例如强度、硬度、塑性、韧性、耐磨性、耐蚀性、加工性能等。热处理工艺分类如图 2-6 所示。

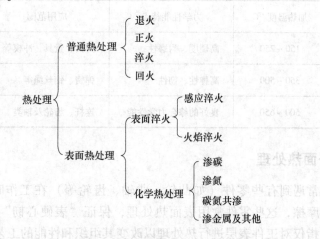

- 热处理
  - 普通热处理
    - 退火
    - 正火
    - 淬火
    - 回火
  - 表面热处理
    - 表面淬火
      - 感应淬火
      - 火焰淬火
    - 化学热处理
      - 渗碳
      - 渗氮
      - 碳氮共渗
      - 渗金属及其他

图 2-6　热处理工艺分类

2.2.2 普通热处理

1. 退火

退火是将钢加热到适当温度，保温一定时间，然后缓慢冷却的热处理工艺。其目的是消除残留应力，稳定工件尺寸并防止其发生变形与开裂；降低硬度，提高塑性，改善可加工性；细化晶粒，改善组织，为最终热处理做准备。按金属成分和性能要求的不同，退火可分为完全退火、球化退火及去应力退火。

2. 正火

正火是将钢加热到适当温度，保温一定的时间后，在空气中自然冷却的热处理工艺。正火与退火类似，但冷却速度比退火快。钢件在正火后的强度和硬度较退火稍高，但消除残留应力不彻底。因为正火冷却较快、操作简便、生产率高，所以在可能的情况下一般优先采用正火。低碳钢件多用正火代替退火。

3. 淬火

淬火是将钢加热到适当温度，保持一定时间，然后在水、油或其他无机盐溶液等介质中快速冷却获得马氏体和（或）贝氏体组织的热处理工艺。淬火可以提高钢件的硬度和耐磨性，淬火与不同的回火工艺配合，可以获得各种需要的性能，是强化钢的主要方法。

4. 回火

回火是钢件淬硬后，再加热至适当温度，保温一定时间，然后冷却到室温的热处理工艺。其目的是稳定组织，减少内应力，降低脆性，获得所需性能。表 2-2 为常见的回火方法及其应用。

表 2-2 常见的回火方法及其应用

回火方法	加热温度/℃	力学性能特点	应用范围	硬度 HRC
低温回火	150 ~ 250	高硬度、耐磨性	刃具、量具、冲模等	58 ~ 65
中温回火	350 ~ 500	高弹性、韧性	弹簧、钢丝绳等	35 ~ 50
高温回火	500 ~ 650	良好的综合力学性能	连杆、齿轮及轴类	20 ~ 30

2.2.3 表面热处理

生产中常遇到有些零件（如凸轮、曲轴、齿轮等）在工作时，既承受冲击，表面又承受摩擦，这些零件常用表面热处理，保证“表硬心韧”的使用性能。表面热处理是指仅对工件表层进行热处理以改变其组织和性能的工艺，通常可分为表面淬火和化学热处理两类。

1. 表面淬火

表面淬火是将钢件的表面层淬透到一定的深度，而零件中心部分仍保持未淬火状态的一种局部淬火的方法。

表面淬火的目的在于获得高硬度、高耐磨性的表面，而零件中心部分仍然保持原有的良好韧性，常用于机床主轴、齿轮、发动机的曲轴等。目前生产中常用的表面淬火方法有感应淬火和火焰淬火两种。

2. 化学热处理

化学热处理是指将金属或合金工件置于一定温度的活性介质中保温，使一种或几种元素渗入它的表层，以改变其化学成分、组织和性能的热处理工艺。其特点是表层不仅有组织改变也有化学成分的改变。按钢件表面渗入的元素不同，化学热处理可分为渗碳、渗氮（氮化）、碳氮共渗、渗硼、渗硅、渗铬等。下面简要介绍渗碳及渗氮两种热处理方法。

（1）渗碳　渗碳是指使碳原子渗入到钢表面层的过程。可使低碳钢的工件具有高碳钢的表面层，再经过淬火和低温回火，使工件的表面层具有较高的硬度和耐磨性，而工件的中心部分仍然保持低碳钢的韧性和塑性。渗碳工艺广泛应用于飞机、汽车和拖拉机等机械的零件制造，如齿轮、轴、凸轮轴等。

（2）渗氮　在一定温度下使活性氮原子渗入工件表面的化学热处理工艺即为渗氮。其目的是提高表面硬度和耐磨性，并提高疲劳强度和耐蚀性。目前常用的渗氮方法主要有气体渗氮和离子渗氮。

2.3　常用热处理设备

常用的热处理设备包括热处理加热设备、冷却设备及其他辅助设备等。

2.3.1　热处理加热设备

常用的热处理加热设备有电阻炉和盐浴炉等。

1. 电阻炉

（1）箱式电阻炉　箱式电阻炉利用电流通过布置在炉膛内的电热元件发热，通过对流和辐射对零件进行加热，如图 2-7a 所示。它是热处理车间应用很广泛的加热设备。适用于钢铁材料和有色金属材料的退火、正火、淬火、回火及固体渗碳等热处理工艺，具有操作简便，控温准确，可通入保护性气体防止零件加热时的氧化等优点。

（2）井式电阻炉　井式电阻炉的工作原理与箱式电阻炉相同，其炉口向上，因形如井状而得名，如图 2-7b 所示。常用的有中温井式炉、低温井式炉和气体渗碳炉三种，井式电阻炉采用起重机起吊零件，能减轻劳动强度，故应用较广。

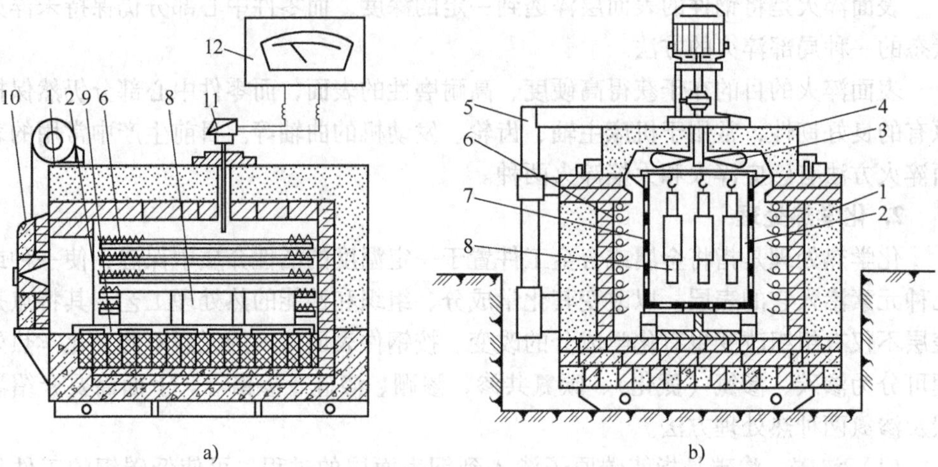

图 2-7　电阻炉

a）箱电式阻炉　b）井式电阻炉

1—炉体　2—炉膛　3—风扇　4—炉盖　5—升降机构　6—电热元件　7—装料框　8—工件　9—耐热钢炉底板　10—炉门　11—热电偶　12—温控仪

中温井式炉主要应用于长形零件的淬火、退火和正火等热处理工艺，其最高工作温度为950℃，与箱式炉相比，井式炉热量传递较好，炉顶可安装风扇，使温度分布较均匀，细长零件垂直旋转可克服零件水平放置时因自重引起的弯曲。

2. 盐浴炉

盐浴炉是利用熔盐作为加热介质的炉型，如图 2-8 所示。盐浴炉结构简单、制造方便、费用低、加热质量好、加热速度快，因而应用较广。但在盐浴炉加热时，存在着零件的扎绑、夹持等工序，使操作复杂，劳动强度大，工作条件差，同时存在着起动时升温时间长等缺点。因此，盐浴炉常用于中、小型且表面质量要求高的零件。

2.3.2　冷却设备及其他辅助设备

1. 冷却设备

热处理冷却设备主要包括水槽、油槽和硝盐炉等，为提高冷却设备的生产能力和效果，常配置有淬火冷却介质循环冷却系统。

2. 辅助设备

热处理辅助设备主要包括：用于清除工件表面氧化皮的清理设备，如清理滚筒、喷砂机、酸洗槽等；用于清洗工件表面粘附的盐、油等污物的清洗设备，如清

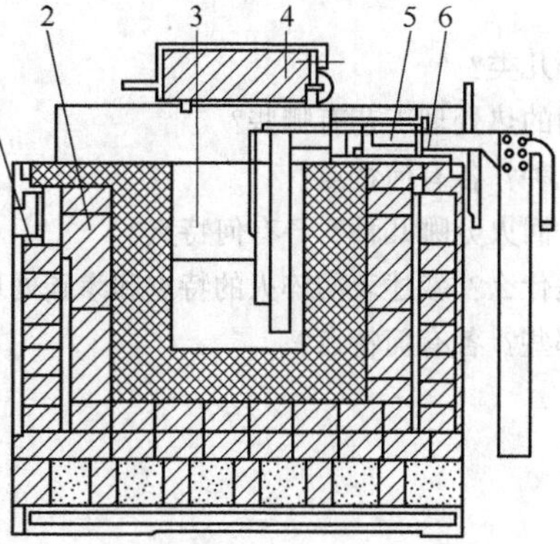

图2-8 盐浴炉

1—炉壳 2—保温层 3—炉膛 4—炉盖 5—电极 6—铁包子

洗槽、清洗机等；用于校正热处理工件变形的校正设备，如手动压力机、液压校正机等；用于搬运工件的起重运输设备等。

3. 质量检验设备

根据热处理零件的质量要求，检验设备一般设有：检验硬度的硬度计、检验裂纹的无损检测机、检验内部组织的金相显微镜及制样设备、校正变形的压力机等。

2.3.3 热处理实习安全操作规程

1）学生进入实习（训练）场地后要听从指导教师安排，穿好工作服，扎紧袖口，戴好工作帽；认真听讲，仔细观摩，严禁嬉戏打闹，保持场地干净整洁。

2）首先要熟悉热处理工艺规程和所使用的设备，在掌握相关设备和工具的正确使用方法后，才能进行操作。

3）不得私自乱动场地内的电气开关、设备、仪表、工件等。

4）操作时必须穿戴必要的防护用品，如防护鞋、手套、防护眼镜等。

5）拿取工件要使用工具，严禁徒手触摸训练场地内的各种工件，以免被烫伤。

6）操作电炉时注意不要触及电炉丝，开启炉门时要切断电源。

7）工件冷却时要遵守操作规程，不准乱扔乱放，以免被烫伤。

8）发生事故时，立即切断电源，保护现场，并向指导教师报告事故经过。

9）实习（训练）结束后应做好仪器设备的复位工作，关闭电闸，把试样、工具等物品放到指定位置。保养好仪器设备，清理好场地卫生。

练 习 题

1. 常用工程材料分为哪几类？
2. 什么是热处理？常用的热处理工艺有哪些？
3. 普通热处理包括哪几种？各有何特点？
4. 回火的作用是什么？回火分哪几种？各有何特点？
5. 表面热处理的目的是什么？叙述表面淬火的特点和渗碳处理的特点。
6. 常用热处理设备有哪些？各有何特点？

第3章 测量器具

3.1 游标读数测量器具

应用游标读数原理制成的测量器具有：游标卡尺、游标高度卡尺、游标深度卡尺、游标量角尺（如万能量角尺）和游标齿厚卡尺等，用以测量零件的外径、内径、长度、宽度、厚度、高度、深度、角度以及齿轮的齿厚等，应用范围非常广泛。

3.1.1 游标卡尺

1. 游标卡尺的结构形式

游标卡尺是一种常用的测量器具，具有结构简单、使用方便、精度适中和测量尺寸范围大等特点，可以用来测量零件的外径、内径、长度、宽度、厚度、深度和孔距等，应用范围很广，如图 3-1 所示。

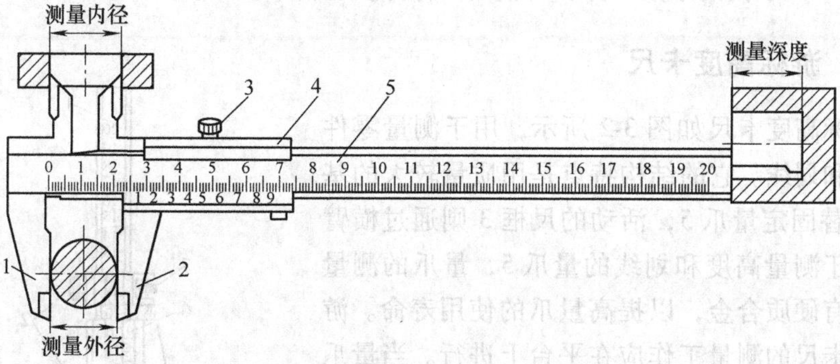

图 3-1 测量精度为 0.02mm 的游标卡尺

1—固定量爪 2—活动量爪 3—制动螺钉 4—游标 5—尺身

游标卡尺主要由下列几部分组成：

1）具有固定量爪的尺身。尺身上有类似钢直尺的尺身刻度，如图 3-1 所示。尺身上的刻线间距为 1mm。尺身的长度取决于游标卡尺的测量范围。

2）具有活动量爪的游标。游标卡尺的分度值有 0.1mm、0.05mm 和 0.02mm 三种。分度值是指使用这种游标卡尺测量零件尺寸时能够读出的最小数值。

3）在测量范围为 0～125mm 的游标卡尺上，还带有测量深度的深度卡尺。深度卡尺固定在尺框的背面，能随着尺框在尺身的导向凹槽中移动。测量深度时，应把尺身尾部的端面靠紧在零件的测量基准平面上。

目前我国生产的游标卡尺的测量范围及其分度值见表3-1。

表3-1 游标卡尺的测量范围和分度值 （单位：mm）

测量范围	分度值	测量范围	分度值
0~25	0.02、0.05、0.10	300~800	0.05、0.10
0~200	0.02、0.05、0.10	400~1000	0.05、0.10
0~300	0.02、0.05、0.10	600~1500	0.05、0.10
0~500	0.05、0.10	800~2000	0.10

2. 游标卡尺的读数原理和读数方法

游标卡尺的读数机构由尺身和游标两部分组成。当活动量爪与固定量爪贴合时，游标上的“0”刻线（简称游标零线）对准尺身上的“0”刻线，此时量爪之间的距离为0。当尺框向右移动到某一位置时，固定量爪与活动量爪之间的距离就是零件的测量尺寸。此时零件尺寸的整数部分可在游标零线左边的尺身刻线上读出来，而1mm以内的小数部分，可借助游标分度机构来读出。

3.1.2 游标高度卡尺

游标高度卡尺如图3-2所示，用于测量零件的高度和划线。它的结构特点是用质量较大的基座4代替固定量爪5，活动的尺框3则通过横臂装有用于测量高度和划线的量爪5，量爪的测量面上镶有硬质合金，以提高量爪的使用寿命。游标高度卡尺的测量工作应在平台上进行。当量爪的测量面与基座的底平面位于同一平面时，如在同一平台平面上，尺身1与游标6的零线相互对准。所以在测量高度时，量爪测量面的高度就是被测量零件的高度尺寸，其具体数值与游标卡尺一样可在尺身（整数部分）和游标（小数部分）上读出。应用游标高度卡尺划线时，调好划线高度，用紧固螺钉2把尺框锁紧后，也应在平台上先调整再划线。

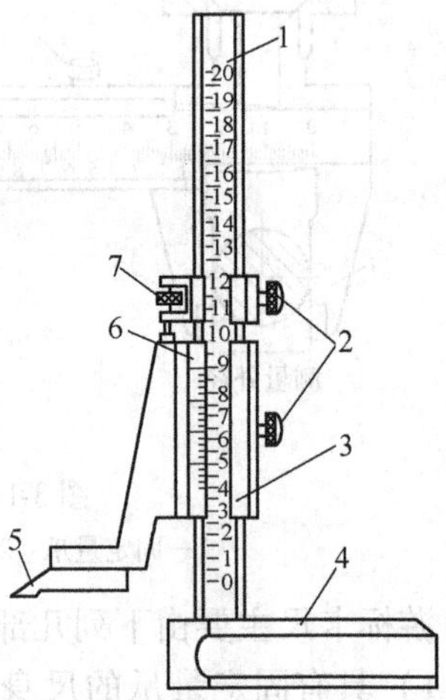

图3-2 高度游标卡尺

1—尺身 2—紧固螺钉 3—尺框 4—基座 5—量爪 6—游标 7—微动装置

3.1.3 游标深度卡尺

游标深度卡尺如图3-3所示，用于测量零件的深度尺寸或台阶高低及槽的深度。当测量内孔深度时，应把基座的端面紧靠在被测孔的端面上，使尺身与被测孔的中心线平行，伸入尺身，则尺身端面至基座端面之间的距离就是被测零件的深度尺寸。它的读数方法和游标卡尺完全一样。

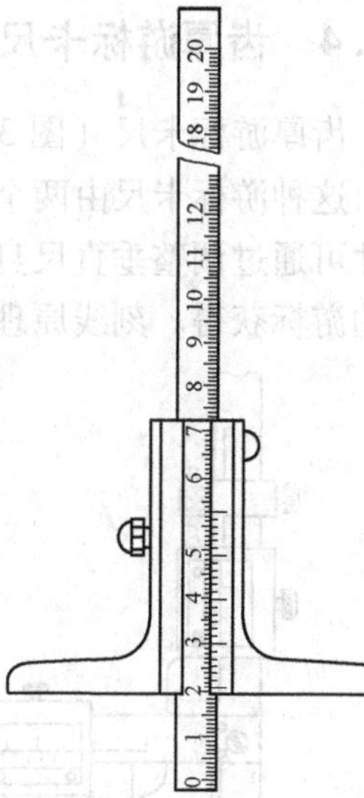

图3-3 游标深度卡尺

测量时，先将测量基座轻轻压在工件的基准面上，两个端面必须与工件的基准面相接触，如图3-4a所示。测量轴类的台阶时，测量基座的端面应紧压在基准面上，图3-4b、c所示；再移动尺身，直到尺身的端面接触到工件的测量面（台阶面）上，然后用紧固螺钉固定尺框，提起卡尺，读出深度尺寸。测量多台阶小直径的内孔深度时，要注意尺身的端面是否位于待测的台阶上，如图3-4d所示。当基准面是曲线时，如图3-4e所示，测量基座的端面必须放在曲线的最高点上，测量出的深度尺寸才是工件的实际尺寸，否则会出现测量误差。

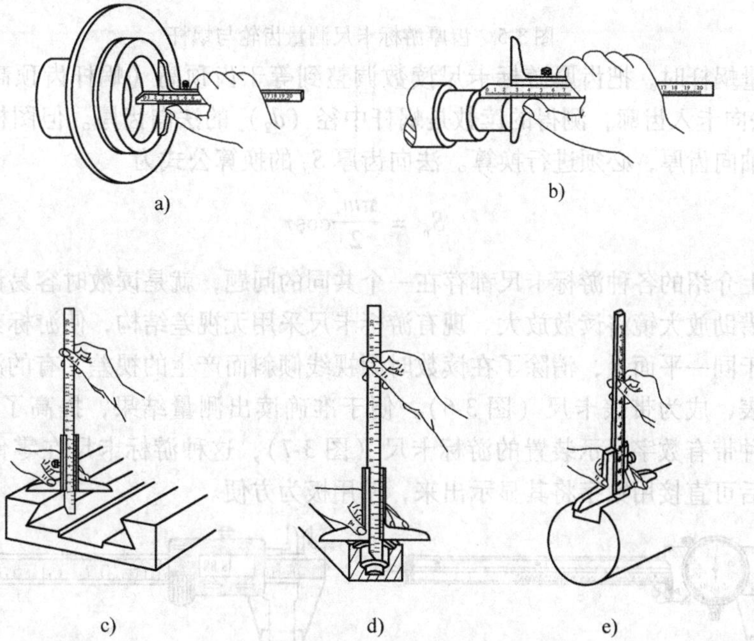

图3-4 游标深度卡尺的使用方法

3.1.4　齿厚游标卡尺

齿厚游标卡尺（图 3-5）是用来测量齿轮（或蜗杆）的弦齿厚和弦齿顶的量具。这种游标卡尺由两个互相垂直的尺身组成，因此有两个游标。图 3-5a 所示的尺寸可通过调整垂直尺身上的游标获得，图 3-5b 所示的尺寸可通过调整水平尺身上的游标获得。刻线原理和读法与一般游标卡尺相同。

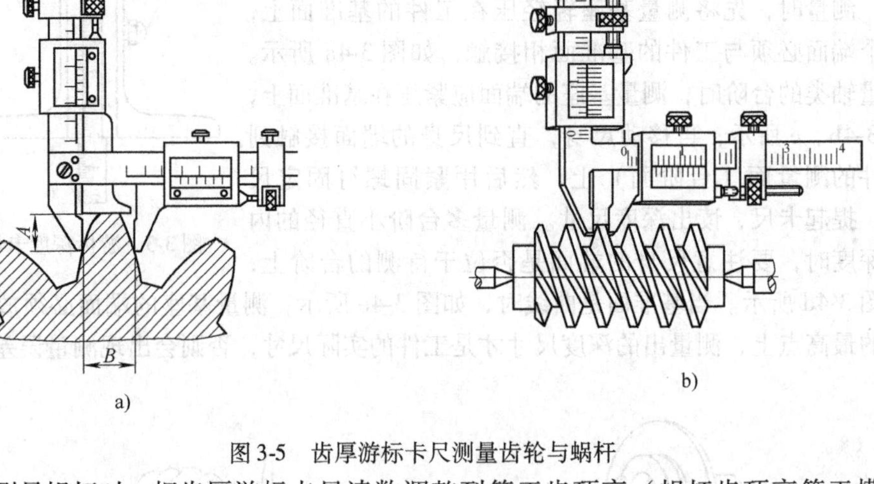

图 3-5　齿厚游标卡尺测量齿轮与蜗杆

测量蜗杆时，把齿厚游标卡尺读数调整到等于齿顶高（蜗杆齿顶高等于模数 m_s），法向卡入齿廓，测得的读数是蜗杆中径（d_2）的法向齿厚。但图样上一般注明的是轴向齿厚，必须进行换算。法向齿厚 S_n 的换算公式为

$$S_n = \frac{\pi m_s}{2}\cos\tau$$

以上介绍的各种游标卡尺都存在一个共同的问题，就是读数时容易读错，有时不得不借助放大镜将读数放大。现有游标卡尺采用无视差结构，使游标刻线与尺身刻线处于同一平面上，消除了在读数时因视线倾斜而产生的视差。有的游标卡尺装有测微表，成为带表卡尺（图 3-6），便于准确读出测量结果，提高了测量精度。更有一种带有数字显示装置的游标卡尺（图 3-7），这种游标卡尺在零件表面上量得尺寸后可直接用数字将其显示出来，使用极为方便。

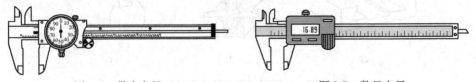

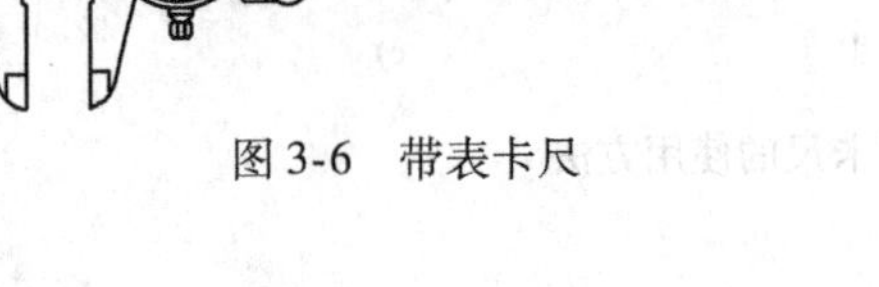

图 3-6　带表卡尺

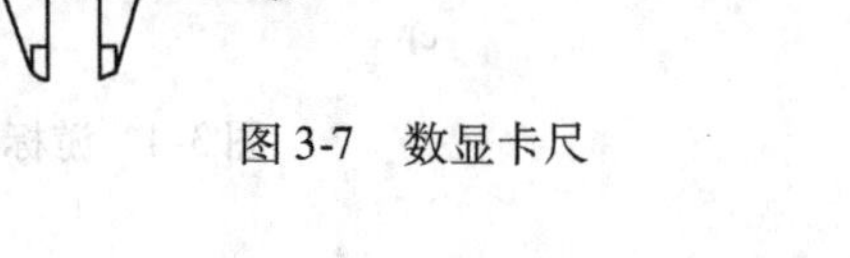

图 3-7　数显卡尺

3.2 千分尺

应用螺旋副原理对尺架上的两测量面间分隔的距离进行读数的器具，称为千分尺。它们的测量精度比游标卡尺高，并且测量比较灵活，因此，当加工精度要求较高时多被应用。常用的螺旋读数量具有外径千分尺和千分尺。百分尺的读数值为0.01mm，千分尺的读数值为0.001mm。工厂习惯上把外径千分尺和千分尺统称为千分尺。目前车间里大量使用的是读数值为0.01mm的外径千分尺，现以介绍这种千分尺为主，并适当介绍千分尺的使用知识。

千分尺的种类很多，机械加工车间常用的有外径千分尺、内测千分尺、深度千分尺以及公法线千分尺等，分别用于测量或检验零件的外径、内径、深度以及齿轮的公法线长度等。

3.2.1 外径千分尺

1. 外径千分尺的结构

外径千分尺用于测量或检验零件的外径、凸肩厚度以及板厚或壁厚等（测量孔壁厚度的千分尺，其量面呈球弧形）。它由尺架、测微头、测力装置和制动器等组成。图3-8所示为测量范围为0~25mm的外径千分尺。尺架1的一端装有固定测砧2，另一端装有测微头。固定测砧和测微螺杆的测量面上都镶有硬质合金，以提高测量面的使用寿命。尺架的两侧面覆盖着绝热板12，使用外径千分尺进行测量时，手拿在绝热板上，防止人体的热量影响千分尺的测量精度。

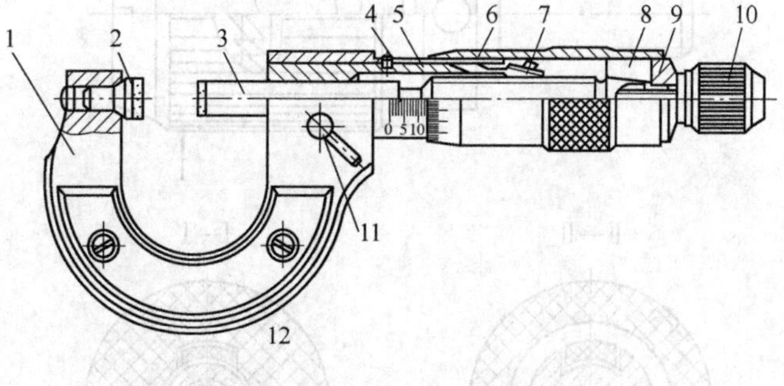

图3-8 测量范围为0~25mm的外径千分尺

1—尺架 2—固定测砧 3—测微螺杆 4—螺纹轴套 5—固定刻度套筒 6—微分筒 7—调节螺母 8—接头 9—垫片 10—测力装置 11—锁紧螺钉 12—绝热板

（1）测微头 图3-8中的件3~9是千分尺的测微头部分。带有刻度的固定刻度套筒5用螺钉固定在螺纹轴套4上，而螺纹轴套又与尺架紧密结合成一体。在固定套筒5的外面有一带刻度的活动微分筒6，它用锥孔通过接头8的外圆锥面再与测微螺杆3相连。测微螺杆3的一端是测量杆，并与螺纹轴套上的内孔定心间隙配合；中间是精度很高的外螺纹，与螺纹轴套4上的内螺纹精密配合，可使测微螺杆自如旋转而其间隙极小；测微螺杆另一端的外圆锥与内圆锥相配合，并通过顶端的内螺纹与测力装置10连接。当测力装置的外螺纹旋紧在测微螺杆的内螺纹上时，测力装置就通过垫片9紧压接头8，而接头8上开有轴向槽，具有一定的胀缩弹性，能沿着测微螺杆3上的外圆锥胀大，从而使微分筒6与测微螺杆和测力装置结合成一体。当用手旋转测力装置10时，就带动测微螺杆3和微分筒6一起旋转，并沿着精密螺纹的螺旋线方向运动，使千分尺两个测量面之间的距离发生变化。

（2）测力装置　千分尺测力装置的结构如图3-9所示，棘轮4与转帽5连成一体，而棘轮3可压缩弹簧2在轮轴1的轴线方向移动，但不能转动。弹簧2的弹力是控制测量压力的，螺钉6使弹簧压缩到千分尺所规定的测量压力。当手握转帽5沿顺时针方向旋转测力装置时，若测量压力小于弹簧2的弹力，则转帽的运动就通过棘轮传给轮轴1（带动测微螺杆旋转），使千分尺两测量面之间的距离继续缩短，即继续卡紧零件；当测量压力达到或略超过弹簧弹力时，棘轮3与4在其啮合斜面的作用下，压缩弹簧2，使棘轮4沿着棘轮3的啮合斜面滑动，转帽的转动就不能带动测微螺杆旋转，同时发出嘎嘎的棘轮跳动声，表示已达到额定测量压力，从而达到控制测量压力的目的。

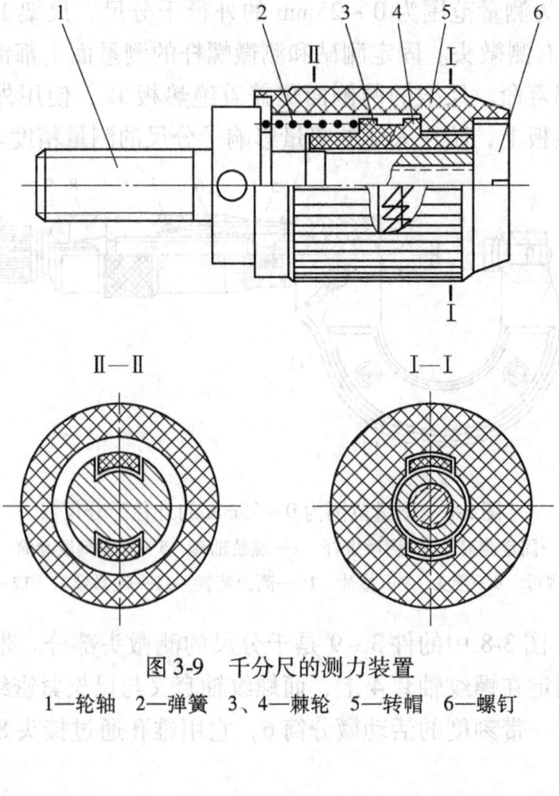

图3-9　千分尺的测力装置

1—轮轴　2—弹簧　3、4—棘轮　5—转帽　6—螺钉当转帽沿逆时针方向旋转时，棘轮4用垂直面带动棘轮3，不会产生压缩弹簧的压力，始终能带动测微螺杆退出被测零件。

（3）制动器　制动器是测微螺杆的锁紧装置，其结构如图3-10所示。制动轴4的圆周上开有一个深浅不均的偏心缺口，对着测微螺杆2。当制动轴以缺口的较深部分对着测微螺杆时，测微螺杆2就能在轴套3内自由活动；当制动轴转过一个角度，以缺口的较浅部分对着测微螺杆时，测微螺杆就被制动轴压紧在轴套内不能运动，以达到制动的目的。

（4）测量范围　千分尺测微螺杆的移动量为0～25mm，所以千分尺的测量范围一般为0～25mm。为了使千分尺能测量更大范围的长度尺寸，以满足工业生产的需要，其尺架可做成各种尺寸，形成不同测量范围的千分尺。目前，国产千分尺测量范围的尺寸分段为（单位为mm）：0～25、25～50、50～75、75～100、100～125、125～150、150～175、175～200、200～225、225～250、250～275、275～300、300～325、325～350、350～375、375～400、400～425、425～450、450～475、475～500、500～600、600～700、700～800、800～900、900～1000。

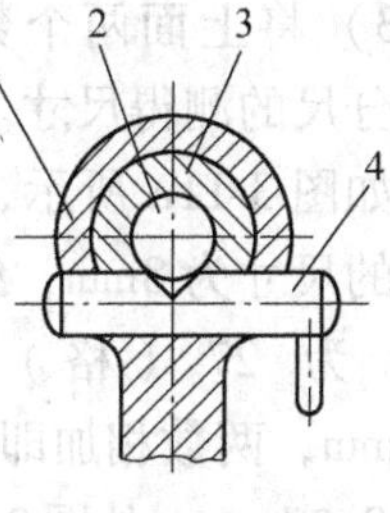

图3-10　制动器结构
1—千分尺机架　2—测微螺杆
3—轴套　4—制动轴

2. 外径千分尺的工作原理和读数方法

（1）外径千分尺的工作原理　外径千分尺的工作原理就是应用螺旋读数机构，它包括一对精密的螺纹——测微螺杆与螺纹轴套（图3-8中的件3和件4）和一对读数套筒——固定套筒与微分筒（图3-8中的件5和件6）。

用外径千分尺测量零件的尺寸就是把被测零件置于外径千分尺的两个测量面之间。所以两测砧面之间的距离就是零件的测量尺寸。当测微螺杆在螺纹轴套中旋转时，由于螺旋线的作用，测量螺杆就有轴向移动，使两测砧面之间的距离发生变化。如测微螺杆沿顺时针方向旋转一周，则两测砧面之间的距离就缩小一个螺距。同理，若沿逆时针方向旋转一周，则两测砧面之间的距离就增大一个螺距。常用的外径千分尺测微螺杆的螺距为0.5mm。因此，当测微螺杆沿顺时针方向旋转一周时，两测砧面之间的距离就缩小0.5mm。当测微螺杆沿顺时针方向旋转不足一周时，缩小的距离就小于一个螺距，其具体数值可从与测微螺杆连成一体的微分筒的圆周刻度上读出。微分筒的圆周上刻有50个等分线，当微分筒旋转一周时，测微螺杆就推进或后退0.5mm，微分筒转过它本身圆周刻度的一个小格时，两测砧面之间转动的距离为

$$0.5\text{mm} \div 50 = 0.01\text{mm}$$

（2）外径千分尺的读数方法　在外径千分尺的固定套筒上刻有轴向中线，作

为微分筒读数的基准线。另外，为了计算测微螺杆旋转的整数转，在固定套筒中线的两侧刻有两排刻线，刻线间距均为1mm，上下两排相互错开0.5mm。

外径千分尺的具体读数方法可分为以下三步：

1）读出固定套筒上露出的刻线尺寸，一定要注意不能遗漏应读出的0.5mm的刻线值。

2）读出微分筒上的尺寸，要看清微分筒圆周上哪一格与固定套筒的中线基准对齐，将格数乘以0.01mm即得到微分筒上的尺寸。

3）将上面两个数相加，即为外径千分尺的测得尺寸。

如图3-11a所示，在固定套筒上读出的尺寸为8mm，微分筒上读出的尺寸为27（格）×0.01mm＝0.27mm，两数相加即得被测零件的尺寸为8.27mm；如图3-11b所示，在固定套筒上读出的尺寸为8.5mm，在微分筒上读出的尺寸为27（格）×0.01mm＝0.27mm，两数相加即得被测零件的尺寸为8.77mm。

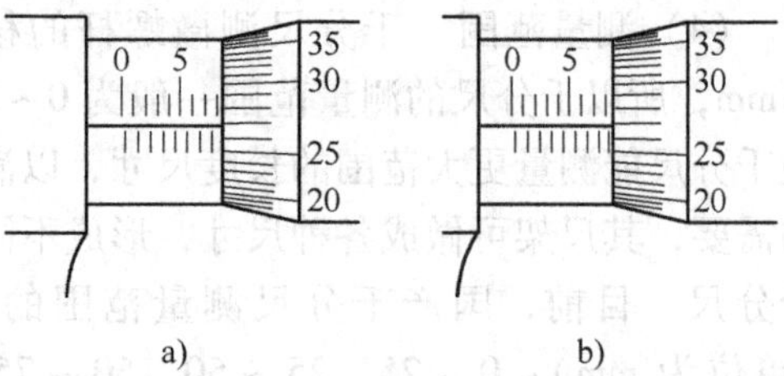

图3-11 外径千分尺的读数

3.2.2 内测千分尺

内测千分尺如图3-12所示，用于测量小尺寸内径和内侧面槽的宽度。其特点是容易找正内孔直径，测量方便。国产内测千分尺的分度值为0.01mm，测量范围有5～30mm和25～50mm两种，图3-12所示为测量范围为5～30mm的内测千分尺。内测千分尺的读数方法与外径千分尺相同，只是套筒上的刻线尺寸与外径千分尺相反，另外其测量方向和读数方向也都与外径千分尺相反。

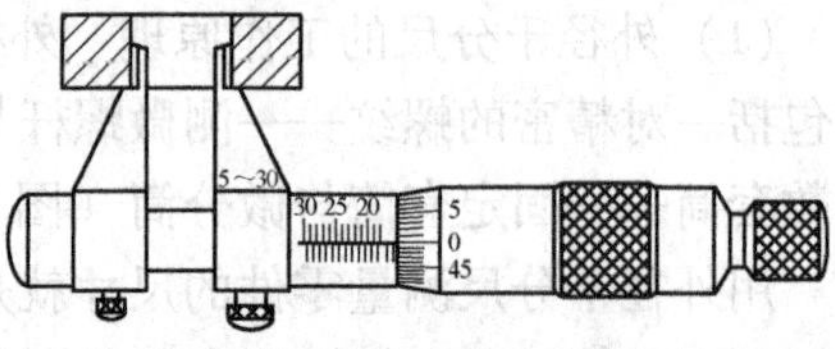

图3-12 内测千分尺

3.2.3 公法线千分尺

公法线千分尺如图3-13所示，主要用于测量外啮合圆柱齿轮的两个不同齿面公法线长度，也可以在检验切齿机床精度时，按被切齿轮的公法线检查其原始外形尺寸。其结构与外径千分尺相同，所不同的是在测量面上装有两个带精确平面的量钳（测量面）来代替原来的测砧面。

公法线千分尺的测量范围（单位为mm）有0～25、25～50、50～75、75～100、100～125、125～150。分度值为0.01mm，被测齿轮的模数$m \geqslant 1$mm。

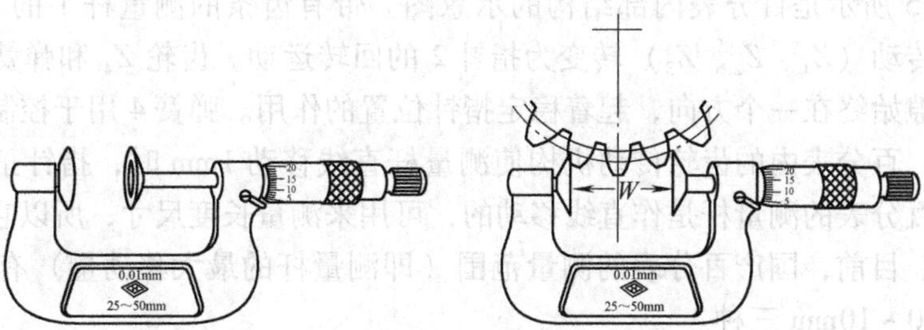

图 3-13　公法线千分尺

3.3　指示表

指示表是指利用机械传动系统，将测量杆的直线位移转变为指针在圆度盘上的角位移，并由圆度盘进行读数的测量器具。其中，分度值为 0.1mm 的称为十分表，分度值为 0.01mm 的称为百分表，分度值为 0.001mm、0.002mm 和 0.005mm 的称为千分表。量程超过 10mm 的指示表又称为大量程指示表。

3.3.1　百分表

百分表的外形如图 3-14 所示。1 为百分表外壳，8 为测量杆，6 为指针，表盘 3 上刻有 100 个等分格，其分度值为 0.01mm。当指针转一圈时，小指针即转动一小格，转数指示盘 5 的分度值为 1mm。用手转动表圈 4 时，表盘 3 也跟着转动，可使指针对准任一刻线。测量杆 8 是沿着套筒 7 上下移动的，套筒 7 可用于安装百分表。9 是测头，2 是手提测量杆用的圆头。

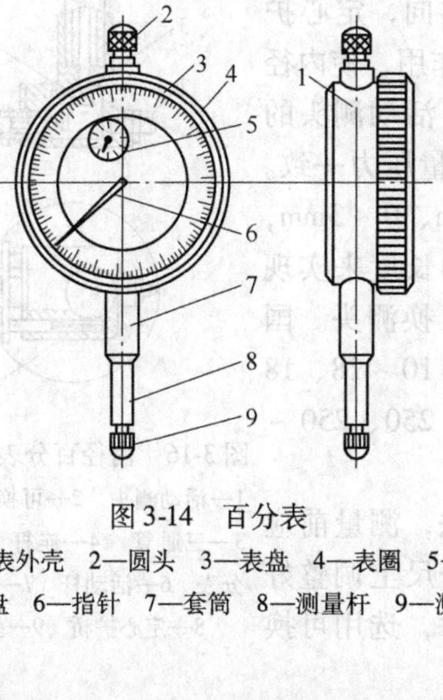

图 3-14　百分表

1—百分表外壳　2—圆头　3—表盘　4—表圈　5—转数指示盘　6—指针　7—套筒　8—测量杆　9—测头

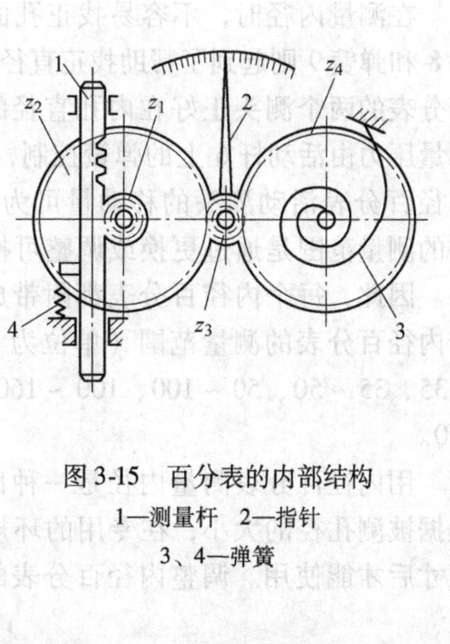

图 3-15　百分表的内部结构

1—测量杆　2—指针　3、4—弹簧

图 3-15 所示是百分表内部结构的示意图。带有齿条的测量杆 1 的直线移动，通过齿轮传动（Z_1、Z_2、Z_3）转变为指针 2 的回转运动。齿轮 Z_4 和弹簧 3 使齿轮传动的间隙始终在一个方向，起着稳定指针位置的作用。弹簧 4 用于控制百分表的测量压力。百分表内的齿轮传动机构使测量杆直线移动 1mm 时，指针正好回转一圈。由于百分表的测量杆是作直线移动的，可用来测量长度尺寸，所以它也是长度测量工具。目前，国产百分表的测量范围（即测量杆的最大移动量）有 0 ~ 3mm、0 ~ 5mm、0 ~ 10mm 三种。

3.3.2　内径百分表

内径指示表是指利用机械传动系统，将活动测头的直线位移转变为指针在圆度盘上的角位移，并由圆度盘进行读数的内尺寸测量器具。其中，分度值为 0.01mm 的称为内径百分表，分度值为 0.001mm 和 0.002mm 的称为内径千分表。

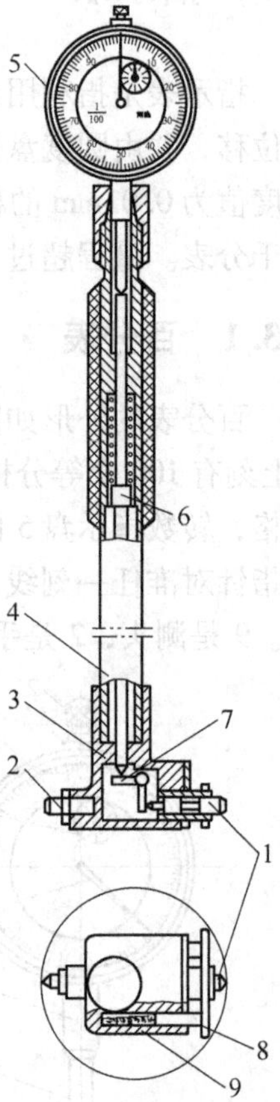

图 3-16　内径百分表的结构
1—活动测头　2—可换测头　3—三通管　4—连杆　5—百分表　6—活动杆　7—杠杆　8—定心护桥　9—弹簧

内径百分表测量架的内部结构如图 3-16 所示。在三通管 3 的一端安装活动测头 1，另一端安装可换测头 2，垂直管口一端通过连杆 4 安装百分表 5。活动测头 1 的移动使传动杠杆 7 回转，通过活动杆 6 推动百分表的测量杆，使百分表指针产生回转。由于杠杆 7 的两侧测头是等距离的，当活动测头移动 1mm 时，活动杆也移动 1mm，推动百分表指针回转一圈。所以，活动测头的移动量可以在百分表上读出来。

在测量内径时，不容易找正孔的直径方向，定心护桥 8 和弹簧 9 则起到了帮助找正直径位置的作用，使内径百分表的两个测头正好在内孔直径的两端。活动测头的测量压力由活动杆 6 上的弹簧控制，保证测量压力一致。内径百分表活动测头的移动量可为 0 ~ 1mm、0 ~ 3mm，它的测量范围是通过更换或调整可换测头的长度来实现的。因此，每个内径百分表都附带成套的可换测头。国产内径百分表的测量范围（单位为 mm）有 10 ~ 18、18 ~ 35、35 ~ 50、50 ~ 100、100 ~ 160、160 ~ 250、250 ~ 450。

用内径百分表测量内径是一种比较量法，测量前应根据被测孔径的大小，在专用的环规或千分尺上调整好尺寸后才能使用。调整内径百分表的尺寸时，选用可换测头的长度及其伸出的距离（大尺寸内径百分表的可换测头由螺纹联接，故可调整伸出的距离，小尺寸内径百分表则无法调整），应使被测尺寸位于活动测头总移动量的中间位置。

内径百分表的示值误差比较大，如测量范围为35～50mm的内径百分表，其示值误差为±0.015mm。为此，使用时应经常在专用环规或千分尺上校对其尺寸（习惯上称为校对零位）。

内径百分表的分度盘上每一格为0.01mm，盘上刻有100格，即指针每转一圈为1mm。

内径百分表用来测量圆柱孔，它附带成套的可调测头，使用前必须先进行组合和校对零位，如图3-17所示。

组合时，将百分表装入连杆内，使小指针指在0～1的位置上，长针和连杆轴线重合，刻度盘上的字应垂直向下，以便于测量时进行观察，装好后应予紧固。粗加工时，最好先用游标卡尺或内卡钳测量。因为内径百分表同其他精密量具一样属于贵重仪器，其好坏与精确直接影响工件的加工精度和使用寿命。粗加工时，工件加工表面粗糙导致测量不准确，也易造成测头的磨损。因此，应加以爱护和保养，精加工时再进行测量。

测量前应根据被测孔径大小用外径千分尺调整好尺寸后再使用，如图3-18所示。在调整尺寸时，正确选用可换测头的长度及其伸出距离，应使被测尺寸位于活动测头总移动量的中间位置。

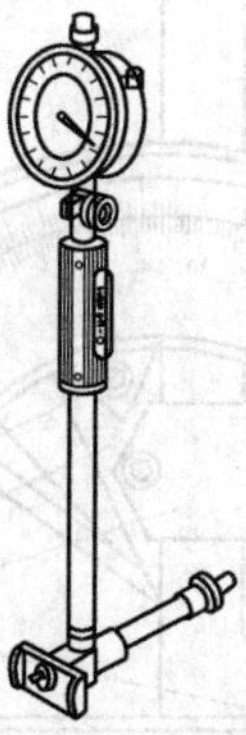

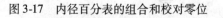

图3-17 内径百分表的组合和校对零位

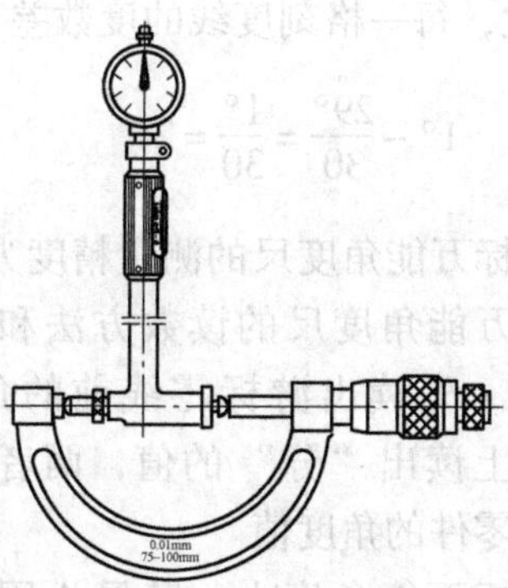

图3-18 用外径千分尺调整尺寸

测量时，连杆中心线应与工件中心线平行，不得歪斜，同时应在圆周上多测几个点，找出孔径的实际尺寸，看其是否在公差范围以内，如图3-19所示。

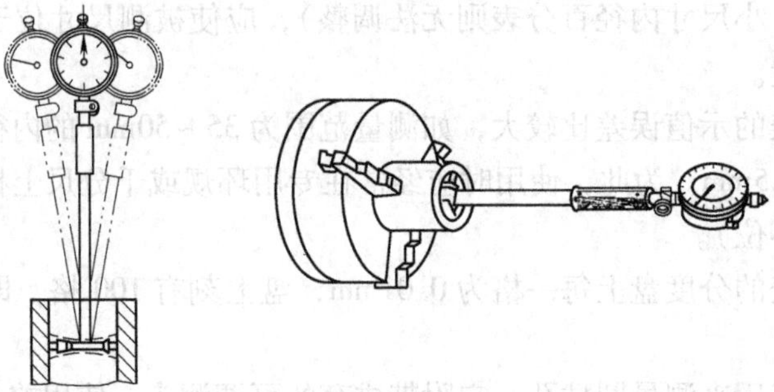

图 3-19　内径百分表的使用方法

3.4　角度测量器具

3.4.1　游标万能角度尺

游标万能角度尺是用来测量精密零件内外角度或进行角度划线的角度量具。游标万能角度尺的读数机构如图 3-20 所示，它由刻有基本角度刻线的尺座 1 和固定在扇形板 6 上的游标 3 组成。扇形板可在尺座上回转移动（有制动器 5），形成了和游标卡尺相似的游标读数机构。游标万能角度尺尺座上的每一格刻度表示 1°。由于游标上刻有 30 格，所占的总角度为 29°，因此，每一格刻度线的度数差为

$$1° - \frac{29°}{30} = \frac{1°}{30} = 2'$$

即游标万能角度尺的测量精度为 2′。

游标万能角度尺的读数方法和游标卡尺相同，先读出游标零线前的角度，再从游标上读出“分”的值，两者相加就是被测零件的角度值。

在游标万能角度上，基尺 4 固定在尺座 1 上，角尺 2 用卡块 7 固定在扇形板 6 上，可移动尺 8 用卡块固定在角尺上。若把角尺 2 拆下，也可把可移动尺 8 固定在扇形板 6 上。由于角尺 2 和可移动尺 8 可以移动、拆换，故游标万能角度

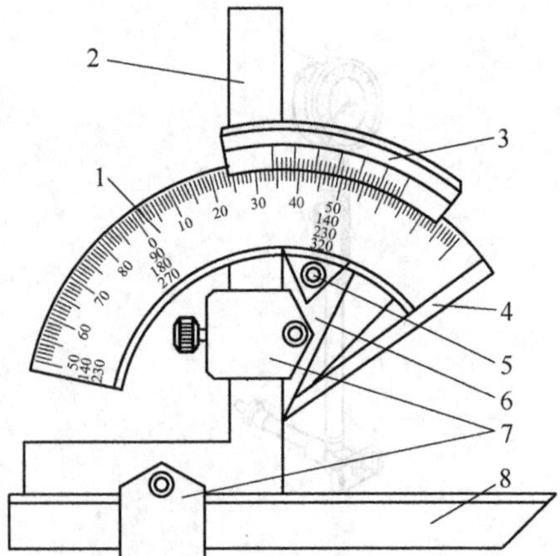

图 3-20　游标万能角度尺

1—尺座　2—角尺　3—游标　4—基尺　5—制动器

6—扇形板　7—卡块　8—可移动尺

尺可以测量0°~320°的任何角度，如图3-21所示。

由图3-21可知：同时使用角尺和可移动尺，可测量0°~50°的外角度；仅使用可移动尺，可测量50°~140°的角度；仅使用角尺时，可测量140°~230°的角度；将角尺和可移动尺同时拆下，可测量230°~320°的角度（即可测量40°~130°的内角度）。

游标万能角度尺的尺座上，基本角度的刻线只有0°~90°，如果测量的零件角度大于90°，则在读数时应加上一个基数（90°、180°、270°）。当被测零件角度为>90°~180°时，被测角度=90°+量角尺读数；当被测零件角度为>180°~270°时，被测角度=180°+量角尺读数；当被测零件角度为>270°~320°时，被测角度=270°+量角尺读数。

用游标万能角度尺测量零件角度时，应使基尺与零件角度的母线方向一致，且零件应与量角尺的两个测量面的全长上接触良好，以免产生测量误差。

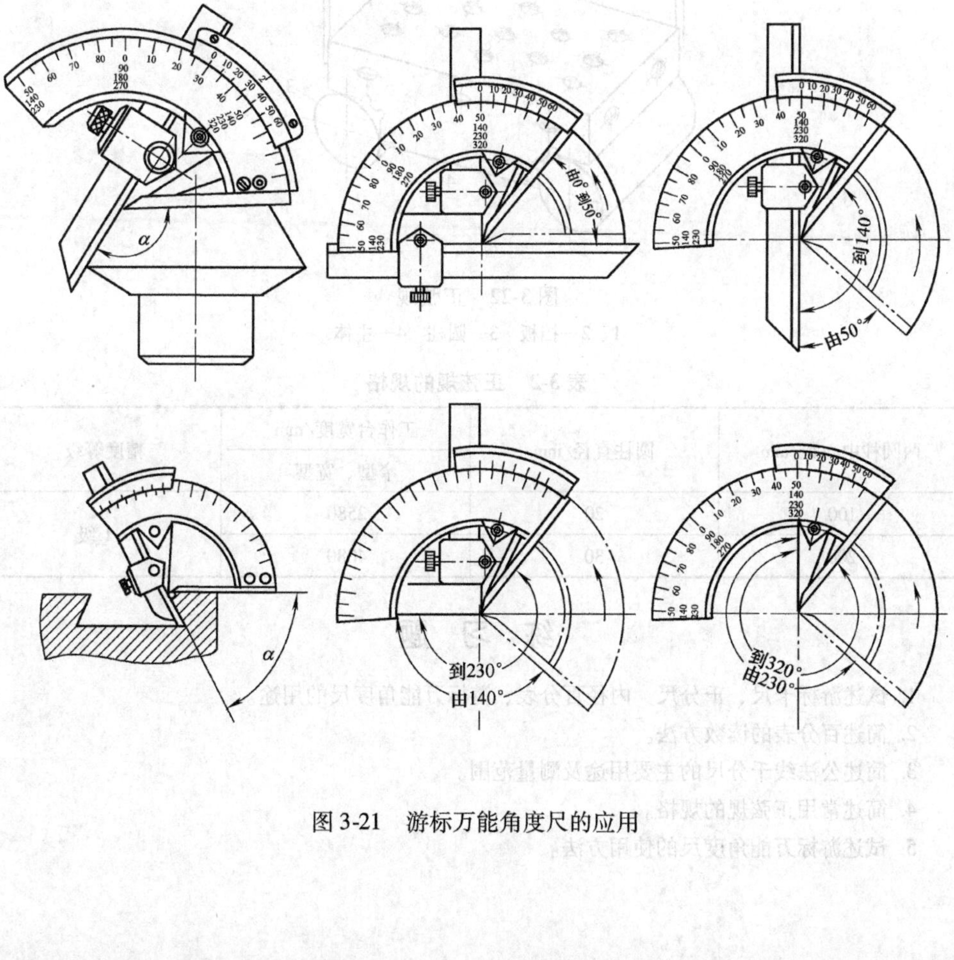

图3-21 游标万能角度尺的应用

3.4.2 正弦规

正弦规是用于准确检验零件及量规角度和锥度的量具。它是利用三角函数的正弦关系来度量的，故称为正弦规。如图3-22所示，正弦规主要由带有精密工作平面的主体和两个精密圆柱组成，四周可以装有挡板（使用时只安装互相垂直的两块即可），测量时作为放置零件的定位板。国产正弦规有宽型和窄型两种，其规格见表3-2。正弦规两个精密圆柱的中心距精度很高，窄型正弦规的中心距为200mm，其误差不大于0.003mm，宽型正弦规的中心距误差不大于0.005mm。同时，主体上工作平面的平面度以及它与两个圆柱之间的相互位置精度都很高，因此可以用于精密测量，也可用于机床上加工带角度零件的精密定位。利用正弦规测量角度和锥度时，测量精度可达±(1″~3″)，但适宜测量小于40°的角度。

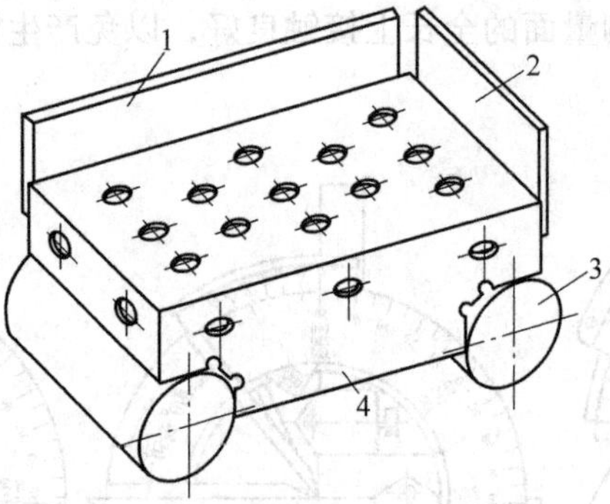

图3-22 正弦规
1、2—挡板 3—圆柱 4—主体

表3-2 正弦规的规格

两圆柱中心距/mm	圆柱直径/mm	工作台宽度/mm	精度等级
		窄型、宽型	
100	20	2580	0.1级
200	30	4080	

练 习 题

1. 试述游标卡尺、千分尺、内径百分表、游标万能角度尺的用途。
2. 简述百分表的读数方法。
3. 简述公法线千分尺的主要用途及测量范围。
4. 简述常用正弦规的规格。
5. 试述游标万能角度尺的使用方法。

第4章　钳　工

4.1　钳工概述

钳工基本操作包括划线、錾削、锯削、锉削、钻孔、扩孔、锪孔、铰孔、攻螺纹、套螺纹、装配、刮削、研磨、矫正和弯曲、铆接、粘接、测量以及作标记等。

钳工的工作范围主要有：

1）用钳工工具进行修配及小批量零件的加工。

2）精度较高的样板及模具的制作。

3）整机产品的装配和调试。

4）机器设备（或产品）使用中的调试和维修。

4.1.1　钳工的加工特点

钳工是一个技术工艺比较复杂、加工程序细致、工艺要求高的工种。它具有使用工具简单、加工方法灵活多样、操纵方便和适应面广等特点。目前虽然有各种先进的加工方法，但很多工作仍然需要钳工来完成，钳工在生产中对保证产品质量起重要作用。

4.1.2　钳工常用的设备和工具

钳工常用的设备有钳工工作台、台虎钳、砂轮机、钻床、手电钻等。常用的手用工具有划针盘、錾子、手锯、锉刀、刮刀、扳手、螺钉旋具、锤子等。

1. 钳工工作台

钳工工作台简称钳台，用于安装台虎钳，进行钳工操作，分为单人使用的和多人使用的两种，用硬质木材或钢材做成。钳工工作台要求平稳、结实，台面高度一般以装上台虎钳后钳口高度恰好与人手肘齐平为宜，如图4-1所示。

2. 台虎钳

台虎钳是钳工最常用的一种夹持工具。錾削、锯削、锉削以及许多其他钳工操作都是在台虎钳上进行的。

钳工常用的台虎钳有固定式和回转式两种。图4-2所示为回转式台虎钳的结构。台虎钳主体用铸铁制成，由固定部分和活动部分组成。台虎钳固定部分由转盘锁紧螺钉固定在转盘座上，转盘座内装有夹紧盘，放松转盘锁紧手柄，固定部分就可以在转盘座上转动，以变更台虎钳的方向。转盘座用螺钉固定在钳台上。联接手

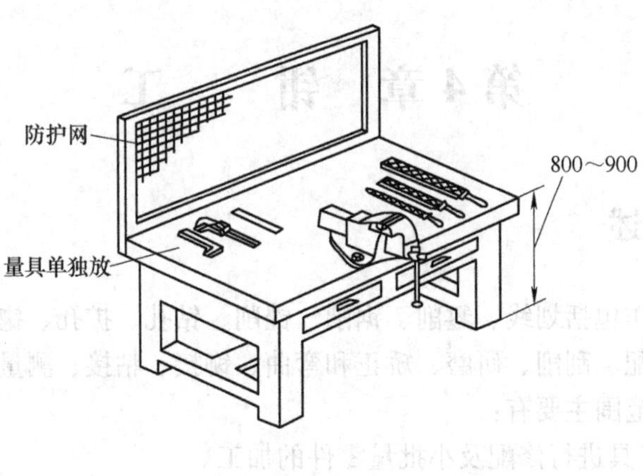

图 4-1 钳工工作台

柄的螺杆穿过活动部分旋入固定部分上的螺母内。扳动手柄使螺杆从螺母中旋出或旋进，从而带动活动部分移动，使钳口张开或合拢，以放松或夹紧零件。

为了延长台虎钳的使用寿命，台虎钳上端咬口处用螺钉紧固着两块经过淬硬处理的钢质钳口。钳口的工作面上有斜形齿纹，使零件夹紧时不致滑动。夹持零件的精加工表面时，应在钳口和零件间垫上纯铜皮或铝皮等软材料制成的护口片（俗称软钳口），以免夹坏零件表面。

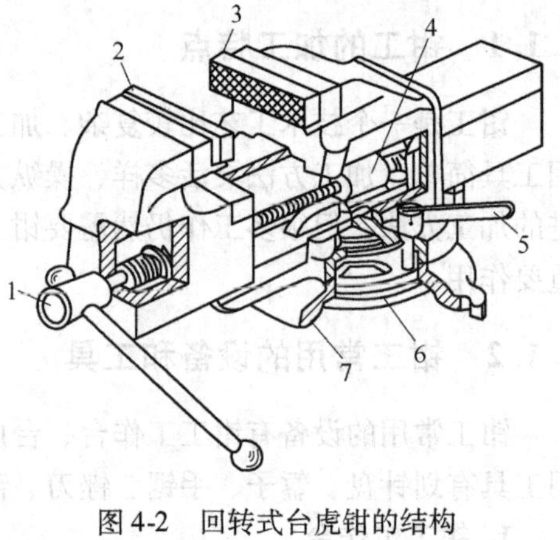

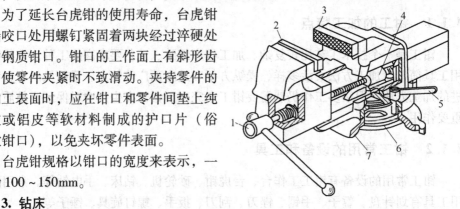

图 4-2 回转式台虎钳的结构

1—丝杠 2—活动钳口 3—固定钳口 4—螺母 5—夹紧手柄 6—夹紧盘 7—转盘座

台虎钳规格以钳口的宽度来表示，一般为 100 ~ 150mm。

3. 钻床

钻床是用于孔加工的一种机械设备，它的规格用可加工孔的最大直径表示，其品种、规格较多。其中最常用是台式钻床（简称台钻），如图 4-3a 所示。这类钻床小型轻便，安装在台面上使用，操作方便且转速高，适于加工中、小型零件上直径在 ϕ13mm 以下的小孔。

4. 手电钻

图 4-3b 所示为两种手电钻的外形图。手电钻主要用于钻直径 ϕ12mm 以下的孔。常用于不便使用钻床钻孔的场合。手电钻的电源有单相（220V、36V）和三相（380V）两种。根据用电安全条例，手电钻额定电压只允许用 36V。手电钻携带方便，操作简单，使用灵活，应用较广泛。

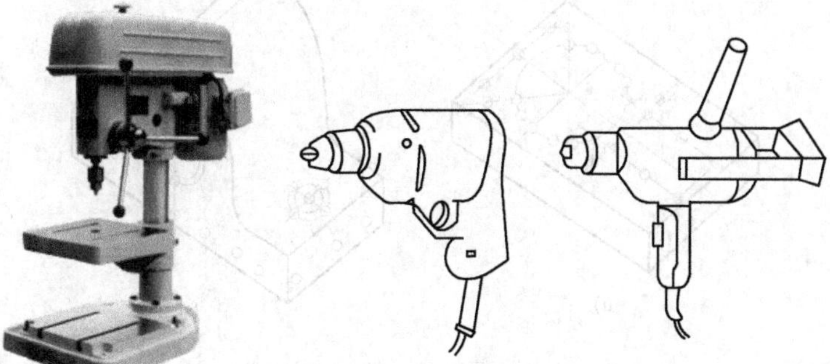

a)　b)

图4-3　孔加工设备

a）台式钻床　b）手电钻

4.2　划线、锯削和锉削

划线、锯削及锉削是钳工中主要的工序，是机器维修装配时不可缺少的钳工基本操作。

4.2.1　划线

根据图样要求在毛坯或半成品上划出加工图形、加工界限或加工时找正用的辅助线称为划线。

划线分平面划线和立体划线两种，如图4-4所示。平面划线是在零件的一个平面或几个互相平行的平面上划线。立体划线是在工作的几个互相垂直或倾斜的平面上划线。

划线多数用于单件、小批生产，新产品试制和工、夹、模具制造。划线的精度较低；用划针划线的精度为0.25~0.5mm，用高度尺划线的精度约为0.1mm。

1. 划线的目的

1）划出清晰的尺寸界线以及尺寸与基准间的相互关系，既便于零件在机床上找正、定位，又使机械加工有明确的标志。

2）检查毛坯的形状与尺寸，及时发现和剔除不合格的毛坯。

3）通过对加工余量的合理调整分配（即划线“借料”的方法），使零件加工符合要求。

2. 划线工具

（1）划线平台　划线平台又称划线平板，用铸铁制成，它的上平面经过精刨

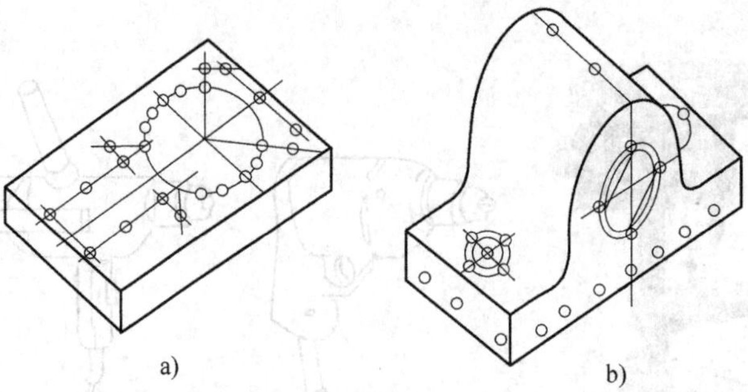

图 4-4 划线的种类

a）平面划线 b）立体划线

或刮削，是划线的基准平面。

（2）划针、划针盘与划规 划针是在零件上直接划出线条的工具，如图 4-5 所示，由工具钢淬硬后将尖端磨锐或焊上硬质合金尖头。弯头划针可用于直线划针划不到的地方和找正工件。使用划针划线时必须使针尖紧贴钢直尺或样板。

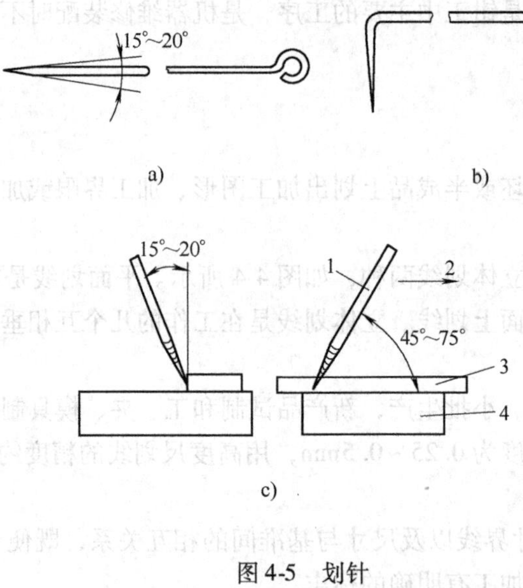

图 4-5 划针

a）直头划针 b）弯头划针 c）划针划线

1—划针 2—划线方向 3—钢直尺 4—工件

划针盘如图 4-6 所示，它的直针尖端焊上硬质合金，用来划与针盘平行的直线；另一端弯头针尖用来找正工件。

常用划规如图 4-7 所示。它适合在毛坯或半成品上划圆。

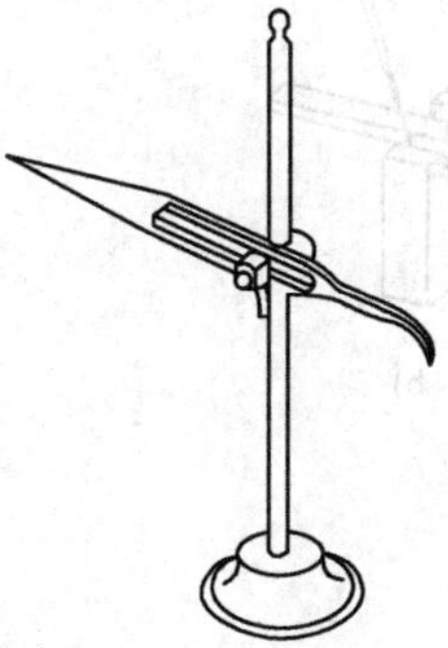

图 4-6　划针盘

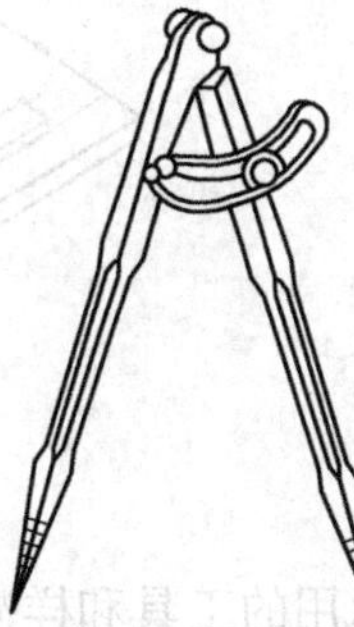

图 4-7　划规

（3）量高尺、游标高度卡尺与直角尺

1）量高尺。如图 4-8 所示，是用来校核划针盘划针高度的量具，其上的钢直尺零线紧贴平台。

2）游标高度卡尺。如图 4-9 所示，游标高度卡尺实际上是量高尺与划针盘的组合（其使用方法见本书 3. 1. 3 游标高度卡尺）。划线脚与游标连成一体，前端镶有硬质合金，一般用于已加工面的划线。

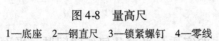

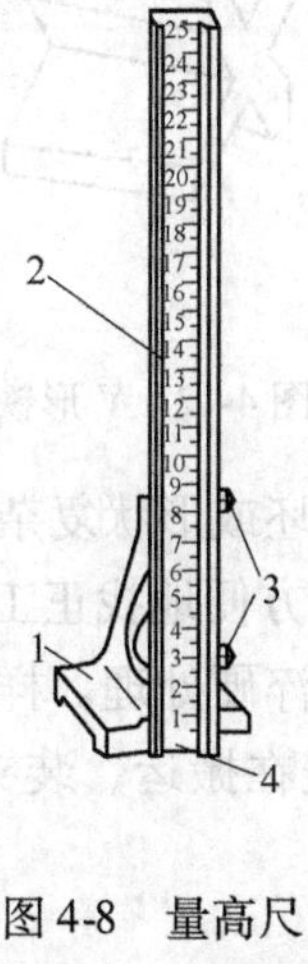

图 4-8　量高尺

1—底座　2—钢直尺　3—锁紧螺钉　4—零线

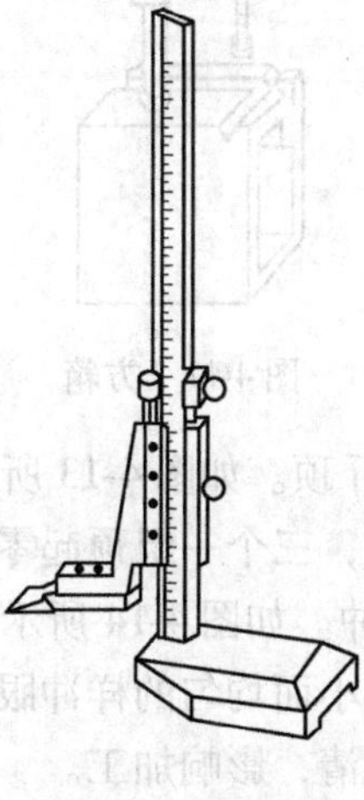

图 4-9　游标高度卡尺

3）直角尺。它的两个工作面经精磨或研磨后呈精确的直角。直角尺既是划线工具又是精密量具。直角尺有平直角尺和宽座直角尺两种。前者用于平面划线中在没有基准面的工件上划垂直线，如图 4-10a 所示；后者用于立体划线中，用它靠住工件基准面划垂直线，如图 4-10b 所示，或用它找正工件的垂直线或垂直面。

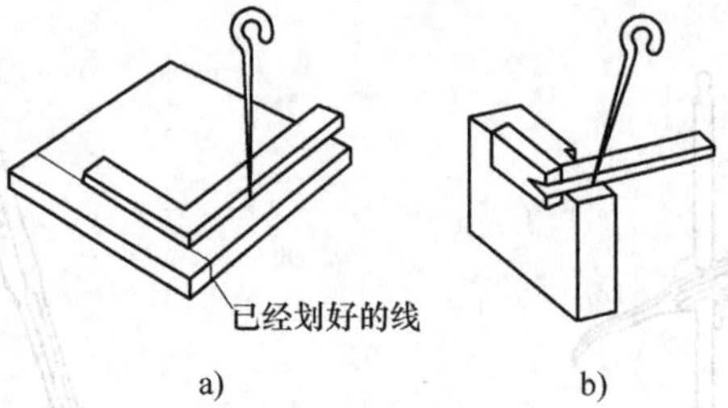

图 4-10 直角尺划线

（4）支承用的工具和样冲

1）方箱。如图 4-11 所示，方箱是用灰铸铁制成的空心长方体或立方体。它的 6 个面均经过精加工，相对的平面互相平行，相邻的平面互相垂直。方箱用于支承划线的工件。

2）V 形铁。如图 4-12 所示，V 形铁主要用于安放轴、套筒等圆形零件。一般 V 形铁都是两块一副，即平面与 V 形槽是在一次安装中加工的。V 形槽夹角为 90° 或 120°。V 形铁也可当方箱使用。

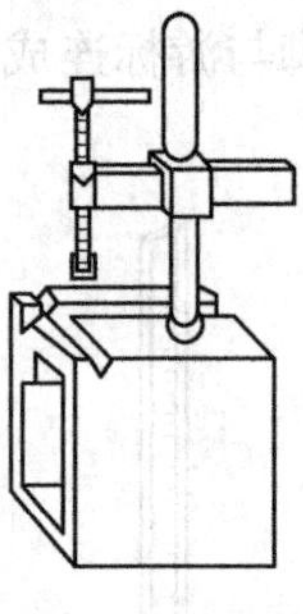

图 4-11 方箱

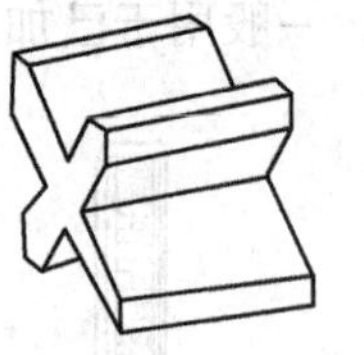

图 4-12 V 形铁

3）千斤顶。如图 4-13 所示，千斤顶常用于支承毛坯或形状复杂的大工件的划线。使用时，三个一组顶起零件，调整顶杆的高度便能方便地找正工件。

4）样冲。如图 4-14 所示，样冲用工具钢制成并经淬硬处理。样冲用于划好的线条上打出小而均匀的样冲眼，以免工件上已划好的线在搬运、装夹过程中因碰、擦而模糊不清，影响加工。

3. 划线的方法与步骤

（1）平面划线的方法与步骤　平面划线的实质是平面几何作图问题。平面划线是用划线工具将图样按实物大小 1:1 划到工件上去的。

1）根据图样要求，选定划线基准。

2）对工件进行划线前的准备（清理、检查、涂色，在工件孔中装中心塞块等）。在工件上划线部位涂上一层薄而均匀的涂料（即涂色），使划出的线条清晰可见。工件不同，涂料也不同。一般在铸、锻毛坯件上涂石灰水，小的毛坯件上也可以涂粉笔，钢铁半成品上一般涂龙胆紫（也称“兰油”）或硫酸铜溶液，铝、铜等有色金属半成品上涂龙胆紫或墨汁。

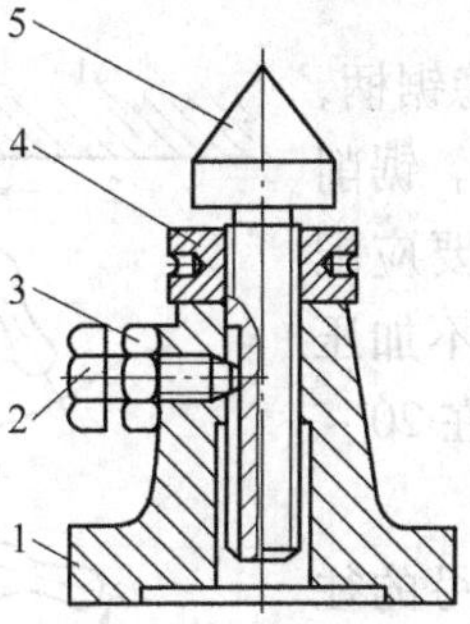

图4-13 千斤顶

1—底座 2—导向螺钉 3—锁紧螺母 4—圆螺母 5—顶杆

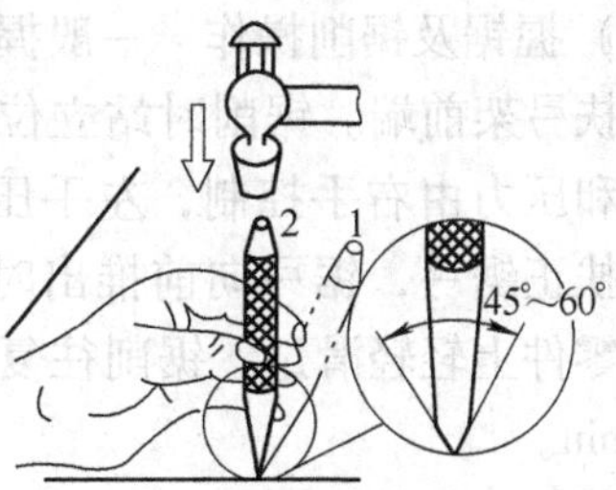

图4-14 样冲及其使用

3）划出加工界限（直线、圆和连接圆弧）。

4）在划出的线上打样冲眼。

（2）立体划线的方法与步骤 立体划线是平面划线的复合运用。它和平面划线有许多相同之处，如划线基准一经确定，其后的划线步骤大致相同。它们的不同之处在于一般平面划线应选择两个基准，而立体划线要选择三个基准。

4.2.2 锯削

用手锯把原材料和零件割开，或在其上锯出沟槽的操作称为锯削。

1. 手锯

手锯由锯弓和锯条组成。

（1）锯弓 锯弓有固定式和可调式两种，如图4-15所示。

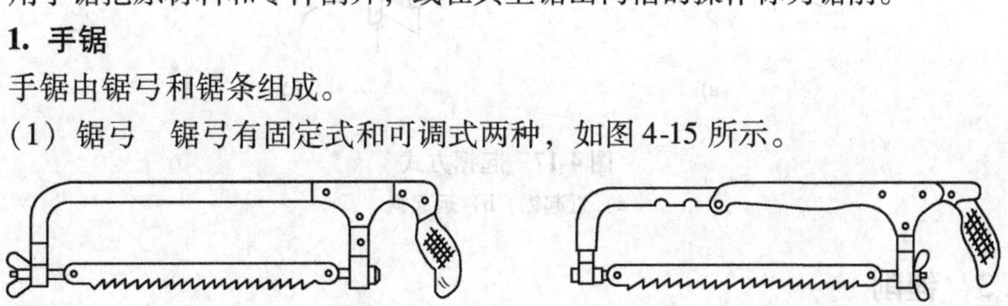

a) b)

图4-15 手锯

a）固定式锯弓 b）可调式锯弓

（2）锯条 锯条一般用工具钢或合金钢制成，并经淬火和低温回火处理。锯条规格用锯条两端安装孔之间距离表示，并按锯齿齿距分为粗齿、中齿、细齿三种。粗齿锯条适用锯削软材料和截面较大的零件。细齿锯条适用于锯削硬材料和薄壁零件。锯齿在制造时按一定的规律错开排列形成锯路。

2. 锯削的操作要领

（1）锯条安装　安装锯条时，锯齿方向必须朝前，如图4-15所示，锯条绷紧程度要适当。

（2）握锯及锯削操作　一般握锯方法是右手握稳锯柄，左手轻扶弓架前端。锯削时站立位置如图4-16所示。锯削时推力和压力由右手控制，左手压力不要过大，主要应配合右手扶正锯弓，锯弓向前推出时加压力，回程时不加压力，在零件上轻轻滑过。锯削往复运动速度应控制在20～40次/min。

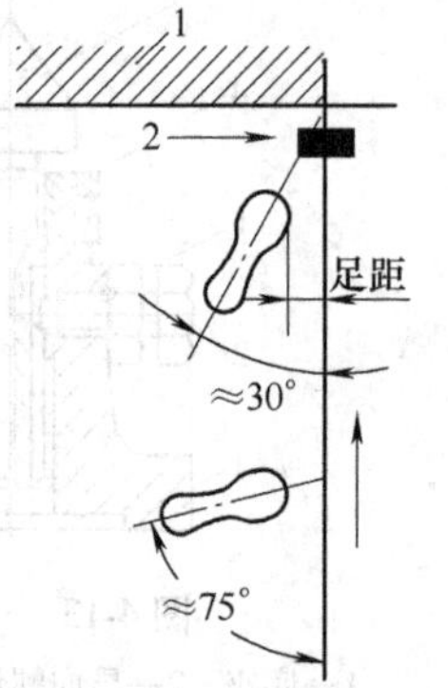

图4-16　锯削时站立位置

1—钳工工作台　2—工件

锯削时最好使锯条全部长度参加切削，一般锯弓的往返长度不应小于锯条长度的2/3。

（3）起锯　锯条开始切入零件称为起锯。起锯方式有近起锯（图4-17a）和远起锯（图4-17b）。起锯时要用左手拇指指甲挡住锯条，起锯角约为15°。锯弓往复行程要短，压力要轻，锯条要与零件表面垂直，当起锯到槽深2～3mm时，起锯可结束，应逐渐将锯弓改至水平方向进行正常锯削。

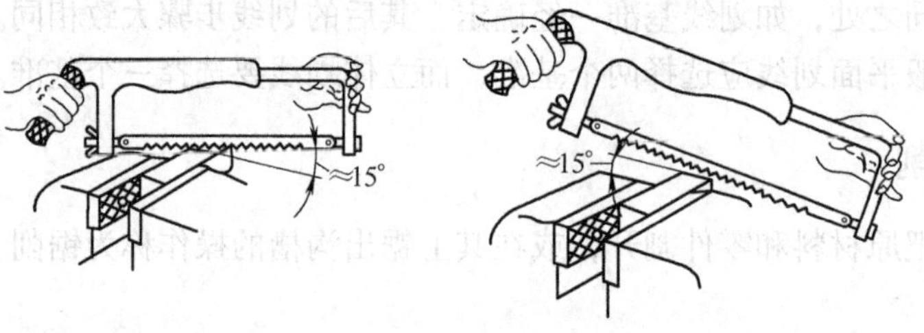

图4-17　起锯方式

a）近起锯　b）远起锯

4.2.3　锉削

用锉刀从零件表面锉掉多余的金属，使零件达到图样要求的尺寸、形状和表面粗糙度的操作称为锉削。锉削加工范围包括平面、台阶面、角度面、曲面、沟槽和各种形状的孔等。

1. 锉刀

锉刀是锉削的主要工具，锉刀用高碳钢（T12、T13）制成，并经热处理淬硬至62～67HRC。锉刀的构造及各部分名称如图4-18所示。

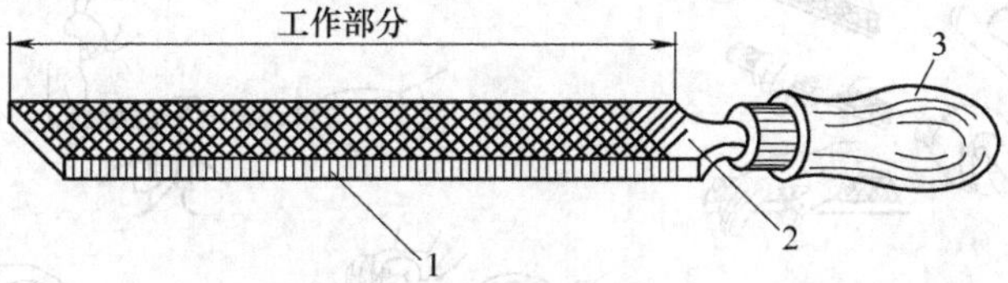

图4-18 锉刀

1—锉刀边 2—锉刀面 3—锉刀柄

锉刀的分类如下：

1）按锉齿的大小分为粗齿锉、中齿锉、细齿锉和油光锉等。

2）按齿纹分为单齿纹锉刀和双齿纹锉刀。单齿纹锉刀的齿纹只有一个方向，与锉刀中心线成70°，一般用于锉软金属，如铜、锡、铅等。双齿纹锉刀的齿纹有两个互相交错的排列方向，先剁上去的齿纹称底齿纹，后剁上去的齿纹称面齿纹。底齿纹与锉刀中心线成45°，齿纹间距较疏；面齿纹与锉刀中心线成65°，间距较密。由于底齿纹和面齿纹的角度不同，间距疏密不同，所以，锉削时锉痕不重叠，锉出来的表面平整而且光滑。

3）按断面形状（图4-19a）可分成：扁锉（平锉），用于锉平面、外圆面和凸圆弧面；方锉，用于锉平面和方孔；三角锉，用于锉平面、方孔及60°以上的锐角；圆锉，用于锉圆和内弧面；半圆锉，用于锉平面、内弧面和大的圆孔。图4-19b所示为特种锉刀的断面形状，特种锉刀用于加工各种零件的特殊表面。

另外，由多把各种形状的特种锉刀所组成的整形锉，用于修锉小型零件及模具上难以机械加工的部位。钳工锉的规格一般是用锉刀的长度、齿纹类别和锉刀断面形状表示的。

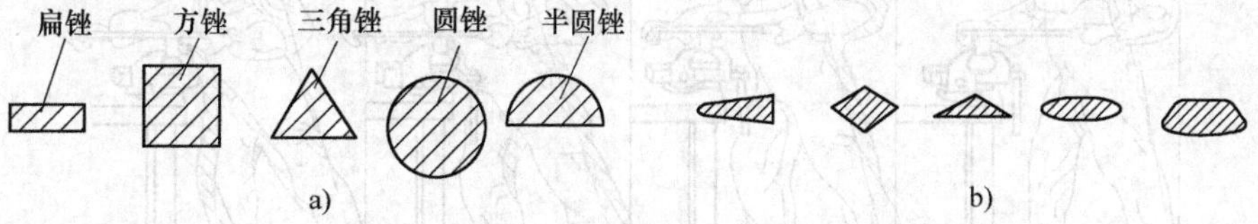

图4-19 锉刀的断面形状

a）钳工锉的断面形状 b）特种锉刀的断面形状

2. 锉削的操作要领

（1）锉刀的握法 锉刀的种类较多，规格、大小不一，使用场合也不同，故锉刀的握法也应随之改变。图4-20a所示为大锉刀的握法；图4-20b所示为中、小锉刀的握法。

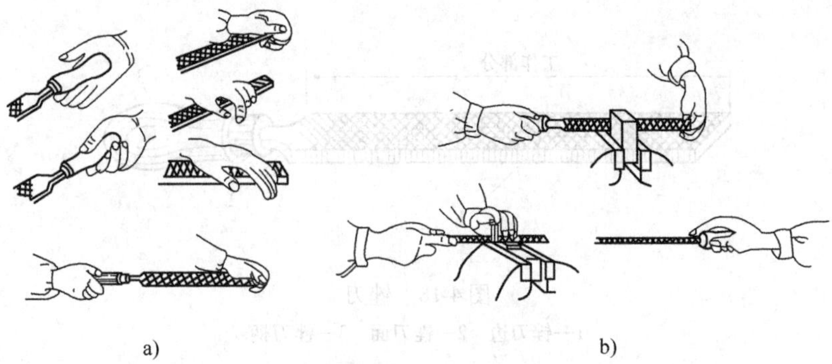

图 4-20　锉刀的握法
a）大锉刀的握法　b）中、小锉刀的握法

（2）锉削姿势　锉削时人的站立位置与锯削相似，如图 4-21 所示，身体重量放在左脚，右膝要伸直，双脚始终站稳不移动，靠左膝的屈伸而作往复运动。开始时，身体向前倾斜约 10°，右肘尽可能向后收缩，如图 4-21a 所示。在最初 1/3 行程时，身体逐渐前倾至约 15°，左膝稍弯曲，如图 4-21b 所示。在其次 1/3 行程时，右肘向前推进，同时身体也逐渐前倾约 18°，如图 4-21c 所示。在最后 1/3 行程时，用右手腕将锉刀推进，身体随锉刀向前推的同时自然后退到约 15°的位置上，如图 4-21d 所示。锉削行程结束后，把锉刀略提起一些，身体姿势恢复到起始位置。

锉削过程中，两手用力也时刻在变化。开始时，左手压力大、推力小，右手压力小、推力大。随着推锉过程，左手压力逐渐减小，右手压力逐渐增大。锉刀回程时不加压力，以减少锉齿的磨损。锉刀往复运动速度一般为 30 ~ 40 次/min，推出时慢，回程时可快些。

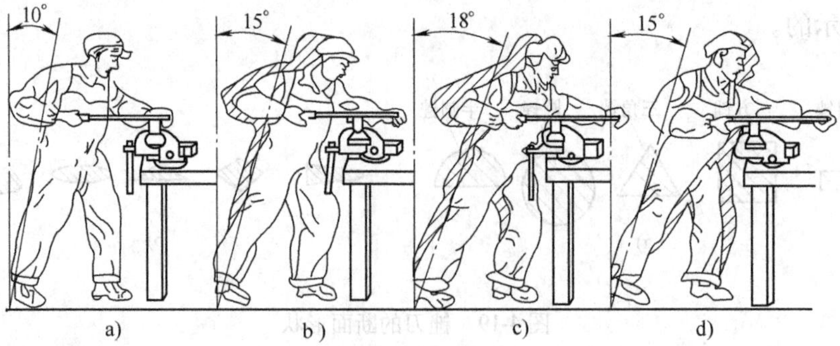

图 4-21　锉削姿势

3. 锉削方法

（1）平面锉削　锉削平面的方法有 3 种。顺向锉法如图 4-22a 所示；交叉锉法如图 4-22b 所示；推锉法如图 4-22c 所示。锉削平面时，锉刀要按一定方向进行锉削，并在锉削回程时稍作平移，这样逐步将整个面锉平。

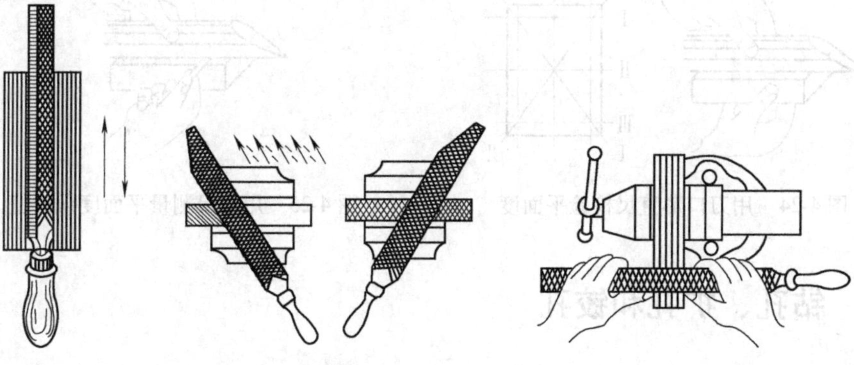

图4-22 平面锉削方法
a）顺向锉 b）交叉锉 c）推锉

（2）圆弧面锉削 外圆弧面一般可采用平锉进行锉削，常用的锉削方法有两种。顺锉法如图4-23a所示，是横着圆弧方向锉，可锉成接近圆弧的多棱形（适用于曲面的粗加工）。滚锉法如图4-23b所示，锉刀向前锉削时右手下压，左手随着上提，使锉刀在零件圆弧上作转动。

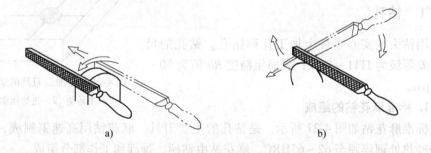

图4-23 圆弧面的锉削方法
a）顺锉法 b）滚锉法

（3）检验工具及其使用 检验工具有刀口形直尺、直角尺、游标万能角度尺等。刀口形直尺、直角尺可检验零件的直线度、平面度及垂直度。下面介绍用刀口形直尺检验零件平面度的方法。

1）将刀口形直尺垂直紧靠在零件表面，并在纵向、横向和对角线方向逐次检查，如图4-24所示。

2）检验时，如果刀口形直尺与零件平面透光微弱而均匀，则该零件的平面度合格；如果透光强弱不一，则说明该零件平面凹凸不平。可在刀口形直尺与零件紧靠处用塞尺插入，根据塞尺的厚度即可确定平面度的误差，如图4-25所示。

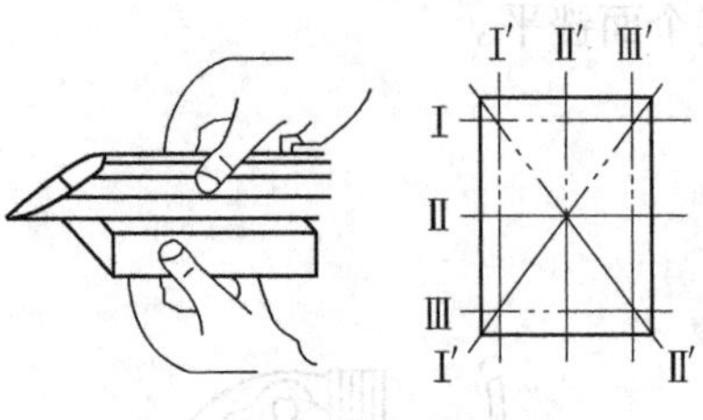

图4-24　用刀口形直尺检验平面度

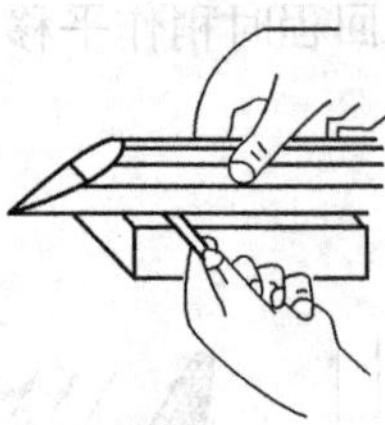

图4-25　用塞尺测量平面度误差值

4.3　钻孔、扩孔和铰孔

零件上孔的加工，除去一部分由车床、镗床、铣床和磨床等完成外，很大一部分是由钳工利用各种钻床和钻孔工具完成的。钳工加工孔的方法一般指钻孔、扩孔和铰孔。

一般情况下，孔加工刀具应同时完成两个运动，如图4-26所示。主运动，即刀具绕轴线的旋转运动（箭头1所指方向）；进给运动，即刀具沿着轴线方向对着零件的直线运动（箭头2所指方向）。

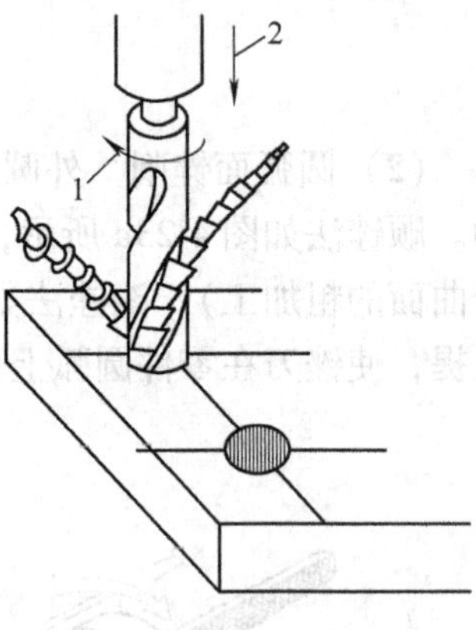

图4-26　孔加工刀具的运动

1—主运动　2—进给运动

4.3.1　钻孔

用钻头在实心零件上加工孔称钻孔。钻孔的尺寸公差等级为IT11～IT12；表面粗糙度 *Ra* 值为50～12.5μm。

1. 标准麻花钻的组成

标准麻花钻如图4-27所示，是钻孔的主要刀具。麻花钻用高速钢制成，工作部分经热处理淬硬至62～65HRC。麻花钻由钻柄、颈部和工作部分组成。

1）钻柄供装夹和传递动力用，钻柄形状有两种：柱柄，传递扭矩较小，用于直径 ϕ13mm以下的钻头；锥柄，对中性好，传递扭矩较大，用于直径大于 ϕ13mm的钻头。

2）颈部是工作部分和钻柄之间的退刀槽。钻头直径、材料、商标一般刻印在颈部。

3）工作部分分为导向部分与切削部分。

导向部分如图4-27所示，依靠两条狭长的螺旋形的高出齿背0.5～1mm的棱边（刃带）起导向作用。它的直径前大后小，略有锥度。锥度为（0.03～0.12）:100，可以减少钻头与孔壁间的摩擦。导向部分经铣、磨或轧制形成两条对称的螺旋槽，用以排除切屑和输送切削液。

2. 零件的装夹

如图4-28所示，钻孔时零件夹持方法与零件生产批量及孔的加工要求有关。生产批量较大或精度要求较高时，零件一般是用钻模来装夹的，单件小批生产或加工要求较低时，零件经划线确定孔中心位置后，多数装夹在通用夹具或工作台上钻孔。常用的附件有手虎钳、机用虎钳、V形块和压板螺钉等，这些工具的使用和零件形状及孔径大小有关。

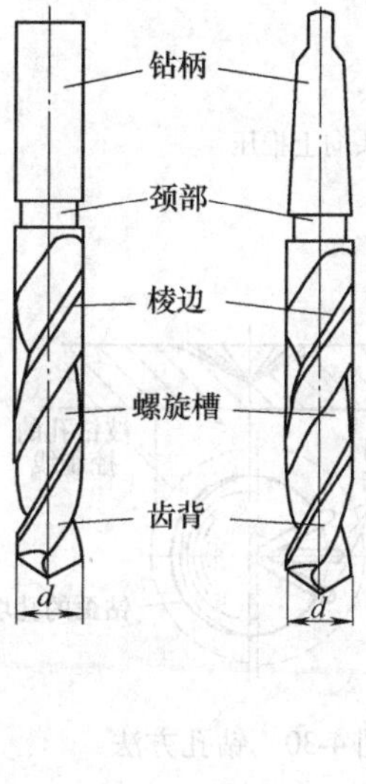

图4-27　标准麻花钻

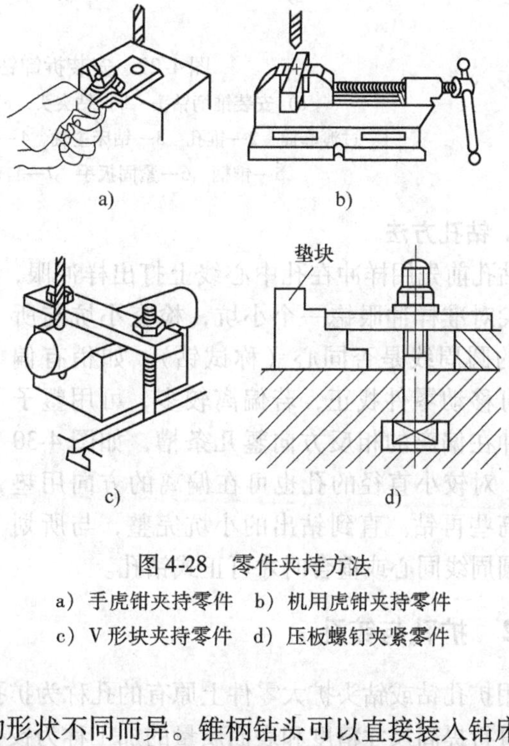

图4-28　零件夹持方法

a）手虎钳夹持零件　b）机用虎钳夹持零件

c）V形块夹持零件　d）压板螺钉夹紧零件

3. 钻头的装夹

钻头的装夹方法，按其柄部的形状不同而异。锥柄钻头可以直接装入钻床主轴锥孔内，较小的钻头可用过渡套筒安装，如图4-29a所示。直柄钻头用钻夹头安装，如图4-29b所示。钻夹头（或过渡套筒）的拆卸方法是将楔铁插入钻床主轴侧边的扁孔内，左手握住钻夹头，右手用锤子敲击楔铁卸下钻夹头，如图4-29c所示。

4. 钻削用量

钻孔钻削用量包括钻头的钻削速度（m/min）或转速（r/min）和进给量（钻头每转一周沿轴向移动的距离）。钻削用量受钻床功率、钻头强度、钻头寿命和零件精度等许多因素的限制。因此，如何合理选择钻削用量直接关系到钻孔生产率、钻孔质量和钻头的寿命。选择钻削用量可以用查表方法，也可以考虑零件材料的软硬、孔径大小及精度要求，凭经验选定一个进给量。

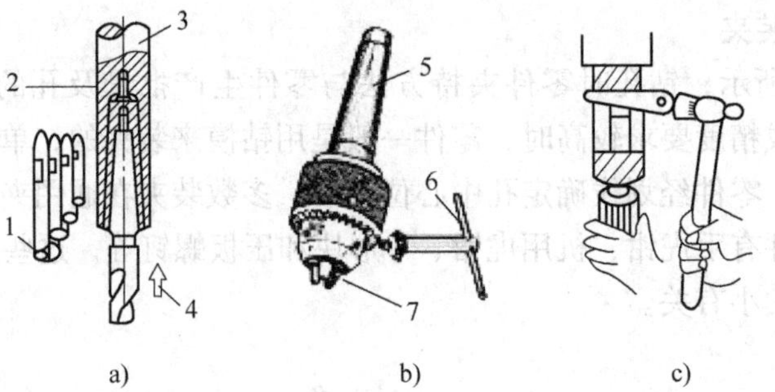

图 4-29 安装拆卸钻头

a）安装锥柄钻头 b）钻夹头 c）拆卸钻夹头

1—过渡套筒 2—锥孔 3—钻床主轴 4—安装时将钻头向上推压

5—锥柄 6—紧固扳手 7—自动定心夹爪

5. 钻孔方法

钻孔前先用样冲在孔中心线上打出样冲眼，用钻尖对准样冲眼锪一个小坑，检查小坑与所划孔的圆周线是否同心（称试钻）。如稍有偏离，可移动零件找正，若偏离较多，可用錾子或样冲在偏离的相反方向錾几条槽，如图 4-30 所示。对较小直径的孔也可在偏离的方向用垫铁垫高些再钻。直到钻出的小坑完整，与所划孔的圆周线同心或重合时才可正式钻孔。

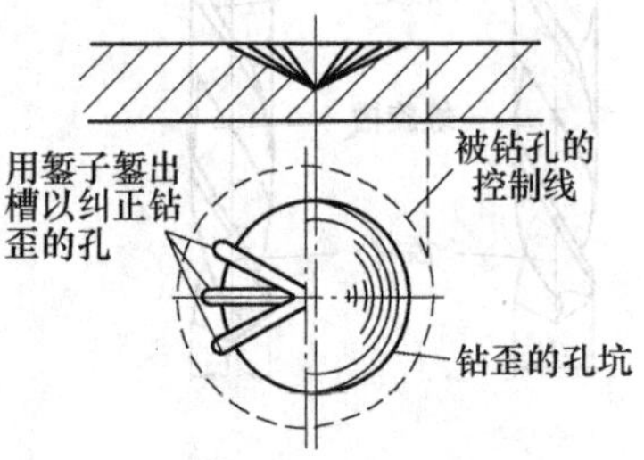

图 4-30 钻孔方法

4.3.2 扩孔与铰孔

用扩孔钻或钻头扩大零件上原有的孔称为扩孔。孔径经钻孔、扩孔后，用铰刀对孔进行提高尺寸精度和表面质量的加工称为铰孔。

1. 扩孔

一般用麻花钻作扩孔钻扩孔。在扩孔精度要求较高或生产批量较大时，还采用专用扩孔钻（如图 4-31）扩孔。专用扩孔钻一般有 3 ~ 4 条切削刃，故导向性好，不易偏斜，没有横刃，轴向切削力小，扩孔能得到较高的尺寸精度（公差等级可达 IT9 ~ IT10）和较小的表面粗糙度值（Ra = 6. 3 ~ 3. 1μm）。

由于扩孔的工作条件比钻孔时好得多，故在相同直径情况下扩孔的进给量可比钻孔大 1. 5 ~ 2 倍。扩孔钻削用量可查表，也可按经验选取。

2. 铰孔

钳工常用手用铰刀进行铰孔，铰孔精度高（公差等级可达 IT6 ~ IT8），表面粗糙度值小（Ra = 1. 6 ~ 0. 4μm）。铰孔的加工余量较小，粗铰为 0. 15 ~ 0. 5mm，精

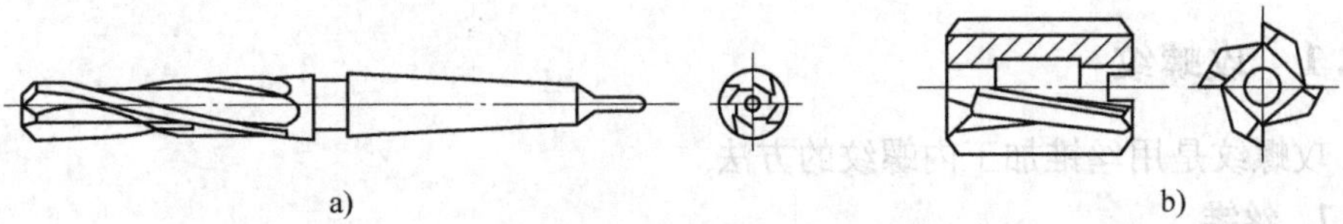

图4-31 专用扩孔钻

a）整体式扩孔钻 b）套装式扩孔钻

铰为0.05~0.25mm。钻孔、扩孔、铰孔时，要根据工作性质、零件材料选用适当的切削液，以降低切削温度，提高加工质量。

1）铰刀是孔的精加工刀具。铰刀分为机用铰刀和手用铰刀（图4-32）两种，机用铰刀为锥柄，手用铰刀为直柄。铰刀一般是制成两支一套的，其中一支为粗铰刀（它的刃上开有螺旋形分布的分屑槽），一支为精铰刀。

2）手用铰刀铰孔方法是将铰刀插入孔内，两手握铰杠手柄，顺时针转动并稍加压力，使铰刀慢慢向孔内进给，注意两手用力要平衡，使铰刀铰削时始终保持与零件垂直。铰刀退出时，也应边顺时针转动边向外拔出。

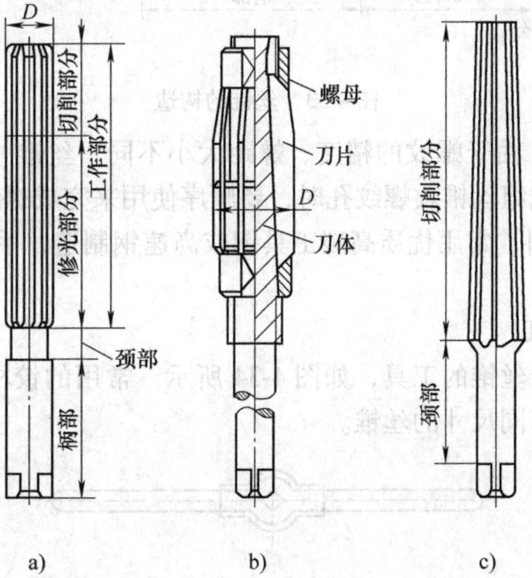

图4-32 手铰刀

a）圆柱铰刀 b）可调节圆柱铰刀 c）圆锥铰刀

4.4 攻螺纹和套螺纹

常用的管螺纹零件，除采用机械加工外，还可以用钳工攻螺纹和套螺纹的方法获得。

4.4.1 攻螺纹

攻螺纹是用丝锥加工内螺纹的方法。

1. 丝锥

（1）丝锥的结构　丝锥是加工小直径内螺纹的成形工具，如图 4-33 所示。它由切削部分、校准部分和柄部组成。切削部分磨出锥角，以便将切削负荷分配在几个刀齿上；校准部分有完整的齿形，用于校准已切出的螺纹，并引导丝锥沿轴向运动；柄部有方榫，便于装在铰杠内传递扭矩。丝锥切削部分和校准部分一般沿轴向开有 3 ~4 条容屑槽以容纳切屑，并形成切削刃和前角 γ。切削部分的锥面上铲磨出后角 α，为了减少丝锥的校准部分对零件材料的摩擦和挤压，它的外径、中径均有倒锥度。

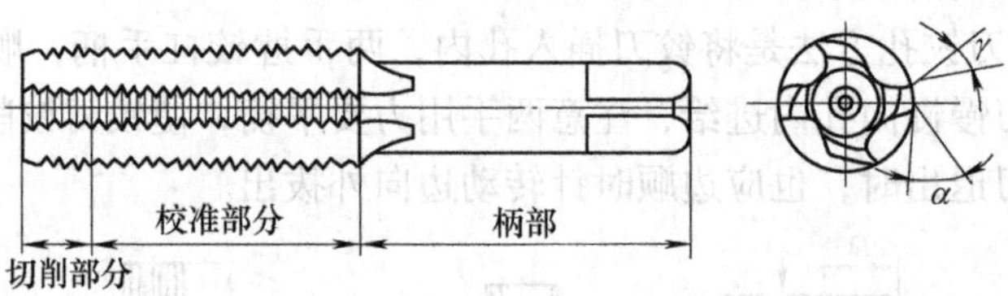

图 4-33　丝锥的构造

（2）成组丝锥　由于螺纹的精度、螺距大小不同，丝锥一般为 1 支、2 支、3 支成组使用。使用成组丝锥攻螺纹孔时，要顺序使用来完成螺纹孔的加工。

（3）丝锥的材料　常用优质高碳工具钢或高速钢制造，手用丝锥一般用 T12A 或 9SiCr 制造。

2. 手用丝锥铰杠

丝锥铰杠是扳转丝锥的工具，如图 4-34 所示。常用的铰杠有固定式和可调节式，以便夹持各种不同尺寸的丝锥。

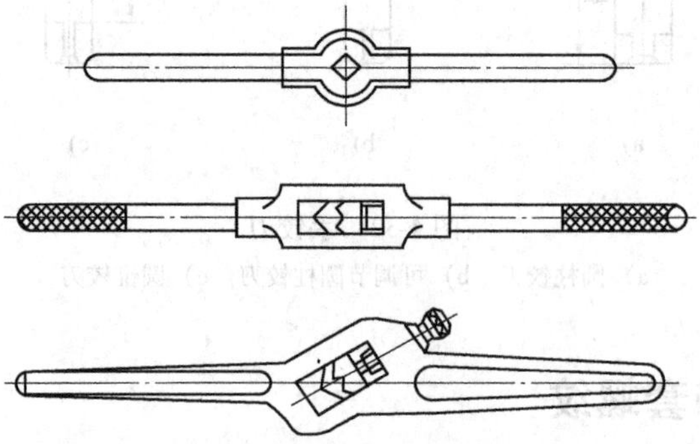

图 4-34　手用丝锥铰杠

3. 攻螺纹的方法

1）攻螺纹前的孔径 d（钻头直径）略大于螺纹底径。其选用丝锥尺寸可查表，也可按下列经验公式计算：

对于攻普通螺纹，加工钢料及塑性金属 $d = D - P$

加工铸铁及脆性金属 $d = D - 1.1P$

式中 D——螺纹的公称尺寸（mm）；

P——螺距（mm）。

若孔为不通孔，由于丝锥不能攻到底，所以钻孔深度要大于螺纹长度，其尺寸计算公式为

$$孔的深度 = 螺纹长度 + 0.7D$$

2）手工攻螺纹的方法，如图4-35所示。

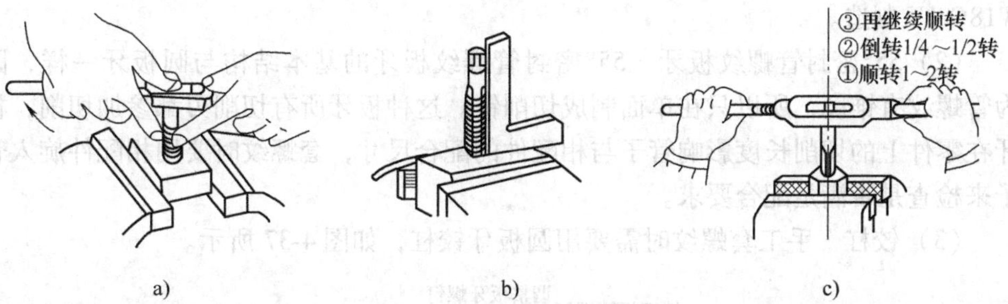

图4-35 手工攻螺纹的方法

a）攻入孔内前的操作 b）检查垂直度 c）攻入螺纹时的方法

双手转动铰杠，并轴向加压力，当丝锥切入零件1～2牙时，用直角尺检查丝锥是否歪斜，如丝锥歪斜，要纠正后再往下攻。当丝锥位置与螺纹底孔端面垂直后，轴向就不再加压力。两手均匀用力，为避免切屑堵塞，要经常倒转1/4～1/2转，以达到断屑的目的。头锥、二锥应依次攻入。攻铸铁材料螺纹时加煤油而不加切削液，攻钢件材料加切削液，以保证铰孔的表面粗糙度要求。

4.4.2 套螺纹

套螺纹是用板牙在圆杆上加工外螺纹的方法。

1. 套螺纹的工具

（1）圆板牙 如图4-36所示，圆板牙就像一个圆螺母，不过上面钻有几个屑孔并形成切削刃。圆板牙两端带 2ϕ 的锥角部分是切削部分。它是铲磨出来的阿基米德螺旋面，有一定的后角。当中一段是校准部分，也是套螺纹时的导向部分。圆板牙一端的切削部分磨损后可调头使用。

用圆板牙套螺纹的精度比较低，可用它加工尺寸公差等级为IT8、表面粗糙度

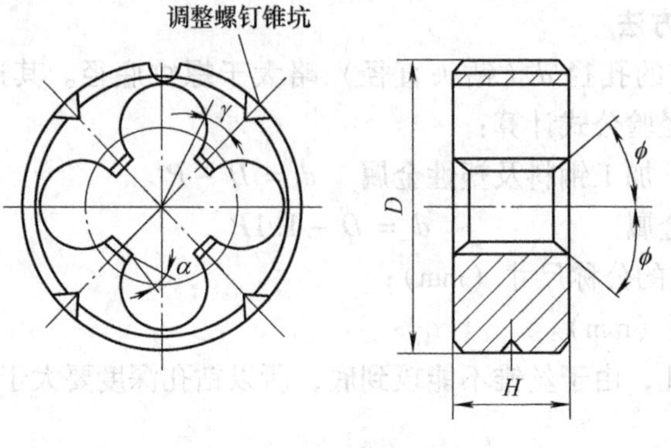

图 4-36　圆板牙

Ra 值为 6.3 ~ 3.1μm 的螺纹。圆板牙一般用合金工具钢 9SiCr 或高速工具钢 W18Cr4V 制造。

(2) 55°密封管螺纹板牙　55°密封管螺纹板牙的基本结构与圆板牙一样，因为管螺纹有锥度，所以只在单面制成切削锥。这种板牙所有切削刃都参加切削，板牙在零件上的切削长度影响管子与相配件的配合尺寸，套螺纹时要用相配件旋入管子来检查是否满足配合要求。

(3) 铰杠　手工套螺纹时需要用圆板牙铰杠，如图 4-37 所示。

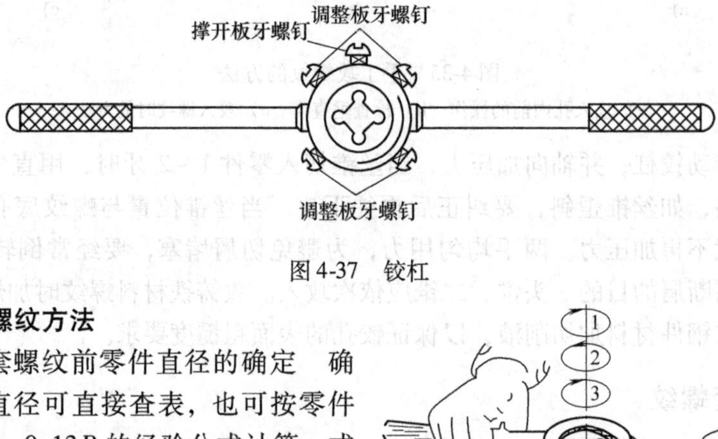

图 4-37　铰杠

2. 套螺纹方法

(1) 套螺纹前零件直径的确定　确定螺杆的直径可直接查表，也可按零件直径 $d = D - 0.13P$ 的经验公式计算。式中，各参数意义同前。

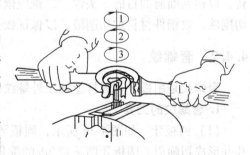

(2) 套螺纹的操作　套螺纹的方法如图 4-38 所示，将板牙套在圆杆头部倒角处，并保持板牙与圆杆垂直，右手握住铰杠的中间部分，加适当压力，左手将铰杠的手柄顺时针方向转动，在板牙切入圆杆 2 ~ 3 牙时，应检查板牙是否歪斜，

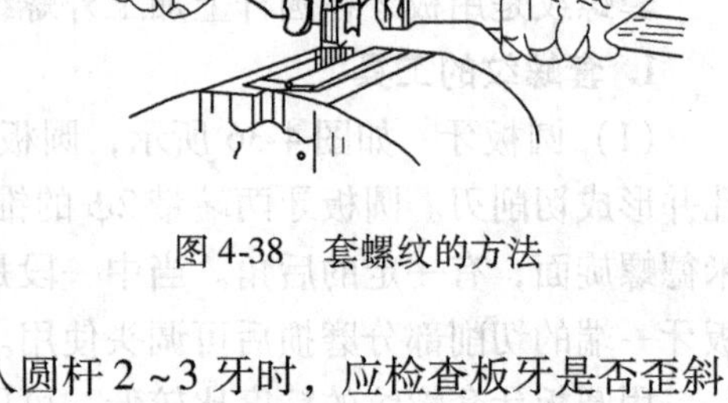

图 4-38　套螺纹的方法

发现歪斜，应纠正后再套，当板牙位置正确后，再往下套就可以不加压力。套螺纹和攻螺纹一样，应经常倒转以切断切屑。套螺纹应加切削液，以保证螺纹的表面粗糙度要求。

4.5 装配

装配是机器制造中的最后一道工序，因此，它是保证机器达到各项技术要求的关键。装配工作的好坏，对产品质量起着决定性的作用。装配是钳工一项非常重要的工作。

4.5.1 装配概述

按照规定的技术要求，将零件组装成机器，并经过调整、试验，使之成为合格产品的工艺过程称为装配。

1. 装配类型与装配过程

(1) 装配类型 装配类型一般可分为组件装配、部件装配和总装配。

1) 组件装配是将两个以上的零件连接组合成为组件的过程。例如曲轴、齿轮等零件组成的一根传动轴系的装配。

2) 部件装配是将组件、零件连接组合成独立机构（部件）的过程。例如车床主轴箱、进给箱等的装配。

3) 总装配是将部件、组件和零件连接组合成为整台机器的过程。

(2) 装配过程 机器的装配过程一般由三个阶段组成：一是装配前的准备阶段，二是装配阶段（部件装配和总装配），三是调整、检验和试车阶段。

装配过程一般是先下后上，先内后外，先难后易，先装配保证机器精度的部分，后装配一般部分。

2. 零、部件连接的形式

组成机器的零、部件连接的形式很多，基本上可归纳成两类：固定连接和活动连接。每一类的连接中，按照零件接合后能否拆卸又分为可拆连接和不可拆连接，见表4-1。

表4-1 机器零、部件连接的形式

固定连接		活动连接	
可拆	不可拆	可拆	不可拆
螺纹、键、销等	铆接、焊接、压合、粘接等	轴与轴承、丝杠与螺母、柱塞与套筒等	活动连接的铆合头

3. 装配方法

(1) 完全互换法 装配时，在各类零件中任意取出要装配的零件，不需任何修配就可以装配，并能完全符合质量要求。装配精度由零件的制造精度保证。

（2）选配法（不完全互换法） 按选配法装配的零件，在设计时其制造公差可适当放大。装配前，按照严格的尺寸范围将零件分成若干组，然后将对应的各组配合件装配在一起，以达到所要求的装配精度。

（3）修配法 当装配精度要求较高，采用完全互换法不够经济时，常用修正某个配合零件的方法来达到规定的装配精度。如车床两顶尖不等高，装配时可刮尾座来达到装配精度要求等。

（4）调整法 调整法比修配法方便，也能达到很高的装配精度，在大批生产或单件生产中都可采用此方法。但由于增设了调整用的零件，使部件结构显得复杂，而且刚性降低。

4. 装配前的准备工作

装配是机器制造的重要阶段。装配质量的好坏对机器的性能和使用寿命影响很大。装配不良的机器，将会使其性能降低，消耗的功率增加，使用寿命减短。因此，装配前必须认真做好以下几点准备工作：

1）研究和熟悉产品图样，了解产品结构以及零件作用和相互连接关系，掌握其技术要求。

2）确定装配方法、程序和所需的工具。

3）备齐零件，进行清洗、涂防护润滑油。

4.5.2 典型连接件的装配方法

装配的形式很多，下面着重介绍螺纹联接、滚动轴承、齿轮等几种典型连接件的装配方法。

1. 螺纹联接

如图4-39所示，螺纹联接常用零件有螺钉、螺母、双头螺柱及各种专用螺纹紧固件等。螺纹联接是现代机械制造中用得最广泛的一种联接形式。它具有紧固可靠、装拆简便、调整和更换方便、便于多次拆装等优点。

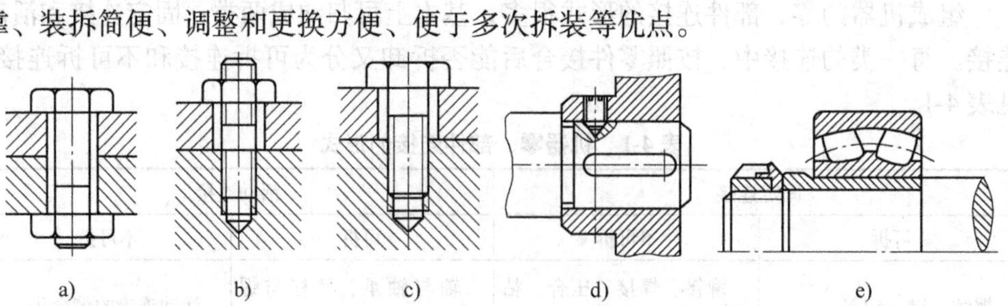

图4-39 常见的螺纹联接类型

a）螺栓联接 b）双头螺柱联接 c）螺钉联接 d）螺钉固定 e）圆螺母固定

对于一般的螺纹联接可用普通扳手拧紧。而对于有规定预紧力要求的螺纹联接，为了保证规定的预紧力，常用测力扳手或其他限力扳手以控制扭矩，如图4-40所示。

在紧固成组螺钉、螺母时，为使固紧件的配合面上受力均匀，应按一定的顺序来拧紧。图4-41所示为两种拧紧顺序的实例。按图中数字顺序拧紧，可避免被联接件的偏斜、翘曲和受力不均。而且每个螺钉或螺母不能一次就完全拧紧，应按顺序分2～3次才全部拧紧。

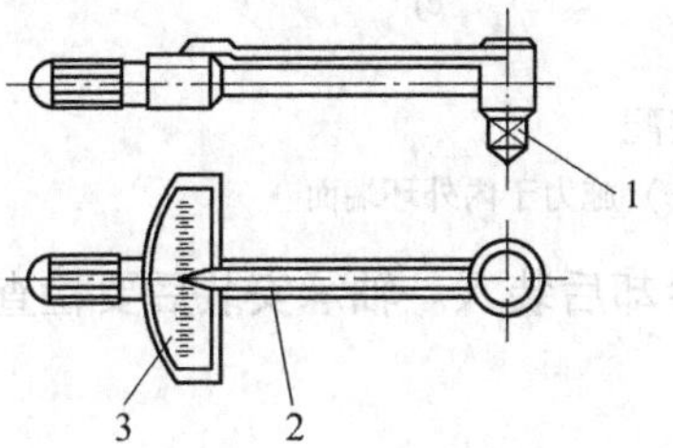

图4-40 测力扳手
1—扳手头 2—指示针 3—读数板

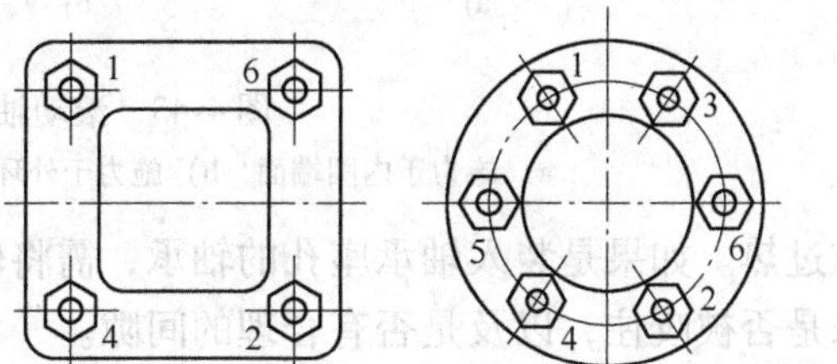

图4-41 拧紧成组螺母顺序

零件与螺母的贴合面应平整光洁，否则螺纹容易松动。为提高贴合面质量，可加垫圈。在交变载荷和振动条件下工作的螺纹联接，有逐渐自动松开的可能，为防止螺纹联接的松动，可用弹簧垫圈、止退垫圈、开口销和止动螺钉等防松装置，如图4-42所示。

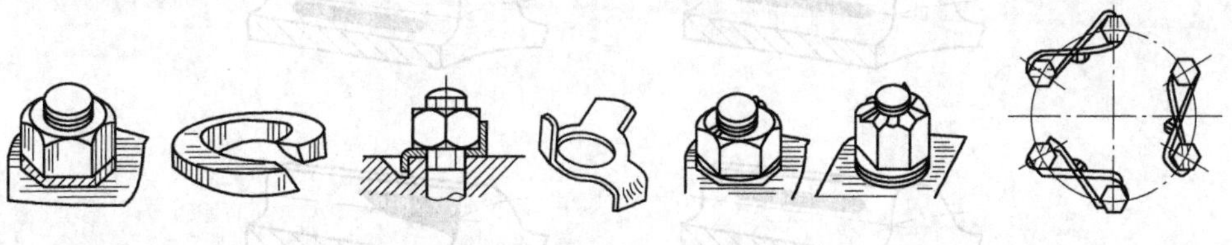

a) b) c) d)

图4-42 各种螺母防松装置
a）弹簧垫圈 b）止退垫圈 c）开口销 d）止动螺钉

2. 滚动轴承的装配

滚动轴承的配合多数为较小的过盈配合，常用锤子或压力机采用压入法装配，为了使轴承圈受力均匀，采用垫套加压。轴承压到轴颈上时应施力于内圈端面，如图4-43a所示；轴承压到轴承座孔中时，要施力于外环端面上，如图4-43b所示；若同时压到轴颈和轴承座孔中时，整套应能同时对轴承内外端面施力，如图4-43c所示。

当轴承的装配是较大的过盈配合时，应采用加热装配，即将轴承吊在80～90℃的热油中加热，使轴承膨胀，然后趁热装入。注意轴承不能与油槽底接触，以

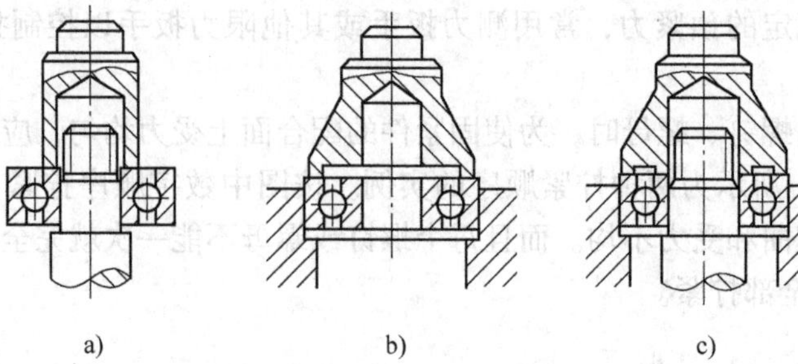

图 4-43 滚动轴承的装配

a）施力于内圈端面 b）施力于外环端面 c）施力于内外环端面

防过热。如果是装入轴承座孔的轴承，需将轴承冷却后装入。轴承安装后要检查滚珠是否被咬住，以及是否有合理的间隙。

3. 齿轮的装配

齿轮装配的主要技术要求是保证齿轮传递运动的准确性、平稳性、轮齿表面接触斑点和齿侧间隙合乎要求等。

轮齿表面接触斑点可用涂色法检验。先在主动轮的工作齿面上涂上红丹，使相啮合的齿轮在轻微制动下运转，然后看从动轮啮合齿面上接触斑点的位置和大小，如图 4-44 所示。

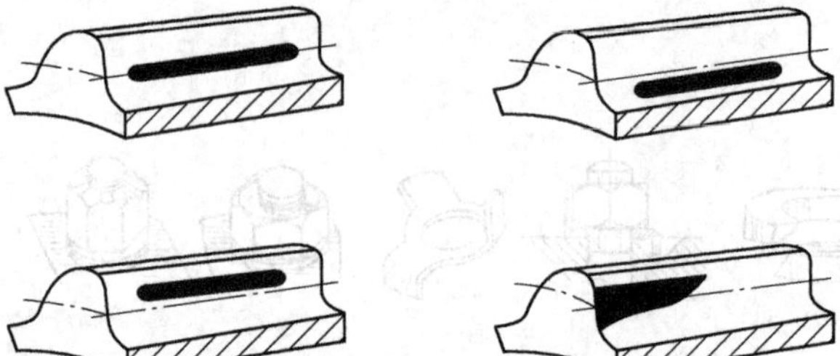

图 4-44 用涂色法检验啮合情况

齿侧间隙一般可用塞尺插入齿侧间隙中检查。塞尺是由一套厚薄不同的钢片组成的，每片的厚度都标在它的表面上。

4.5.3 部件装配和总装配

完成整台机器装配，必须经过部件装配和总装配过程。

1. 部件装配

部件装配通常是在装配车间的各个工段（或小组）进行的。部件装配是总装配的基础，这一工序进行得好与坏，会直接影响到总装配和产品的质量。

部件装配的过程包括以下四个阶段：

1）装配前按图样检查零件的加工情况，根据需要进行补充加工。

2）组合件的装配和零件相互试配。在这一阶段内可用选配法或修配法来消除各种配合缺陷。组合件装好后不再分开，以便一起装入部件内。互相试配的零件，当缺陷消除后，仍要加以分开（因为它们不是属于同一个组合件），但分开后必须做好标记，以便重新装配时不会调错。

3）部件的装配及调整，即按一定的次序将所有的组合件及零件互相连接起来，同时对某些零件通过调整正确地加以定位。通过这一阶段，对部件所提出的技术要求都应达到。

4）部件的检验，即根据部件的专门用途做工作检验。如水泵要检验每分钟出水量及水头高度；齿轮箱要进行空载检验及负荷检验；有密封性要求的部件要进行水压（或气压）检验；高速转动部件还要进行动平衡检验等。只有通过检验确定合格的部件，才可以进入总装配。

2. 总装配

总装配就是把预先装好的部件、组合件、其他零件，以及从市场采购来的配套装置或功能部件装配成机器的过程。总装配过程及注意事项如下：

1）总装配前，必须了解所装机器的用途、构造、工作原理以及与此有关的技术要求。接着确定它的装配程序和必须检查的项目，最后对总装配好的机器进行检查、调整、试验，直至机器合格。

2）总装配执行装配工艺规程所规定的操作步骤，采用工艺规程所规定的装配工具。应按从里到外，从下到上，以不影响下道装配工序为原则次序进行。操作中不能损伤零件的精度和表面粗糙度，对重要的复杂的部分要反复检查，以免搞错或多装、漏装零件。在任何情况下应保证污物不进入机器的部件、组合件或零件内。机器总装配后，要在滑动和旋转部分加润滑油，以防运转时出现拉毛、咬住或烧损现象。最后要严格按照技术要求，逐项进行检查。

3）装配好的机器必须加以调整和检验。调整的目的在于查明机器各部分的相互作用及各个机构工作的协调性。检验的目的是确定机器工作的正确性和可靠性，发现由于零件制造的质量、装配或调整的质量问题所造成的缺陷。小的缺陷可以在检验台上加以消除；大的缺陷应将机器送到原装配处返修。修理后再进行第二次检验，直至检验合格为止。

4）检验结束后应对机器进行清洗，随后送修饰部门上防锈漆、涂漆。

练 习 题

1. 钳工常用的设备有哪些？试述其主要作用。
2. 划线有何作用？常用的划线工具有哪些？
3. 什么是划线基准？如何选择划线基准？

4. 锯削可应用在哪些场合？试举例说明。

5. 怎样选择锯条？简述锯削操作要领。

6. 锉刀有哪些分类？简述锉削时的操作要领。

7. 麻花钻由哪几部分组成？各有何特点？

8. 钻扩、扩孔和铰孔时，所用刀具和操作方法有何区别？为什么扩孔和铰孔能提高孔的精度？

9. 攻螺纹和套螺纹时分别使用何种工具？简述操作要领。

10. 装配可以分为哪几类？各有何特点？

11. 试述装配过程及装配原则。

12. 装配方法有哪几种？各有何特点？

13. 简述滚动轴承的装配方法。

第 5 章　车 削 加 工

5.1 车削概述

车削加工是指在车床上应用刀具与工件作相对切削运动，用以改变毛坯的尺寸和形状等，将其加工成所需零件的一种切削加工方式。其中，工件的旋转运动为主运动，刀具相对工件的横向或纵向移动为进给运动。车削加工主要用于加工各种回转体表面，加工尺寸公差等级较宽，一般可达 IT12 ~ IT7，精车时可达 IT6 ~ IT5。表面粗糙度值 Ra 的范围一般是 6.3 ~ 0.8μm。车削在切削加工中是最常用的一种加工方法。车床占机床总数的一半左右，故在机械加工中具有重要的地位和作用。

车床的加工范围很广，能够加工各种内、外圆柱面；内、外圆锥面；端面；

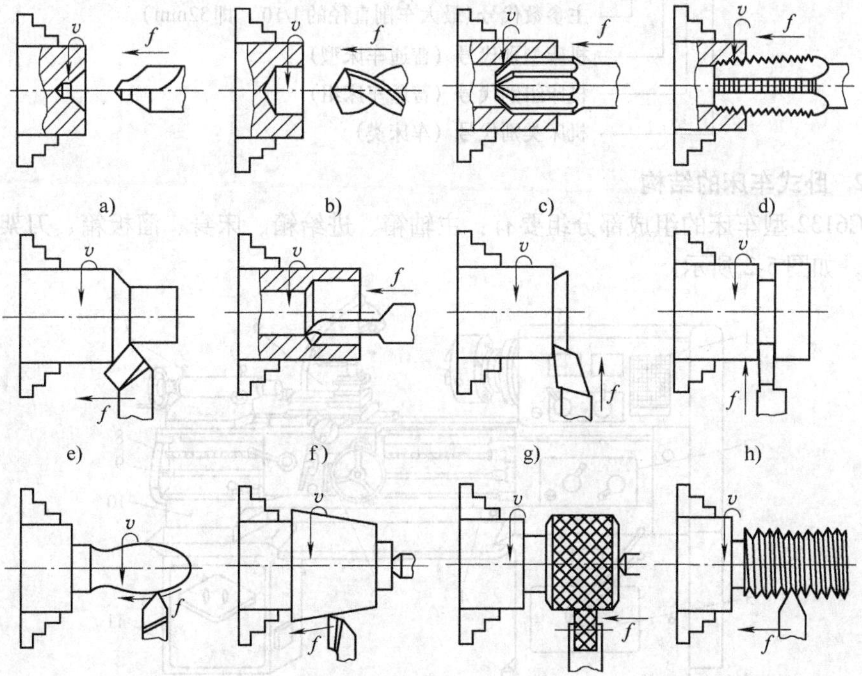

图 5-1　车床的加工范围

a）钻中心孔　b）钻孔　c）铰孔　d）攻螺纹　e）车外圆　f）车孔　g）车端面

h）切槽　i）车成形面　j）车锥面　k）滚花　l）车螺纹

内、外沟槽；内、外螺纹；内、外成形面；丝杠、钻孔、扩孔、铰孔、车孔、攻螺纹、套螺纹、滚花等，如图 5-1 所示。

5.2 车床概述

车床的种类很多，有卧式车床、立式车床、仪表车床、转塔车床、仿形车床及多刀车床等。其中应用最广泛的是卧式车床。

5.2.1 卧式车床的型号与组成

1. 机床型号

机床型号是机床产品的代号，用以简明地表示机床的类别、主要技术参数、结构特性等。它由汉语拼音字母及阿拉伯数字组成。如 C6132 表示床身上最大工件回转直径为 320mm 的卧式车床，其型号中字母及数字的含义如下：

C 6 1 32

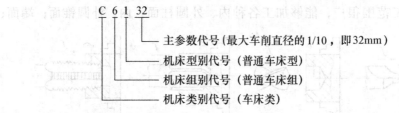

- 32 —— 主参数代号（最大车削直径的 1/10，即 32mm）
- 1 —— 机床型别代号（普通车床型）
- 6 —— 机床组别代号（普通车床组）
- C —— 机床类别代号（车床类）

2. 卧式车床的结构

C6132 型车床的组成部分组要有：主轴箱、进给箱、床身、溜板箱、刀架、尾座等，如图 5-2 所示。

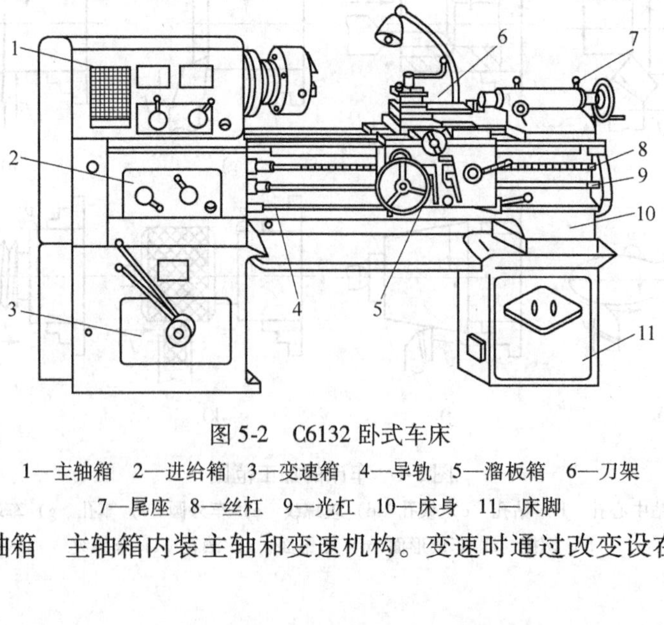

图 5-2 C6132 卧式车床

1—主轴箱 2—进给箱 3—变速箱 4—导轨 5—溜板箱 6—刀架

7—尾座 8—丝杠 9—光杠 10—床身 11—床脚

（1）主轴箱 主轴箱内装主轴和变速机构。变速时通过改变设在主轴箱外面的手柄位置，可使主轴获得不同的转速。主轴的内表面是莫氏圆锥5号的锥孔，可插入锥套和顶尖，当采用顶尖并与尾座中的顶尖同时使用安装轴类工件时，其两顶尖之间的最大距离为750mm。

（2）进给箱　进给箱是进给运动的变速机构。变换进给箱外面的手柄位置，以改变进给量的大小或车削不同螺距的螺纹。其纵向进给量为0.06～0.83mm/r；横向进给量为0.04～0.78mm/r。

（3）床身　床身是车床的基础件，用来连接各主要部件并保证各部件在运动时有正确的相对位置。在床身上有供溜板箱和尾座移动用的导轨。

（4）溜板箱　溜板箱是进给运动的操纵机构。它使光杠或丝杠的旋转运动，通过齿轮和齿条或丝杠和开合螺母，推动车刀作进给运动。当接通光杠时，刀架可作纵向或横向直线进给运动。当闭合开合螺母接通丝杠时可车削螺纹。溜板箱内设有互锁机构，使光杠、丝杠两者不能同时使用。

（5）刀架　刀架用来装夹车刀，并可作纵向、横向移动，如图5-3所示。刀架主要由下列几部分组成。

1）床鞍。床鞍与溜板箱牢固相连，可沿床身导轨作纵向移动。

2）中滑板。中滑板安装在床鞍顶面的横向导轨上，可作横向移动。

3）转盘。转盘固定在中滑板上，松开紧固螺母后，可转动转盘，使它和床身导轨成一个所需要的角度，然后拧紧螺母，以加工圆锥面等。

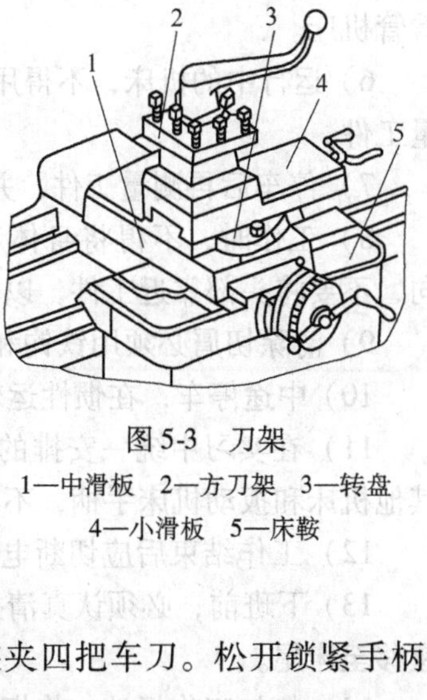

图5-3　刀架

1—中滑板　2—方刀架　3—转盘　4—小滑板　5—床鞍

4）小滑板。小滑板装在转盘上面的燕尾槽内，可作短距离的进给移动。

5）方刀架。方刀架固定在小滑板上，可同时装夹四把车刀。松开锁紧手柄，即可转动方刀架，把所需要的车刀更换到工作位置上。

（6）尾座。尾座用来安装后顶尖，以支持较长工件进行加工，或安装钻头、铰刀等刀具进行孔加工，偏移尾座可以车出长工件的锥体。

（7）光杠与丝杠　光杠与丝杠可将进给箱的运动传至溜板箱。光杠用于一般车削，丝杠用于车螺纹。

（8）操纵杆　操纵杆是车床的控制机构，在操纵杆左端和溜板箱右侧各装有一个手柄，操作工人可以很方便地操纵手柄以控制车床主轴正转、反转或停车。

5.2.2　车床安全生产和注意事项

车削加工实习应严格遵守以下安全操作规程：

1）工作前须穿好工作服（或军训服），扣扎好袖口，衬衫要扎入裤腰内。上衣的扣子扣好，男、女生长发者必须戴好工作帽，并将头发纳入帽内。严禁戴手套操作车床。

2）工作前要认真察看机床有无异常，在规定的加油部位加注润滑油。在检查无误后起动机床试运转，再查看油窗是否有油液喷出，油路是否通畅，试运转时间一般为 2 ~ 5min，夏季可略短些，冬季可略长些。

3）刀具装夹要牢靠，刀头伸出部分不应超出刀体高度的 1.5 倍，垫片的形状尺寸应与刀体形状尺寸相一致，垫片应尽可能的少且平。

4）主轴变速时必须停车，严禁在运转中变速。变速手柄必须到位，以防松动脱位。

5）操作中必须精力集中，要注意纵、横行程的极限位置，机床在进给运行中不得擅离机床或东张西望和其他人员说话，不允许坐在凳子上操作，不得委托他人看管机床。

6）运行中的机床，不得用手摸转动的工件、用棉纱等物擦拭工件或用量具测量工件。

7）停车后再测量工件，并将刀架移动到安全位置（远离卡盘）。

8）工作时，不得将身体和手脚依靠或放在机床上，不要站在切屑飞出的方向，不要将头部靠近工件，以免受伤。

9）清除切屑必须用铁钩和毛刷，严禁用手清除或用嘴吹除。

10）中途停车，在惯性运转中的工件不得用手强行制动。

11）在实习中统一安排的休息时间里，不准私自开动机床，也不得随意开动其他机床和扳动机床手柄，不得随意触摸他人已调整好的工件、夹具和量具。

12）工作结束后应切断电源。

13）下班前，必须认真清扫机床，在各外露导轨面上加防锈油，并把刀架、尾座移至床尾。

14）打扫工作场地，将切屑倒入规定地点。

15）认真清理所用的工件、夹具、刀具、量具，整齐有序地摆入工具箱柜中，以防丢失。

5.2.3 车床常用附件及工件的安装

工件的安装主要任务是使工件准确定位及夹持牢固。由于各种工件的形状和大小不同，所以有各种不同的安装方法。在卧式车床上常用自定心卡盘、单动卡盘、顶尖、中心架、心轴、花盘及弯板等附件安装工件。

1. 工件在自定心卡盘上安装

自定心卡盘是车床最常用的附件（图 5-4），自定心卡盘上的三个卡爪是同时动作的，可以达到自动定心兼夹紧的目的。其装夹工件方便，但定心精度不高（磨损所致），工件上同轴度要求较高的表面，应尽可能在一次装夹中车出。传递的扭矩也不大，故自定心卡盘适于夹持圆形、正三边形和正六边形截面的中、小型工件。当安装直径较大的工件时，可使用“反爪”法装夹。

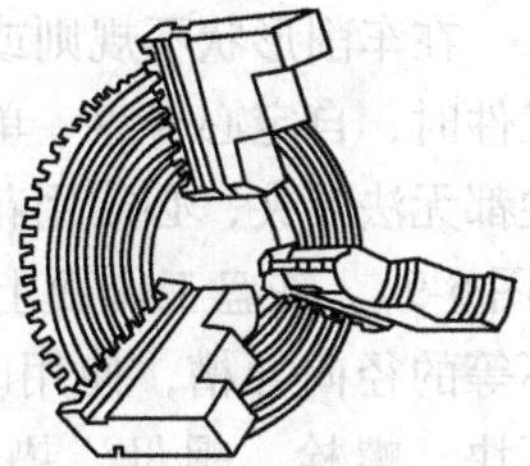

图5-4 自定心卡盘

2. 工件在单动卡盘上的安装

单动卡盘也是车床常用的附件（图5-5），单动卡盘上的四个卡爪分别通过转动螺杆而实现单动。根据加工的要求，利用划针盘划线找正后，安装精度比自定心卡盘高，单动卡盘的夹紧力大，适用于夹持较大的圆柱形工件或形状不规则的工件。

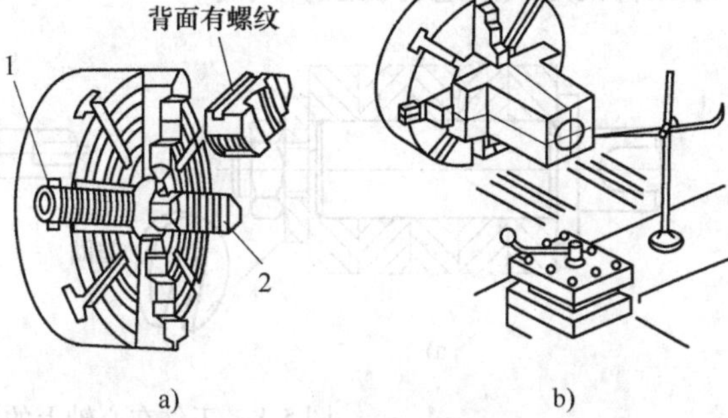

图5-5 单动卡盘及工件安装

a）外形 b）按划线找正

1—螺杆 2—卡爪

3. 顶尖

常用的顶尖有固定顶尖和回转顶尖两种，如图5-6所示。

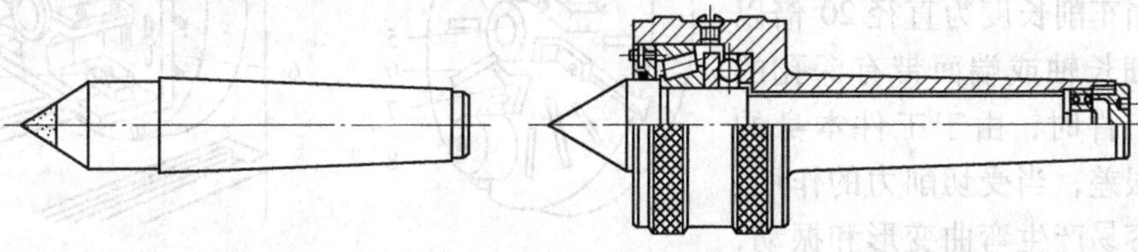

图5-6 顶尖

a）固定顶尖 b）回转顶尖

4. 工件在两顶尖之间的安装

较长或加工工序较多的轴类工件，为保证工件的同轴度要求，常采用两顶尖的装夹方法，可用自定心卡盘代替拨盘（图5-7），此时前顶尖用一段钢棒车成，夹在自定心卡盘上，卡盘的卡爪通过鸡心夹头带动工件旋转。

5. 工件在心轴上的安装

精加工盘套类零件时，如孔与外圆的同轴度，以及孔与端面的垂直度要求较高时，工件需在心轴上装夹进行加工（图5-8）。这时应先加工孔，然后以孔定位安装在心轴上，再一起安装在两顶尖上进行外圆和端面的加工。

6. 工件在花盘上的安装

在车削形状不规则或形状复杂的工件时，自定心卡盘、单动卡盘或顶尖都无法装夹，必须用花盘进行装夹（图 5-9）。花盘工作面上有许多长短不等的径向导槽，使用时配以角铁、压块、螺栓、螺母、垫块和平衡块等，可将工件装夹在盘面上。安装时，按工件的划线痕进行找正，同时要注意重心的平衡，以防止旋转时产生振动。

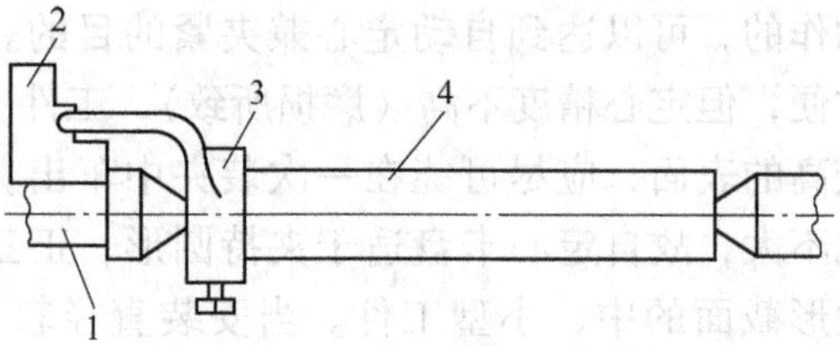

图 5-7　两顶尖安装工件

1—前顶尖　2—卡爪　3—鸡心夹头　4—工件

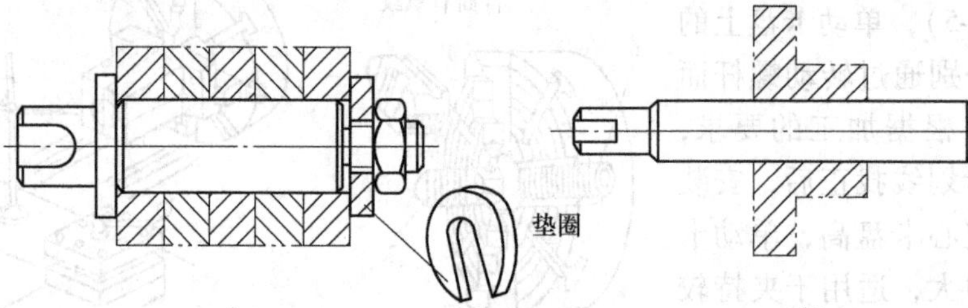

a)　　　b)

图 5-8　工件在心轴上的安装

7. 中心架和跟刀架的使用

当车削长度为直径 20 倍以上的细长轴或端面带有深孔的细长工件时，由于工件本身的刚性很差，当受切削力的作用，往往容易产生弯曲变形和振动，容易把工件车成两头细中间粗的腰鼓形。为防止上述现象发生，需要附加辅助支承，即中心架或跟刀架。

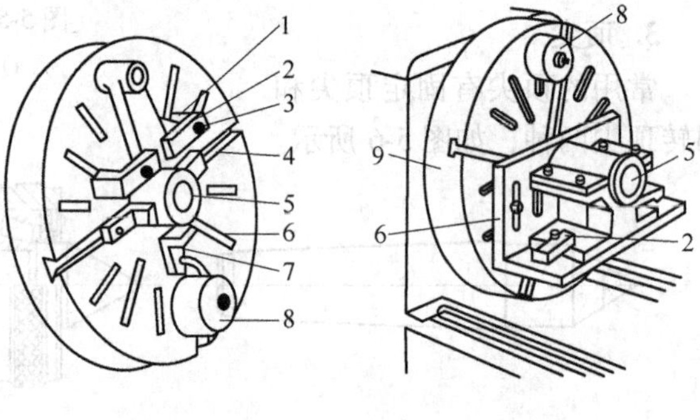

a)　　　b)

图 5-9　花盘装夹工件

a）花盘上装夹工件

b）花盘与弯板配合装夹工件

1—垫铁　2—压板　3—压板螺钉　4—T 形槽

5—工件　6—弯板　7—可调螺钉

8—配重块　9—花盘

中心架主要用于加工有台阶或需要调头车削的细长轴，以及端面和内孔（钻中心孔）。中心架是固定在床身导轨上的，车削前调整其三个支承爪与工件轻轻接触，并加上润滑油，如图 5-10 所示。

对不适宜调头车削的细长轴，不能用中心架支承，而要用跟刀架支承进行车削，以增加工件的刚性。跟刀架固定在床鞍上，一般有两个支承爪，它可以跟随车

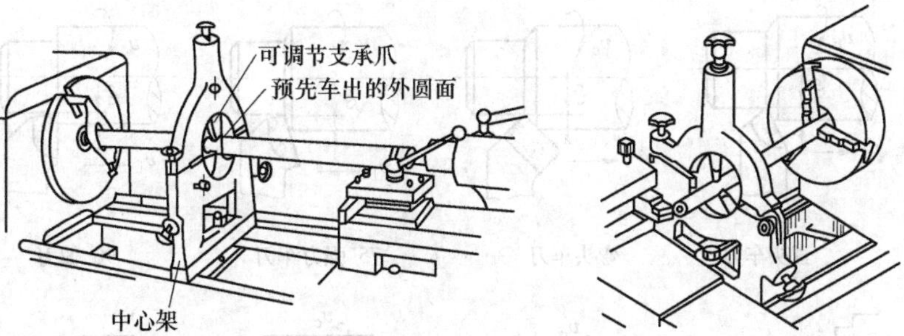

图5-10　用中心架车削外圆、内孔及端面

刀移动，抵消径向切削力，提高车削细长轴的形状精度和减小表面粗糙度值，如图5-11a所示。图5-11b所示为两爪跟刀架，此时车刀给工件的切削抗力使工件贴在跟刀架的两个支承爪上，但由于工件本身的重力以及偶然的弯曲，车削时工件会瞬时离开和接触支承爪，因而产生振动。比较理想的跟刀架是三爪跟刀架，如图5-11c所示。此时，由三个支承爪和车刀抵住工件，使之上下、左右都不能移动，车削时工件就比较稳定，不易产生振动。

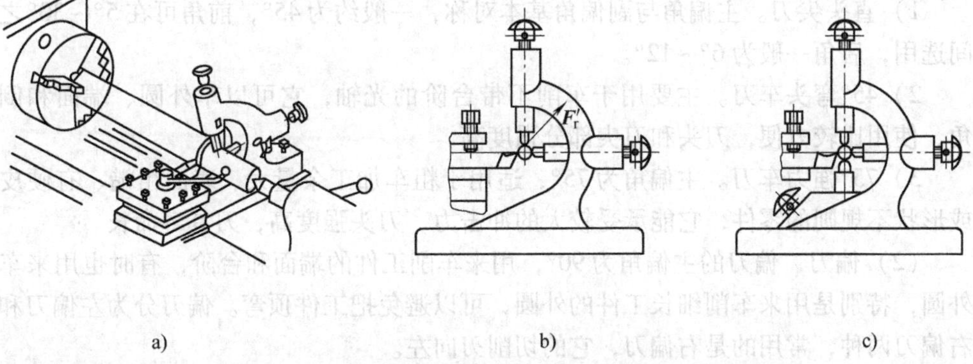

图5-11　跟刀架支承车削细长轴

a）用跟刀架车削工件　b）两爪跟刀架　c）三爪跟刀架

5.3　车刀及其安装

5.3.1　车床常用刀具介绍

1. 车刀的种类和用途

在车削过程中，由于零件的形状、大小和加工要求不同，采用的车刀也不相同。车刀的种类很多，用途各异，现介绍几种常用的车刀（图5-12）。

（1）外圆车刀　外圆车刀又称尖刀，主要用于车削外圆、平面和倒角。外圆

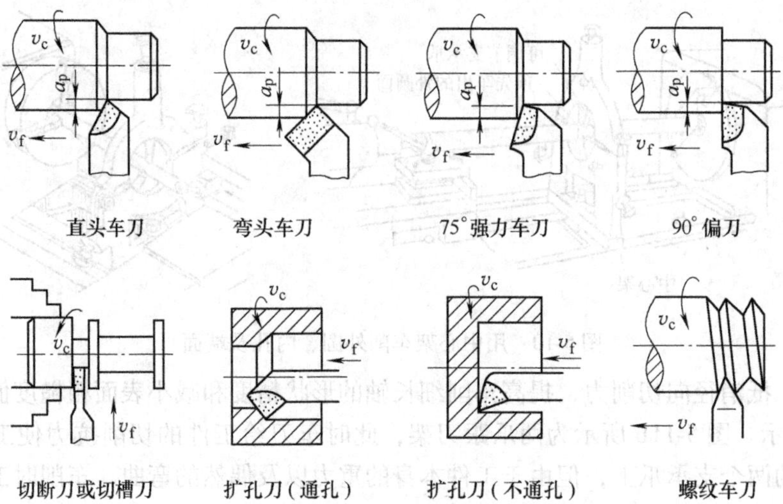

图 5-12 常用车刀的种类和用途

车刀一般有三种形状。

1）直头尖刀。主偏角与副偏角基本对称，一般约为45°，前角可在5°~30°之间选用，后角一般为6°~12°。

2）45°弯头车刀。主要用于车削不带台阶的光轴，它可以车外圆、端面和倒角，使用比较方便，刀头和刀尖部分强度高。

3）75°强力车刀。主偏角为75°，适用于粗车加工余量大、表面粗糙、有硬皮或形状不规则的零件，它能承受较大的冲击力，刀头强度高，刀具寿命长。

（2）偏刀　偏刀的主偏角为90°，用来车削工件的端面和台阶，有时也用来车外圆，特别是用来车削细长工件的外圆，可以避免把工件顶弯。偏刀分为左偏刀和右偏刀两种，常用的是右偏刀，它的切削刃向左。

（3）切断刀和切槽刀　切断刀的刀头较长，切削刃狭长，这是为了减少工件材料消耗和切断时能切到中心的缘故。因此，切断刀的刀头长度必须大于工件的半径。

切槽刀与切断刀基本相似，只不过其形状应与槽型一致。

（4）扩孔刀　扩孔刀又称镗孔刀，用来加工内孔。它可以分为通孔刀和不通孔刀两种。通孔刀的主偏角小于90°，一般为45°~75°，副偏角一般为20°~45°，扩孔刀的后角应比外圆车刀稍大，一般为10°~20°。不通孔刀的主偏角应大于90°，刀尖在刀杆的最前端，为了使内孔底面车平，刀尖与刀杆外端距离应小于内孔的半径。

（5）螺纹车刀　螺纹按牙型有三角形、矩形和梯形等，相应使用三角形螺纹车刀、矩形螺纹车刀和梯形螺纹车刀等。螺纹的种类很多，其中以三角形螺纹应用最广。采用三角形螺纹车刀车削米制螺纹时，其刀尖角必须为60°，前角取0°。

2. 车刀的组成

车刀是形状最简单的单刃刀具，其他各种复杂刀具都可以看做是车刀的组合和演变，有关车刀角度的定义，均适用于其他刀具。

(1) 车刀的结构　车刀由刀头（切削部分）和刀体（夹持部分）所组成，车刀的切削部分由“三面、二刃、一尖”组成，如图5-13所示。

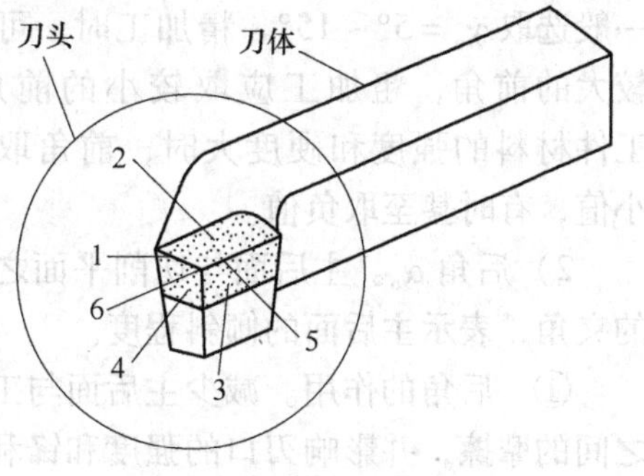

图5-13　车刀的组成

1—副切削刃　2—前面　3—主后面　4—副后面　5—主切削刃　6—刀尖

前面：切削时，切屑流出所经过的表面。

主后面：切削时，与工件加工表面相对的表面。

副后面：切削时，与工件已加工表面相对的表面。

主切削刃：前面与主后面的交线。它可以是直线，担负着主要的切削工作。

副切削刃：前面与副后面的交线。一般只担负少量的切削工作。

刀尖：主切削刃与副切削刃的相交部分。

(2) 车刀的角度　车刀的主要角度有前角γ_o、后角α_o、主偏角κ_r、副偏角κ_r'和刃倾角λ_s，如图5-14所示。

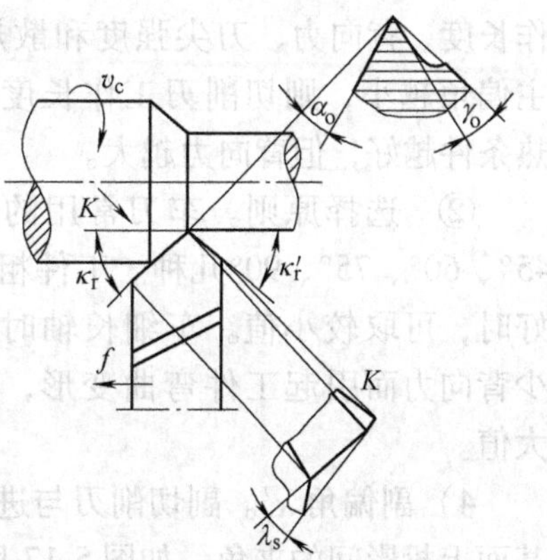

图5-14　车刀的主要角度

车刀的角度是在切削过程中形成的，它们对加工质量和生产率等起着重要作用。在切削时，与工件加工表面相切的假想平面称为切削平面，与切削平面相垂直的假想平面称为基面，另外采用机械制图的假想剖面（正交平面），由这些假想的平面再与刀头上存在的三面二刃就可构成实际起作用的刀具角度（图5-15）。对车刀而言，基面呈水平面，并与车刀底面平行。切削平面、正交平面与基面是相互垂直的。

1）前角γ_o。前面与基面之间的夹角，表示前面的倾斜程度。前角可为正值、负值或零，前面在基面之下，则前角为正值，反之为负值，相重合为零。一般所说的前角是指正前角。图5-16所示为前角与后角的剖视图。

①　前角的作用。增大前角，可使切削刃锋利，切削力降低，切削温度低，刀具磨损小，表面加工质量高。但过大的前角会使刃口强度降低，容易造成刃口损

坏。

② 选择原则。用硬质合金车刀加工钢件（塑性材料等），一般选取 γ_o = 10° ~20°；加工灰铸铁（脆性材料等），一般选取 γ_o = 5° ~ 15°。精加工时，可取较大的前角，粗加工应取较小的前角。工件材料的强度和硬度大时，前角取较小值，有时甚至取负值。

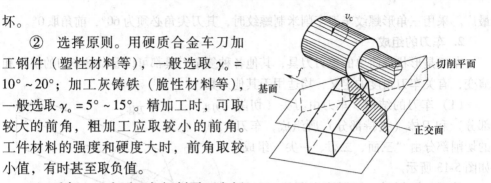

2）后角 α_o。主后面与切削平面之间的夹角，表示主后面的倾斜程度。

① 后角的作用。减少主后面与工件之间的摩擦，并影响刃口的强度和锋利程度。

② 选择原则。一般后角可取 α_o = 6° ~8°。

3）主偏角 κ_r。主切削刃与进给方向在基面上投影间的夹角，如图 5-17 所示。

① 主偏角的作用。影响切削刃的工作长度、背向力、刀尖强度和散热条件。主偏角越小，则切削刃工作长度越长，散热条件越好，但背向力越大。

② 选择原则。车刀常用的主偏角有 45°、60°、75°、90°几种。工件粗大、刚性好时，可取较小值。车细长轴时，为了减少背向力而引起工件弯曲变形，宜选取较大值。

4）副偏角 κ_r'。副切削刃与进给方向在基面上投影间的夹角，如图 5-17 所示。

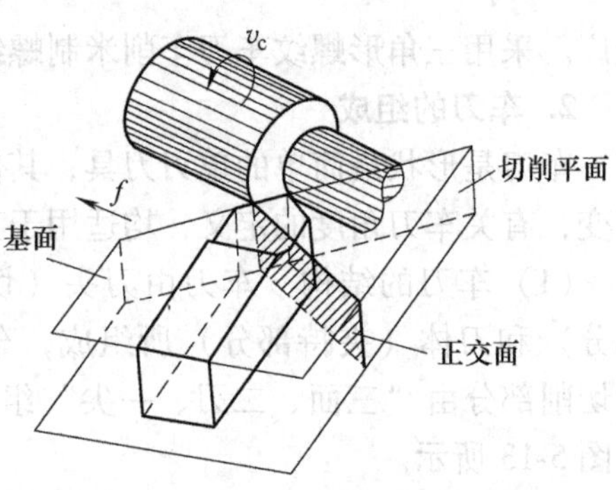

图 5-15 确定车刀角度的辅助平面

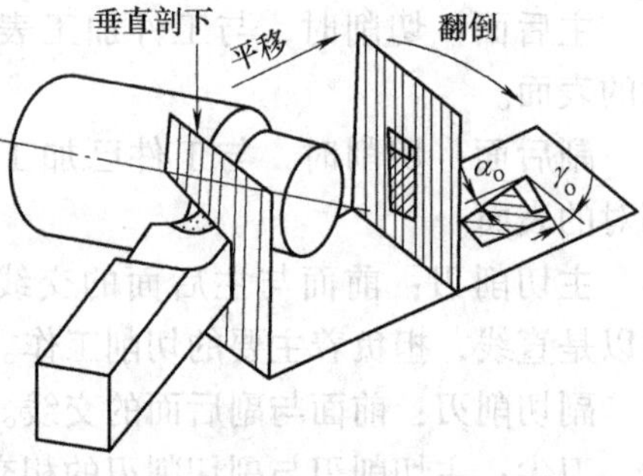

图 5-16 车刀的前角与后角

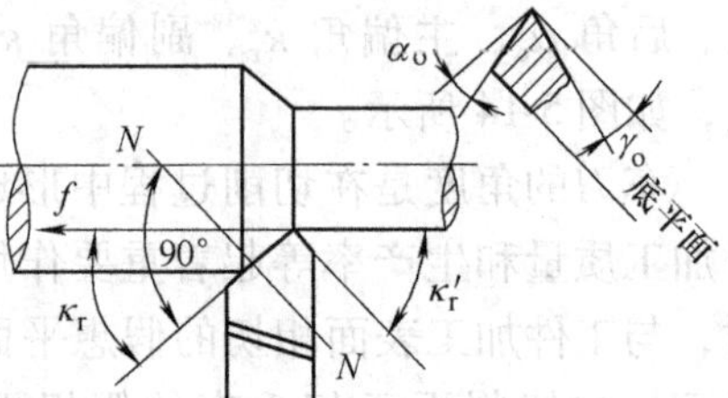

图 5-17 车刀的主偏角与副偏角

① 副偏角的作用。影响已加工表面的表面粗糙度，减小副偏角可减小已加工表面粗糙度值。

② 选择原则。一般选取 κ_r' = 5° ~ 15°，精车时可取 5° ~ 10°，粗车时取 10° ~ 15°。

5）刃倾角 λ_s。主切削刃与基面间的夹角，刀尖为切削刃最高点时为正值，反之为负值。

① 刃倾角的作用。主要影响主切削刃的强度和控制切屑流出的方向。以刀杆

底面为基准，当刀尖为主切削刃最高点时，刃倾角为正值，切屑流向待加工表面，如图5-18a所示；当主切削刃与刀杆底面平行时，$\lambda_s=0°$，切屑沿着垂直于主切削刃的方向流出，如图5-18b所示；当刀尖为主切削刃最低点时，刃倾角为负值，切屑流向已加工表面，如图5-18c所示。

② 选择原则。λ_s 一般在 $0° \sim \pm5°$ 之间选择。粗加工时，λ_s 常取负值，虽切屑流向已加工表面，但保证了主切削刃的强度。精加工时，λ_s 常取正值，使切屑流向待加工表面，从而不会划伤已加工表面。

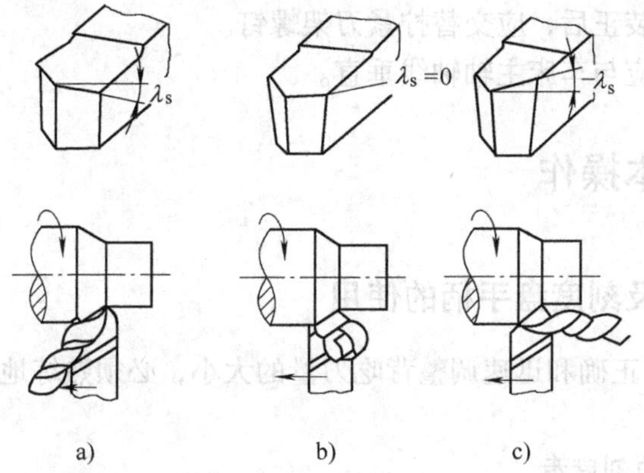

图5-18 刃倾角对切屑流向的影响

5.3.2 车刀的安装及其使用

安装车刀时应注意下列几点（图5-19）：

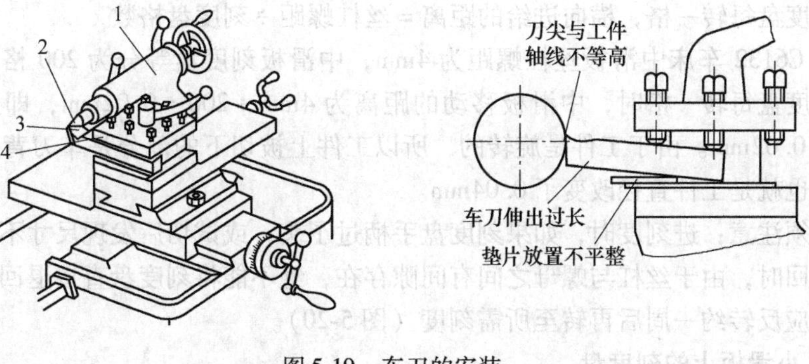

图5-19 车刀的安装

1—尾座 2—顶尖 3—车刀 4—刀架

1）车刀刀尖应与工件轴线等高。如果车刀不能装得太高或太低（工作角度与实际角度发生变化），为了使车刀对准工件轴线，可按车床尾座顶尖的高低进行调整。

2）车刀不能伸出太长。因车刀伸得太长，切削起来容易发生振动，使车出来的工件表面粗糙，甚至会把车刀折断。但也不宜伸出太短，太短会使车削不方便，容易发生刀架与卡盘碰撞，一般伸出长度不超过刀杆高度的1.5倍。

3）每把车刀安装在刀架上时，不可能刚好对准工件轴线，一般会低，因此可用厚薄不同的垫片来调整车刀的高低。垫片必须平整，其宽度应与刀杆宽度相同，长度应与刀杆被夹持部分相同，同时应尽可能用少数厚垫片来代替多数薄垫片的使用，将车刀的高低位置调整合适，垫片用得过多会造成车刀在车削时接触刚度变差而影响加工质量。

4）车刀位置装正后，应交替拧紧刀架螺钉。

5）车刀刀杆应与车床主轴轴线垂直。

5.4 车削基本操作

5.4.1 刻度盘及刻度盘手柄的使用

车削时，为了正确和迅速调整背吃刀量的大小，必须熟练地使用中刀架和小刀架上的刻度盘。

1. 中滑板上的刻度盘

中滑板上的刻度盘是紧固在中滑板丝杠轴上的，丝杠螺母是固定在中滑板上的，当中滑板上的手柄带着刻度盘转一周时，中滑板丝杠也转一周，这时丝杠螺母带动中滑板移动一个螺距。所以中滑板横向进给的距离（即背吃刀量），可按刻度盘的格数计算。

刻度盘每转一格，横向进给的距离 = 丝杠螺距 ÷ 刻度盘格数

如C6132车床中滑板丝杠螺距为4mm，中滑板刻度盘等分为200格，当手柄带动刻度盘每转一格时，中滑板移动的距离为4mm ÷ 200 = 0.02mm，即进给背吃刀量为0.02mm。由于工件是旋转的，所以工件上被切下的部分是车刀背吃刀量的两倍，也就是工件直径改变了0.04mm。

必须注意：进刻度时，如果刻度盘手柄过了头，或试切后发现尺寸不对而需将车刀退回时，由于丝杠与螺母之间有间隙存在，绝不能将刻度盘直接退回到所要的刻度，应反转约一周后再转至所需刻度（图5-20）。

2. 小滑板上的刻度盘

C6132车床刻度盘每转一格，带动小滑板移动的距离为0.05mm；小滑板上的刻度盘主要用于控制工件长度方向的尺寸，与加工圆柱面不同的是小滑板移动的距离即为工件长度的改变量。

3. 车削步骤

在正确装夹工件和安装刀具，并调整主轴转速和进给量后，通常按以下步骤进

行切削。

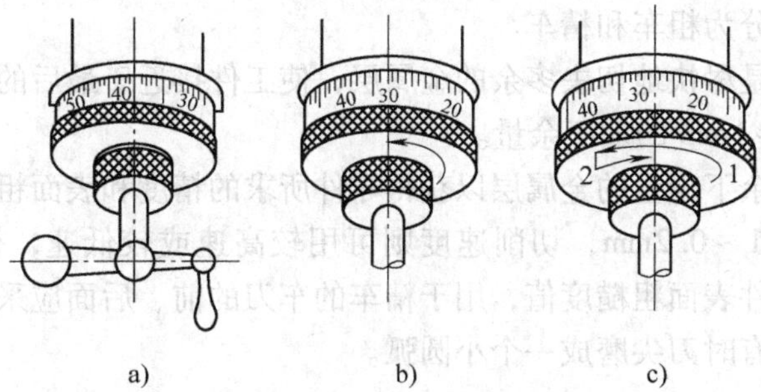

图5-20 中滑板上刻度盘的使用

a）要求手柄转至30但转至40 b）错误：直接退至30 c）正确：反转一周后，再转至30

（1）试切 在开始切削时，通常应先进行试切。以车削外圆为例，试切的方法和步骤如图5-21所示。

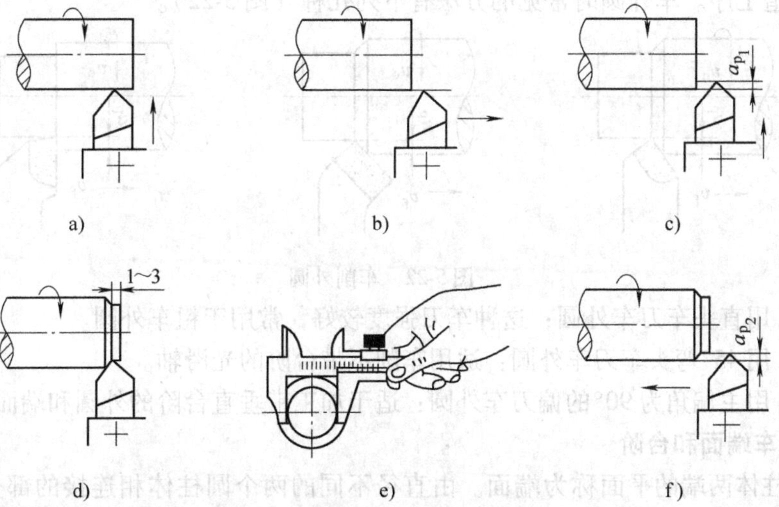

图5-21 外圆试切的方法和步骤

1）开车对刀，使车刀和工件表面轻微接触。

2）向右退出车刀。

3）按要求横向进给 a_{p_1}。

4）试切1~3mm。

5）向右退出，停车，测量。

6）调整背吃刀量至 a_{p_2} 后，自动进给车外圆。

（2）切削 在试切的基础上，获得合格尺寸后，就可利用自动进给进行车削。当车刀作纵向车削时，应注意车刀车削至长度尺寸3~5mm时，应将自动进给改为手动进给，避免进给超过所需尺寸。

（3）粗车和精车　为了提高生产效率，保证加工质量，提高刀具寿命等要求，常把车削加工划分为粗车和精车。

粗车的目的是尽快地切去多余的金属层，使工件接近于最后的形状和尺寸。粗车后应留下0.5～1mm的加工余量。

精车是切去余下少量的金属层以获得零件所求的精度和表面粗糙度，因此背吃刀量较小，约0.1～0.2mm，切削速度则可用较高速或较低速，初学者可用较低速。为了减小工件表面粗糙度值，用于精车的车刀的前、后面应采用磨石加全损耗系统用油磨光，有时刀尖磨成一个小圆弧。

5.4.2　基本车削加工

1. 车外圆

在车削加工中，外圆车削是一个基础工序，几乎绝大部分的工件都少不了外圆车削这道工序。车外圆时常见的方法有下列几种（图5-22）。

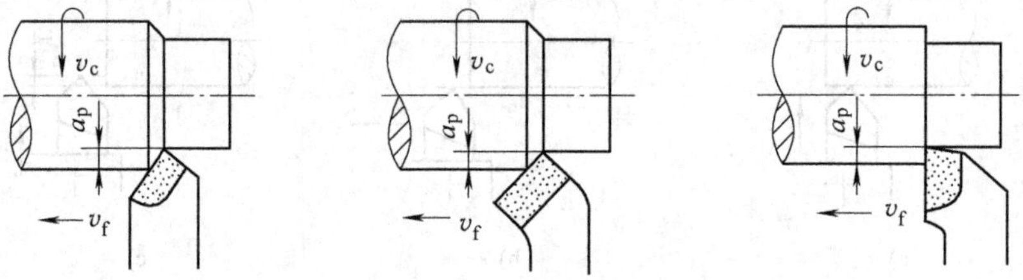

图5-22　车削外圆

1）用直头车刀车外圆：这种车刀强度较好，常用于粗车外圆。

2）用45°弯头车刀车外圆：适用车削不带台阶的光滑轴。

3）用主偏角为90°的偏刀车外圆：适于加工带垂直台阶的外圆和端面。

2. 车端面和台阶

圆柱体两端的平面称为端面。由直径不同的两个圆柱体相连接的部分称为台阶。

（1）车端面　车端面常用的刀具有偏刀和弯头车刀两种。

1）用右偏刀车端面（图5-23a）时，如果是由外向里进给，则是利用副切削刃进行切削的，故切削不顺利，而且背吃刀量不能过大，否则，容易扎刀；当切削快到中心时，工件的凸台会突然断掉，刀头易引起损坏。用左偏刀由外向中心车端面（图5-23b）时，主切削刃进行切削，切削条件有所改善。用右偏刀由中心向外车削端面（图5-23c）时，由于是利用主切削刃在进行切削，所以切削顺利，不易产生凹面，也不会产生上述不利现象。

2）用弯头刀车端面（图5-23d）时，弯头车刀的刀尖角等于90°，刀尖强度比偏刀大，不仅用于车端面，还可车外圆和倒角等。

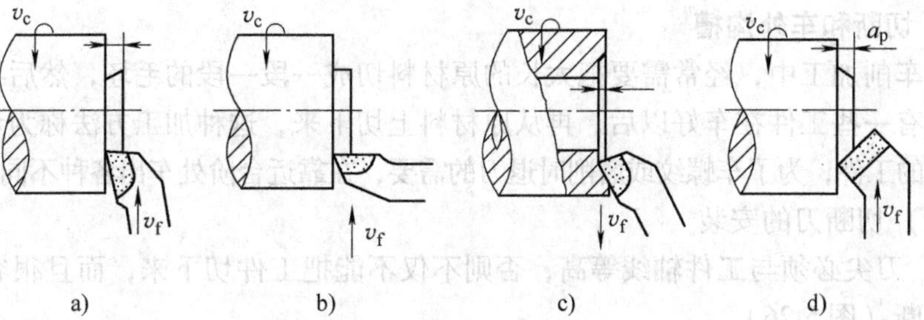

图5-23　车削端面

（2）车台阶

1）低台阶车削方法。较低的台阶面可用偏刀在车外圆时一次进给同时车出，车刀的主切削刃要垂直于工件的轴线（图5-24a），可用直角尺对刀或以车好的端面来对刀（图5-24b），使主切削刃和端面贴平。

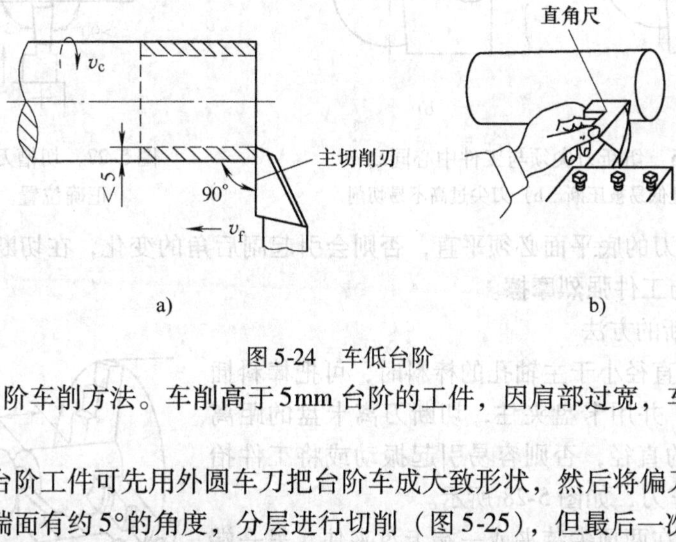

图5-24　车低台阶

2）高台阶车削方法。车削高于5mm台阶的工件，因肩部过宽，车削时会引起振动。

因此高台阶工件可先用外圆车刀把台阶车成大致形状，然后将偏刀的主切削刃装得与工件端面有约5°的角度，分层进行切削（图5-25），但最后一次必须用横向进给完成，否则会使车出的台阶偏斜。

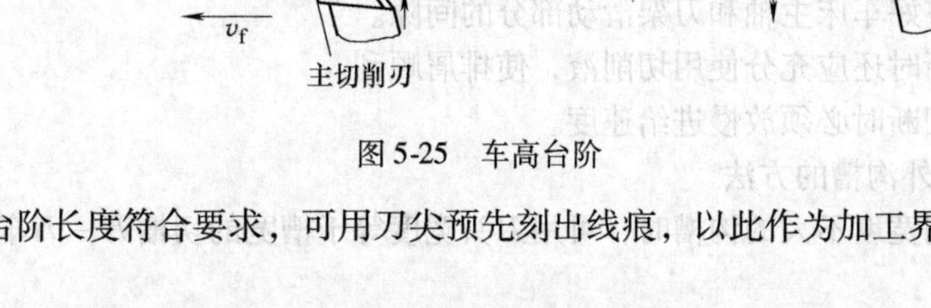

图5-25　车高台阶

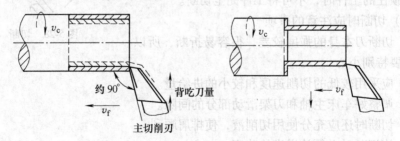

为使台阶长度符合要求，可用刀尖预先刻出线痕，以此作为加工界限。

3. 切断和车外沟槽

在车削加工中，经常需要把太长的原材料切成一段一段的毛坯，然后再进行加工，也有一些工件在车好以后，再从原材料上切下来，这种加工方法称为切断。

有的工件，为了车螺纹或磨削时退刀的需要，在靠近台阶处车出各种不同的沟槽。

（1）切断刀的安装

1）刀尖必须与工件轴线等高，否则不仅不能把工件切下来，而且很容易使切断刀折断（图 5-26）。

2）切断刀和切槽刀必须与工件轴线垂直，否则车刀的副切削刃与工件两侧面易产生摩擦（图 5-27）。

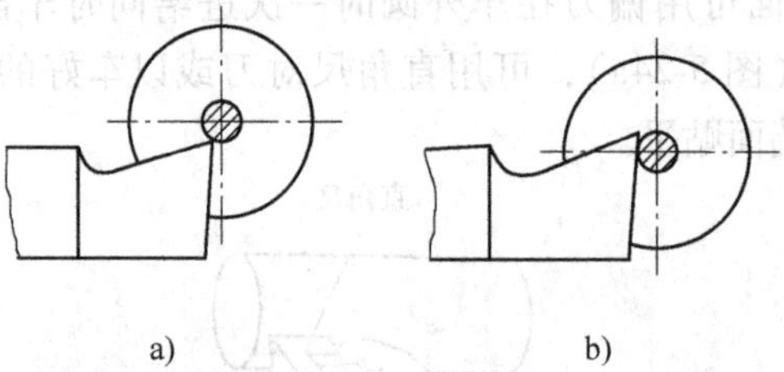

图 5-26　切断刀尖须与工件中心同高

a）刀尖过低易被压断　b）刀尖过高不易切削

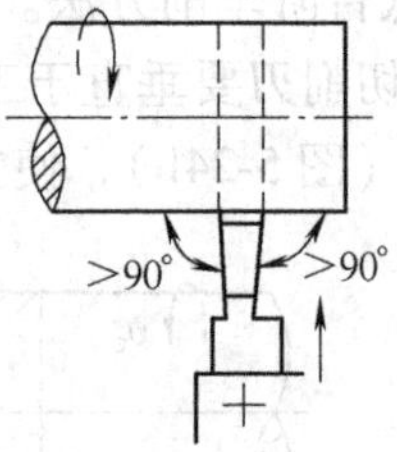

图 5-27　切槽刀的正确位置

3）切断刀的底平面必须平直，否则会引起副后角的变化，在切断时切刀的某一副后面会与工件强烈摩擦。

（2）切断的方法

1）切断直径小于主轴孔的棒料时，可把棒料插在主轴孔中，并用卡盘夹住，切断刀离卡盘的距离应小于工件的直径，否则容易引起振动或将工件抬起来而损坏车刀，如图 5-28 所示。

2）切断在两顶尖装夹或一端卡盘夹住、另一端用顶尖顶住的工件时，不可将工件完全切断。

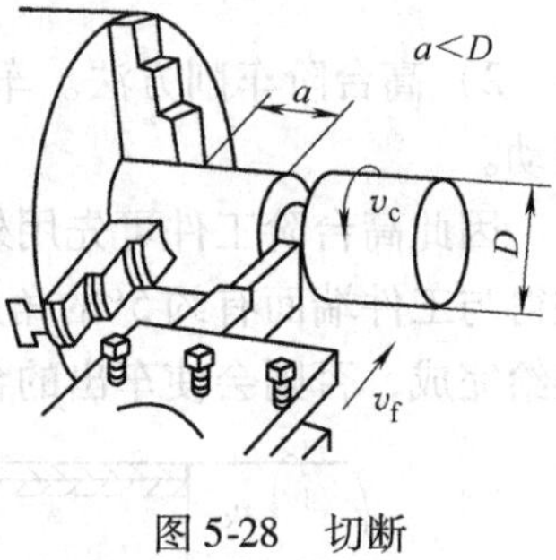

图 5-28　切断

（3）切断时应注意的事项

1）切断刀本身的强度较差，很容易折断，所以操作时要特别小心。

2）应采用较低的切削速度和较小的进给量。

3）调整好车床主轴和刀架滑动部分的间隙。

4）切断时还应充分使用切削液，使排屑顺利。

5）快切断时必须放慢进给速度。

（4）车外沟槽的方法

1）车削宽度不大的沟槽时，可用刀头宽度等于槽宽的切槽刀一刀车出。

2）在车削较宽的沟槽时，应先用外圆车刀的刀尖在工件上刻两条线，把沟槽的宽度和位置确定下来，然后用切槽刀在两条线之间进行粗车，但这时必须在槽的两侧面和槽的底部留下精车余量，最后根据槽宽和槽底进行精车。

4. 钻孔和镗孔

在车床上加工圆柱孔时，可以用钻头、扩孔钻、铰刀和镗刀进行钻孔、扩孔、铰孔和镗孔工作。

（1）钻孔、扩孔和铰孔　在实体材料上加工出孔的工作称为钻孔，在车床上钻孔（图5-29）时，把工件装夹在卡盘上，钻头安装在尾座套筒锥孔内，钻孔前先车平端面，并定出一个中心凹坑，调整好尾座位置并紧固于床身上，然后开动车床，摇动尾座手柄使钻头慢慢进给，注意经常退出钻头，排出切屑。钻钢料要不断注入切削液。钻孔进给不能过猛，以免折断钻头，一般钻头越小，进给量也越小，但切削速度可加大。钻大孔时，进给量可大些，但切削速度应放慢。当孔将钻穿时，因横刃不参加切削，应减小进给量，否则容易损坏钻头。孔钻通后应把钻头退出后再停车。钻孔的精度较低、表面粗糙，多用于对孔的粗加工。

扩孔常用于铰孔前或磨孔前的预加工，常使用扩孔钻作为钻孔后的预精加工。

为了提高孔的精度和减小表面粗糙度值，常用铰刀对钻孔或扩孔后的工件再进行精加工。

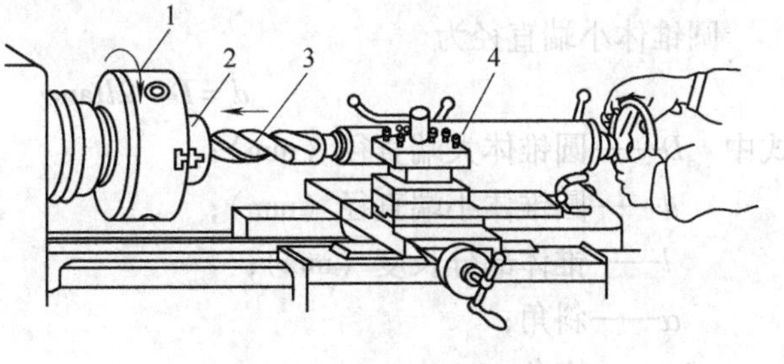

图5-29　在车床上钻孔

1—自定心卡盘　2—工件　3—钻头　4—尾座

在车床上加工直径较小，而精度要求较高和表面粗糙度要求较小的孔，通常采用钻、扩、铰的加工工艺来进行。

（2）镗孔　镗孔是对钻出、铸出或锻出的孔的进一步加工（图5-30），以达到图样上精度等技术要求。在车床上镗孔要比车外圆困难，因镗杆直径比外圆车刀小得多，而且伸出很长，因此往往因刀杆刚性不足而引起振动，所以背吃刀量和进给

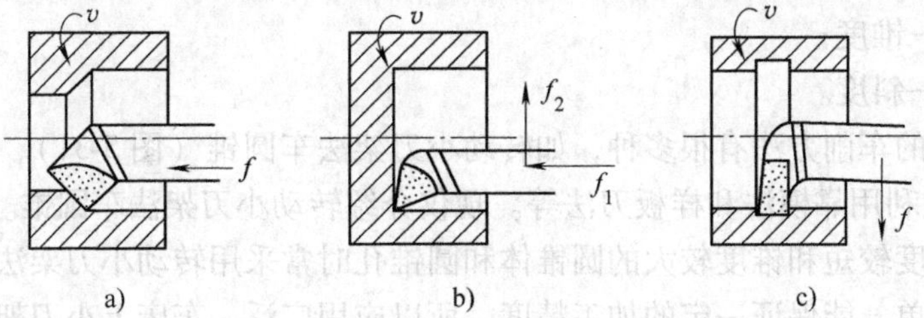

图5-30　镗孔

a）镗通孔　b）镗不通孔　c）切内槽

量都要比车外圆时小些，切削速度也要小10%～20%。镗不通孔时，由于排屑困难，所以进给量应更小些。

镗孔刀尽可能选择粗壮的刀杆，刀杆装在刀架上时伸出的长度只要略等于孔的深度即可，这样可减少因刀杆太细而引起的振动。装刀时，刀杆中心线必须与进给方向平行，刀尖应对准中心，精镗或镗小孔时可略微装高一些。

粗镗和精镗时，应采用试切法调整背吃刀量。为了防止因刀杆细长而让刀所造成的锥度，当孔径接近最后尺寸时，应用很小的背吃刀量重复镗削几次，消除锥度。另外，在镗孔时一定要注意，手柄转动方向与车外圆时相反。

5. 车圆锥面

圆锥面具有配合紧密、定位准确、装卸方便等优点，并且即使发生磨损，仍能保持精密的定心和配合作用，因此圆锥面应用广泛。

圆锥分为外圆锥（圆锥体）和内圆锥（圆锥孔）两种。

圆锥体大端直径为

$$D = d + 2l\tan\alpha$$

圆锥体小端直径为

$$d = D - 2l\tan\alpha$$

式中 D——圆锥体大端直径（mm）；

d——圆锥体小端直径（mm）；

l——锥体部分长度（mm）；

α——斜角；

2α——锥角。

锥度

$$C = \frac{D-d}{l} = 2\tan\alpha$$

斜度

$$M = \frac{D-d}{2l} = \tan\alpha = \frac{C}{2}$$

式中 C——锥度；

M——斜度。

圆锥面的车削方法有很多种，如转动小刀架法车圆锥（图5-31）、偏移尾座法（图5-32）、利用靠模法和样板刀法等。现仅介绍转动小刀架法车圆锥。

车削长度较短和锥度较大的圆锥体和圆锥孔时常采用转动小刀架法加工，这种方法操作简单，能保证一定的加工精度，所以应用广泛。车床上小刀架转动的角度就是斜角 α。将小滑板转盘上的螺母松开，与基准零线对齐，然后固定转盘上的螺母，摇动小刀架手柄开始车削，使车刀沿着锥面母线移动，即可车出所需要的圆锥面。这种方法的优点是能车出整锥体和圆锥孔，能车角度很大的工件，但只能用手动进给，劳动强度较大，表面粗糙度也难以控制，且由于受小刀架行程限制，因此只能加工锥面不长的工件。

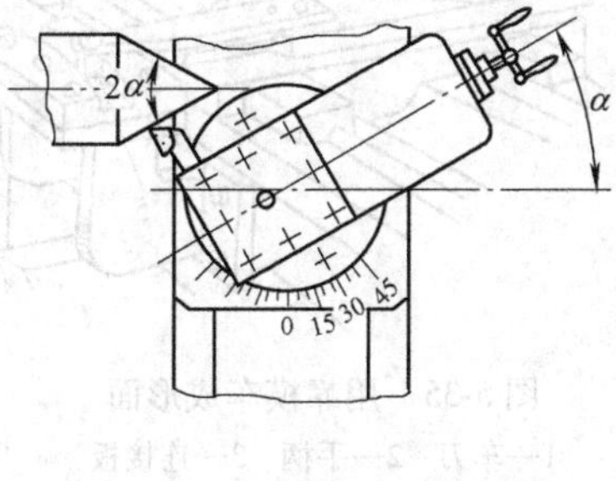

图5-31 转动小刀架法车圆锥

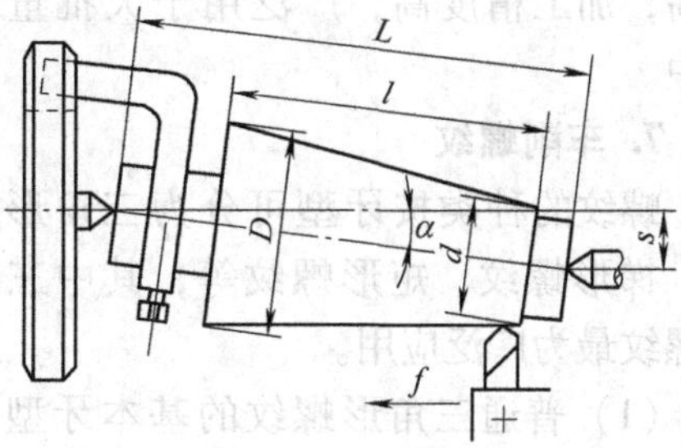

图5-32 偏移尾座法车锥面

6. 车特形面

有些机器零件，如手柄、手轮、圆球、凸轮等，它们不像圆柱面、圆锥面那样母线是一条直线，而是一条曲线，这样的零件表面称为特形面。在车床上加工特形面的方法有双手控制法、样板刀法和靠模法等。所谓双手控制法，就是左手摇动中刀架手柄，右手摇动小刀架手柄，两手配合，使刀尖所走过的轨迹与所需的特形面的曲线相同。在操作时，左右摇动手柄要熟练，配合要协调，最好先做一个样板，对照它来进行车削，如图5-33所示。当车削加工结束后，如果表面粗糙度达不到要求，可用砂纸或锉刀进行抛光。双手控制法的优点是不需要其他附加设备，缺点是不容易将工件车得很光整，需要较高的操作技术，生产率也很低。

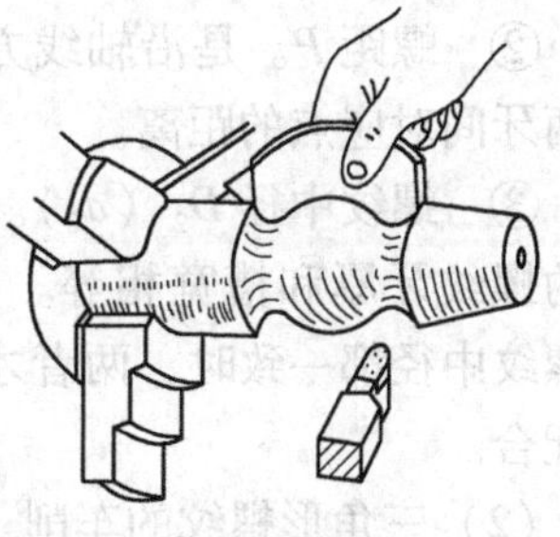

图5-33 用圆头刀车削成形面

1）用成形车刀车成形面，如图5-34所示。要求车刀切削刃形状与工件表面吻合，装刀时刃口要与工件轴线等高。由于车刀和工件接触面积大，容易引起振动，因此需要采用小切削量，只作横向进给，且要有良好的润滑条件。此方法操作方便，生产率高，且能获得精确的表面形状。但由于受工件表面形状和尺寸的限制，且刀具制造、刃磨较困难，因此只在大批生产较短成形面的零件时采用。

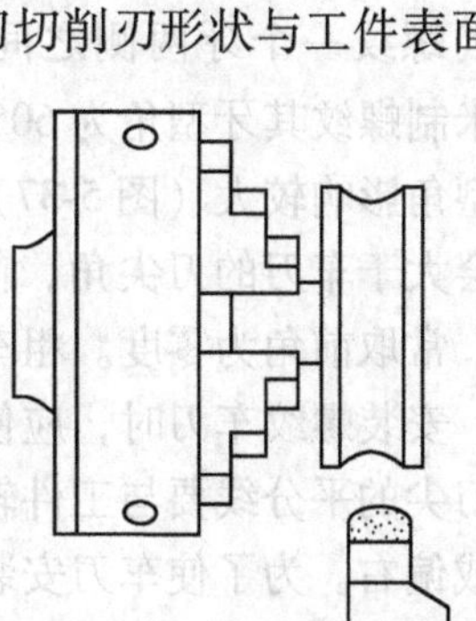

图5-34 用成形车刀车成形面

2）用靠模车成形面，如图5-35所示。车削成形面的原理和靠模车削圆锥面相同。加工时，只要把滑板换成滚柱，把锥度靠模换成带有所需曲线的靠模即可。此方法加工工件尺寸不受限制，可采用机动进给，生产效率高，加工精度高，广泛用于大批量生产中。

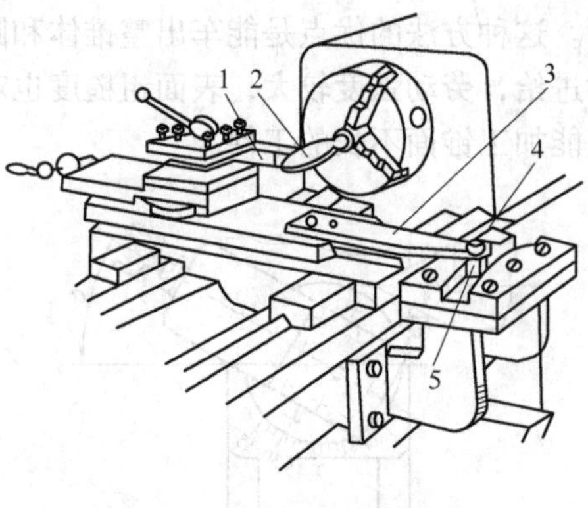

图 5-35 用靠模车成形面

1—车刀 2—手柄 3—连接板

4—靠模 5—滚柱

7. 车削螺纹

螺纹的种类按牙型可分为三角形螺纹、梯形螺纹、矩形螺纹等，其中三角形螺纹最为广泛应用。

（1）普通三角形螺纹的基本牙型 普通三角形螺纹的基本牙型如图 5-36 所示。

决定螺纹的基本要素有以下三个。

① 牙型角 α。螺纹轴向剖面内螺纹两侧面的夹角。

② 螺距 P。是沿轴线方向上相邻两牙间对应点的距离。

③ 螺纹中径 D_2（d_2）。在中径处的螺纹牙厚和槽宽相等。只有内、外螺纹中径都一致时，两者才能很好地配合。

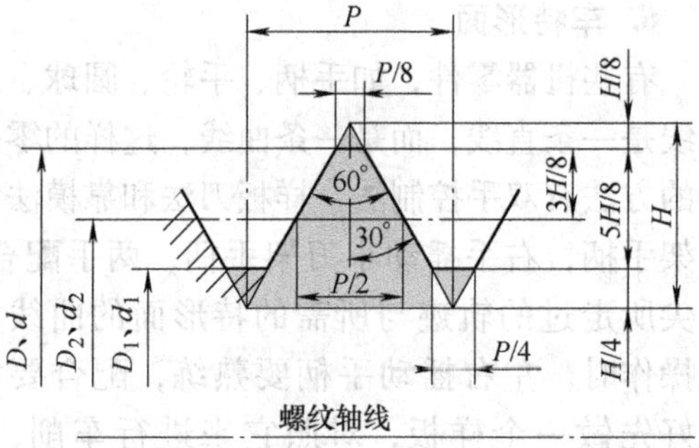

图 5-36 普通三角形螺纹的基本牙型

D—内螺纹基本大径（公称直径）

d—外螺纹基本大径（公称直径）

D_2—内螺纹基本中径 d_2—外螺纹基本中径

D_1—内螺纹基本小径 d_1—外螺纹基本小径

P—螺距 H—原始三角形高度

（2）三角形螺纹的车削

1）螺纹车刀的角度和安装。螺纹车刀的刀尖角直接决定螺纹的牙型角（螺纹一个牙两侧之间的夹角），对米制螺纹其牙型角为 60°，它对保证螺纹精度有很大的关系。螺纹车刀的前角对牙型角影响较大（图 5-37），如果车刀的前角大于或小于零度时，所车出螺纹牙型角会大于车刀的刀尖角，前角越大，牙型角的误差也就越大。精度要求较高的螺纹，常取前角为零度。粗车螺纹时为改善切削条件，可取正前角的螺纹车刀。

安装螺纹车刀时，应使刀尖与工件轴线等高，否则会影响螺纹的截面形状，并且刀尖的平分线要与工件轴线垂直。如果车刀装得左右歪斜，车出来的牙型就会偏左或偏右。为了使车刀安装正确，可采用对刀样板对刀（图 5-38）。

2）螺纹的车削方法。车螺纹前要做好准备工作，首先把工件的螺纹外圆直径按要求车好（比规定要求应小于 0. 1～0.2mm），然后在螺纹的长度上车一条标记，作为退刀标记，最后将端面处倒角，装夹好螺纹车刀。其次调整好车床，为了在车床上车出螺纹，必须使车刀在主轴每转一周得到一个等于螺距大小的纵向移动量，因此刀架是用开合螺母通过丝杠来带动的，只要选用不同的交换齿轮或改变进给箱手柄位置，即可改变丝杠的转速，从而车出不同螺距的螺纹。一般车床都有完善的进给箱和交换齿轮箱，车削标准螺纹时，可以从车床的螺距指示牌中找出进给箱各操纵手柄应放的位置进行调整。车床调整好后，选择较低的主轴转速，开动车床，合上开合螺母，开正、反车数次后，检查丝杠与开合螺母的工作状态是否正常，为使刀具移动较平稳，需消除车床各滑板间隙及丝杠螺母的间隙。车外螺纹操作步骤如图5-39所示。

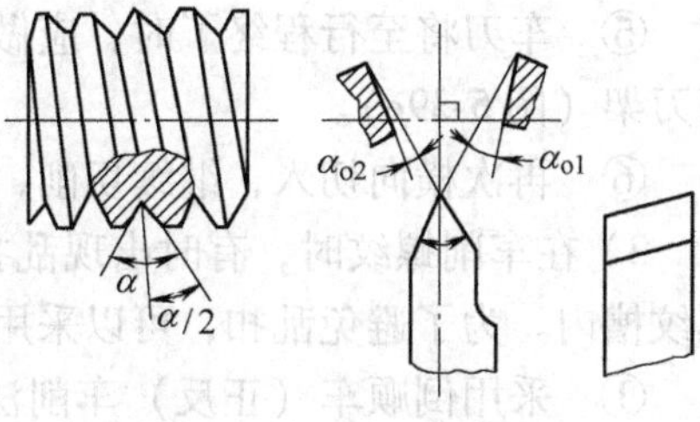

图5-37 三角形螺纹车刀

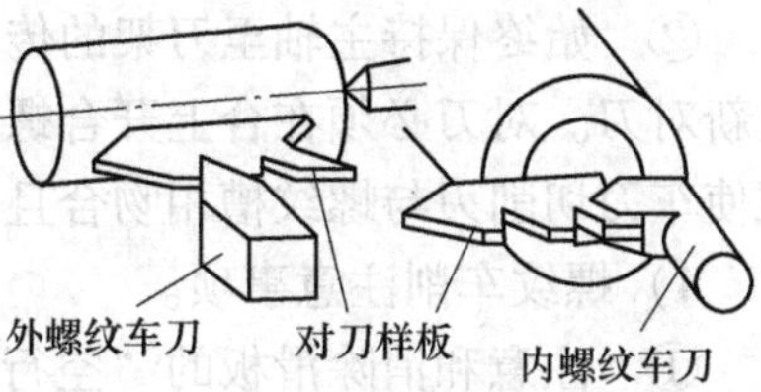

图5-38 用对刀样板对刀

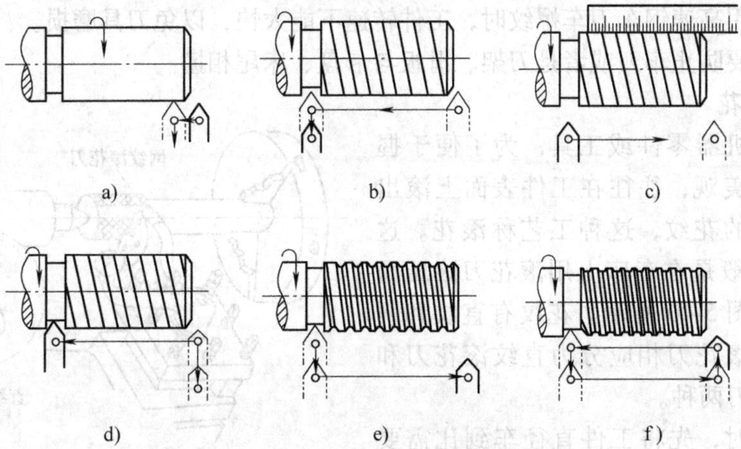

图5-39 车外螺纹操作步骤

① 开车，使车刀与工件轻微接触，记下刻度盘读数，向右退出车刀（图5-39a）。

② 合上开合螺母，在工件表面工车出一条螺旋线，横向退出车刀，停车(图5-39b)。

③ 开反车使车刀退到工件右端，停车，用钢直尺检查螺距是否正确（图5-39c)。

④ 利用刻度盘调整背吃刀量，开车切削（图5-39d)。螺纹的背吃刀量 a_p 与螺距 P 的关系：按经验公式 $a_p \approx 0.65P$，每次的背吃刀量约为0.1mm。

⑤ 车刀将至行程终了时，应做好退刀停车准备，先快速退出车刀，开反车退回刀架（图5-39e）。

⑥ 再次横向切入，继续切削，其切削过程的路线如图5-39f所示。

3）在车削螺纹时，有时出现乱扣。所谓乱扣就是在第二刀时不是在第一刀的螺纹槽内。为了避免乱扣，可以采用以下方法：

① 采用倒顺车（正反）车削法。即当车刀沿螺旋线走完第一刀后，不要提起开合螺纹，而是让主轴反转，即可使车刀沿反方向退回。

② 始终保持主轴至刀架的传动系统不变，如中途需拆下刀具刃磨，磨好后应重新对刀。对刀必须在合上开合螺母使刀架移到工件的中间停车进行。此时移动刀架使车刀切削刃与螺纹槽相吻合且工件与主轴的相对位置不能改变。

4）螺纹车削注意事项。

① 注意和消除滑板的“空行程”。

② 预防乱牙的方法是采用倒顺车（正反）车削法。

③ 车螺纹前先检查所有手柄是否处于车螺纹位置，防止盲目开车。

④ 车螺纹时要思想集中，动作迅速，反应灵敏。

⑤ 用高速钢车刀车螺纹时，工件转速不能太快，以免刀具磨损。

⑥ 要防止车刀或者是刀架、滑板与卡盘、床尾相撞。

8. 滚花

有些机器零件或工具，为了便于握持和外形美观，往往在工件表面上滚出各种不同的花纹，这种工艺称滚花。这些花纹一般是在车床上用滚花刀滚压而成的，如图5-40所示。花纹有直纹和网纹两种，滚花刀相应分为直纹滚花刀和网纹滚花刀两种。

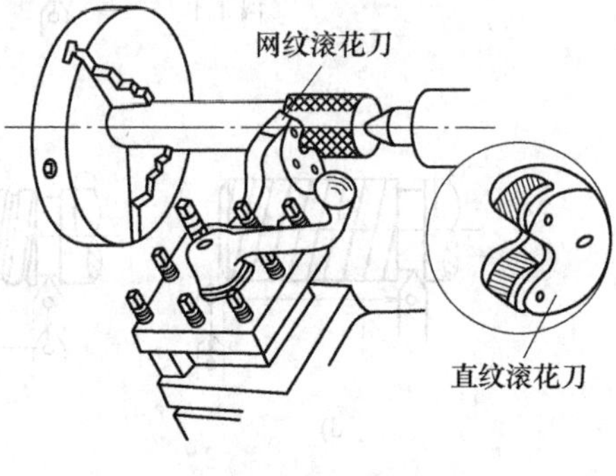

图5-40 在车床上滚花

滚花时，先将工件直径车到比需要的尺寸略小0.5mm，车床转速要低一些（一般为200～300r/min）；然后将滚花刀装在刀架上，使滚花刀轮的表面与工件表面平行接触，滚花刀对着工件轴线开动车床，使工件转动；当滚花刀刚接触工件时，要用较大、较快的压力，使工件表面刻出较深的花纹，否则会把花纹滚乱。这样来回滚压几次，直到花纹滚凸出为止。在滚花过程中，应经常清除滚花刀上的铁屑，以保证滚花质量。此外由于滚花时压力大，所以工件和滚花刀必须装夹牢固，工件不可以伸出太长，如果工件太长，就要用后顶尖顶紧。

5.4.3 轴类零件车削工艺

为了进行科学的管理，在生产过程中，常把合理的工艺过程中的各项内容编写成文件来指导生产。这类规定产品或零部件制造工艺过程和操作方法等的工艺文件称为工艺规程。一个零件可以用几种不同的加工方法制造，但在一定条件下只有某一种方法是较合理的。一般主轴类零件的加工工艺路线为：下料→锻造→退火（正火）→粗加工→调质→半精加工→淬火→粗磨→低温时效→精磨。

如图5-41所示的传动轴，由外圆、轴肩、螺纹及螺纹退刀槽、砂轮越程槽等组成。中间一档外圆及轴肩一端面对两端轴颈有较高的位置精度要求，且外圆的表面粗糙度值 Ra 为 $0.8\sim0.4\mu m$，此外，该传动轴与一般重要的轴类零件一样，为了获得良好的综合力学性能，需要进行调质处理。

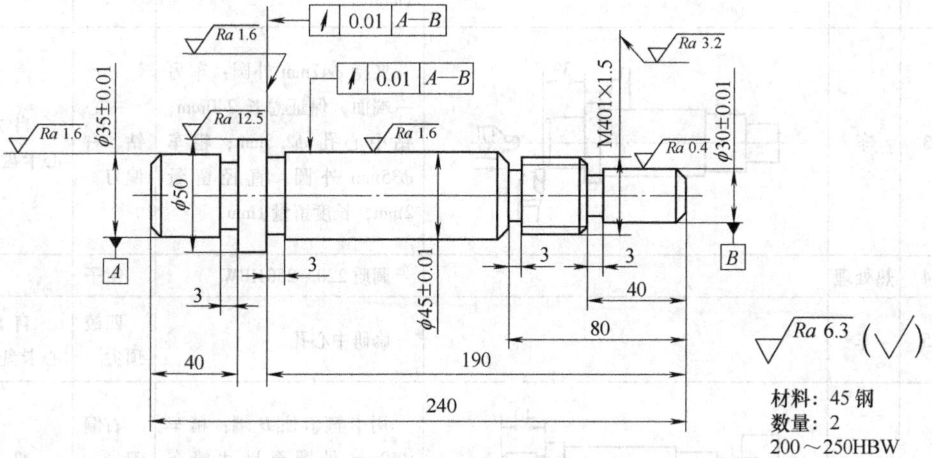

图5-41 传动轴

轴类零件中，对于光轴或在直径相差不大的台阶轴，多采用圆钢为坯料；对于直径相差悬殊的台阶轴，采用锻件可节省材料和减少机加工工时。因该轴各外圆直径尺寸悬殊不大，且数量为2件，可选择 ϕ55mm 的圆钢为毛坯。

根据传动轴的精度和力学性能要求，可确定加工顺序为：粗车→调质→半精车→磨削。

由于粗车时加工余量多，切削力较大，且粗车时各加工面的位置精度要求低，故采用一夹一顶方式安装工件。如车床上主轴孔较小，粗车 ϕ35mm 一端时也可只用自定心卡盘装夹粗车后的 ϕ45mm 外圆；半精车时，为保证各加工面的位置精度，以及与磨削采用统一的定位基准，减少重复定位误差，使磨削余量均匀，保证磨削加工质量，故采用两顶尖安装工件。

传动轴的加工工艺过程见表5-1。

表 5-1　传动轴的加工工艺过程

序号	工种	加工简图	加工内容	刀具或工具	安装方法
1	下料		下料 $\phi 55mm\times 245mm$		
2	车	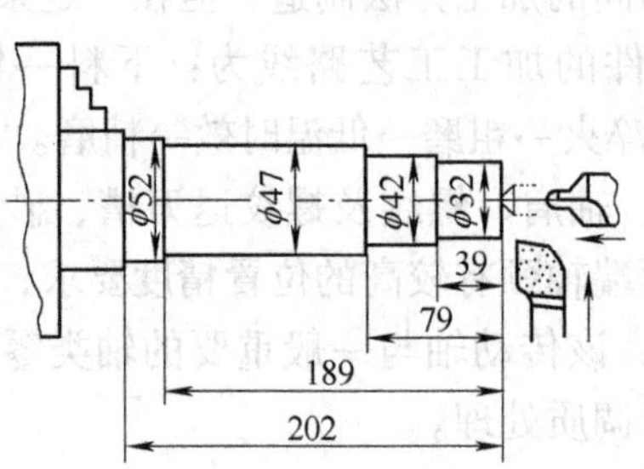	夹持 $\phi 55mm$ 外圆：车端面见平，钻中心孔 $\phi 2.5mm$；用尾座顶尖顶住工件 粗车外圆 $\phi 52mm\times 202mm$；粗车 $\phi 45mm$、$\phi 40mm$、$\phi 30mm$ 各外圆；直径留量 2mm，长度留量 1mm	中心钻、右偏刀	自定心卡盘、顶尖
3	车	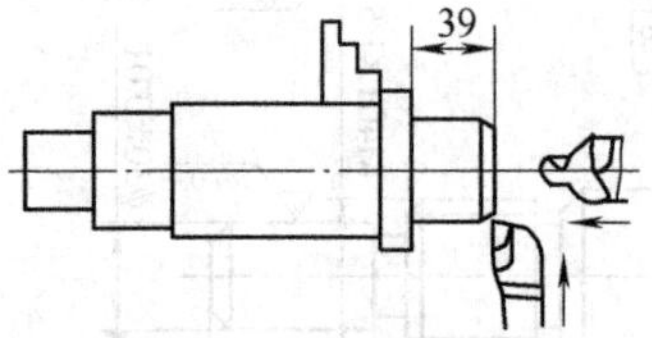	夹持 $\phi 47mm$ 外圆：车另一端面，保证总长 240mm；钻中心孔 $\phi 2.5mm$；粗车 $\phi 35mm$ 外圆，直径留量 2mm，长度留量 1mm	中心钻、右偏刀	自定心卡盘
4	热处理		调质 220 - 250HBW	钳子	
5	车		修研中心孔	四棱顶尖	自定心卡盘
6	车	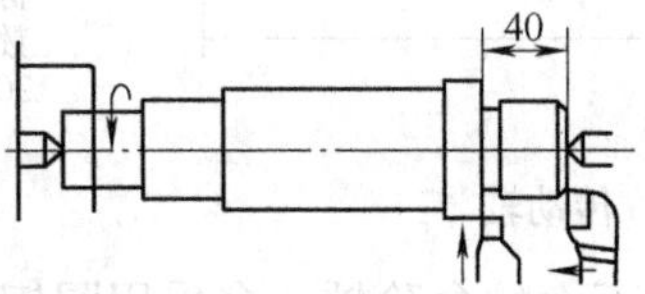	用卡箍卡住 *B* 端：精车 $\phi 50mm$ 外圆至尺寸精车 $\phi 35mm$ 外圆至尺寸切槽，保证长度 40mm；倒角	右偏刀 切槽刀	双顶尖
7	车	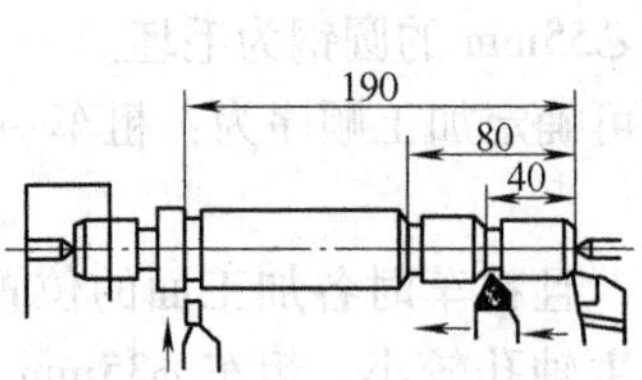	用卡箍卡 *A* 端：精车 $\phi 45mm$ 外圆至尺寸；精车 M40mm 至尺寸；精车 $\phi 30mm$ 外圆至尺寸；切槽三个，分别保证长度 190mm、80mm 和 40mm；倒角三个；车螺纹 M40 × 1.5	右偏刀、切槽刀、螺纹车刀	双顶尖
8	磨		外圆磨床，磨 $\phi 30mm$、$\phi 45mm$ 外圆	砂轮	双顶尖

练 习 题

1. 车床上常用的刀具有哪些？分别可以加工哪些表面？

2. 车削外圆时，工件已加工表面直径为 $\phi 30mm$，待加工表面直径为 $\phi 40mm$，切削速度为 1.5m/s。试求：（1）背吃刀量 a_p；（2）车床主轴转速 n。

3. 在车床上加工圆锥面有哪几种方法？详细介绍使用转动小刀架车削锥度的方法。

4. 切断刀的安装特点有哪些？切断时应注意哪些事项？

5. 简述车削螺纹时的操作步骤及注意事项。

6. 试述刃倾角的主要作用及选用原则。

7. 试述卧式车床的主要组成部分及特点。

第 6 章　铣削加工

在铣床上用铣刀对工件进行切削加工的方法称为铣削加工。铣削的加工范围很广，可加工平面、台阶、斜面、沟槽、成形面、齿轮以及切断等。图 6-1 所示为铣削加工的应用示例。在切削加工中，铣床的工作量仅次于车床，在成批大量生产中，除加工狭长的平面外，铣削几乎代替刨削。

铣削加工的公差等级为 IT7 ~ IT8，表面粗糙度值 *Ra* 为 3.1 ~ 1.6μm。若以高的切削速度、小的背吃刀量对非铁金属进行精铣，则表面粗糙度 *Ra* 值可达 0.4μm。

6.1　铣床概述

铣床的种类很多，最常见的是立式升降台铣床（立式铣床）和万能升降台铣床（卧式铣床）。两者的区别主要在于前者主轴为水平设置，后者主轴为竖直设置。

6.1.1　铣床简介

1. 万能升降台铣床

万能升降台铣床简称为卧铣，是铣床中应用最多的一种。其主要特征是主轴与工作台台面平行，主轴轴线处于横卧位置。图 6-2 所示为 X6132 卧式万能升降台铣床示意图。在型号中，X 为机床类别代号，表示铣床，读作“铣”；6 为机床组别代号，表示卧式升降台铣床；1 为机床系别代号，表示万能升降台铣床；32 为主参数工作台面宽度的 1/10，即工作台面宽度为 320mm。万能升降台铣床的主要组成部分如下：

（1）床身　床身用来固定和支撑铣床上所有部件。内部装有电动机、主轴变速机构和主轴等。

（2）横梁　横梁用于安装吊架，以便支撑刀杆外端，增强刀杆的刚性。横梁可沿床身的水平导轨移动，以适应不同长度的刀轴。

（3）主轴　主轴是空心轴，前端有 7∶24 的精密锥孔与刀杆的锥柄相配合，其作用是安装铣刀刀杆并带动铣刀旋转。拉杆可穿过主轴孔把刀杆拉紧。主轴的转动是由电动机经主轴箱传动，改变手柄的位置，可使主轴获得各种不同的转速。

（4）纵向工作台　纵向工作台用于装夹夹具和零件，可在转台的导轨上由丝

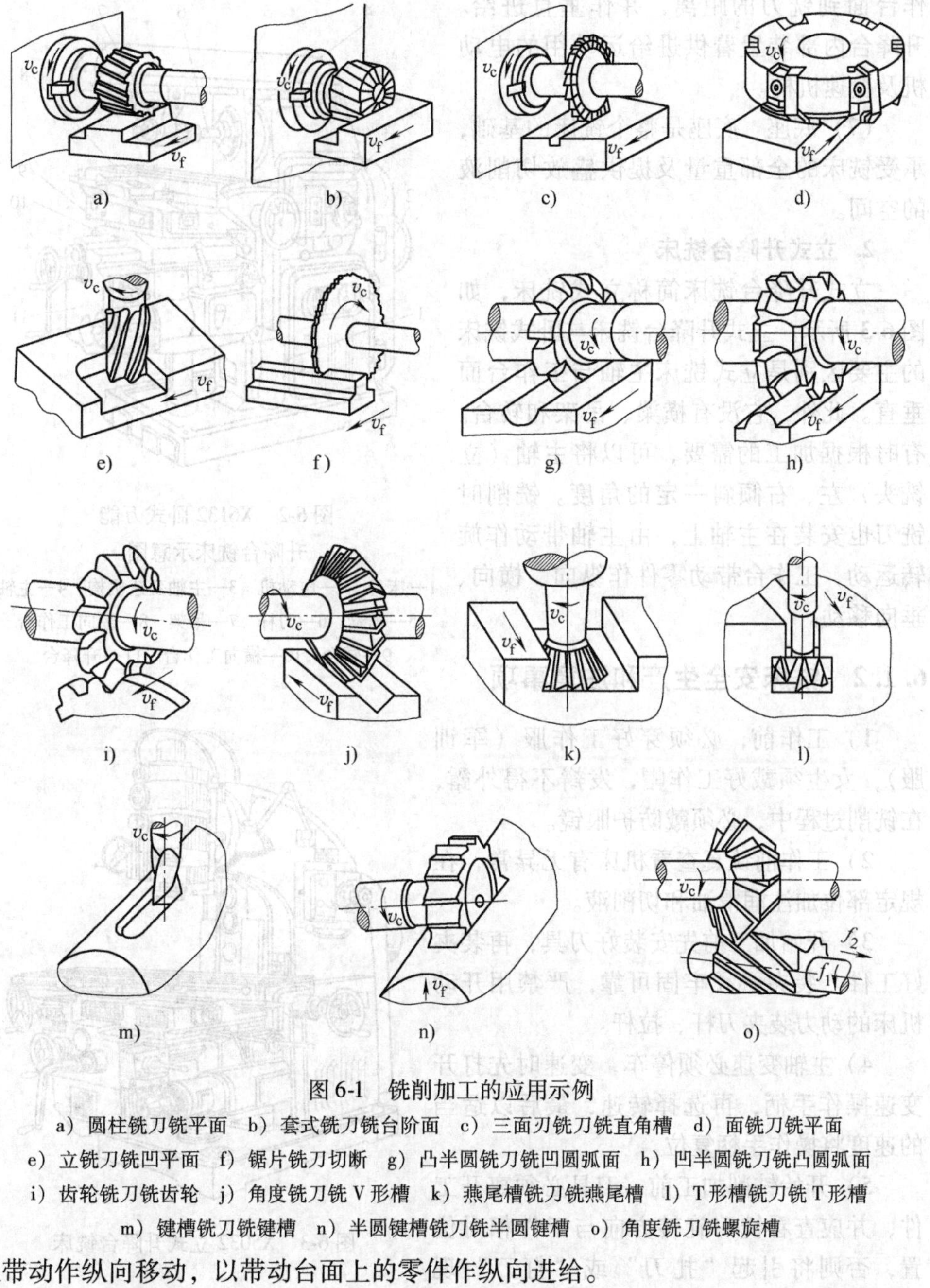

图6-1 铣削加工的应用示例

a）圆柱铣刀铣平面 b）套式铣刀铣台阶面 c）三面刃铣刀铣直角槽 d）面铣刀铣平面 e）立铣刀铣凹平面 f）锯片铣刀切断 g）凸半圆铣刀铣凹圆弧面 h）凹半圆铣刀铣凸圆弧面 i）齿轮铣刀铣齿轮 j）角度铣刀铣V形槽 k）燕尾槽铣刀铣燕尾槽 l）T形槽铣刀铣T形槽 m）键槽铣刀铣键槽 n）半圆键槽铣刀铣半圆键槽 o）角度铣刀铣螺旋槽

杠带动作纵向移动，以带动台面上的零件作纵向进给。

（5）横向工作台 横向工作台位于升降台上面的水平导轨上，可带动纵向工作台一起作横向进给。

（6）升降台 升降台可使整个工作台沿床身的垂直导轨上下移动，以调整工作台面到铣刀的距离，并作垂直进给。升降台内部装置着供进给运动用的电动机及变速机构。

(7) 底座　底座是整个铣床的基础，承受铣床的全部重量及提供盛放切削液的空间。

2. 立式升降台铣床

立式升降台铣床简称立式铣床，如图 6-3 所示。立式升降台铣床与卧式铣床的主要区别是立式铣床主轴与工作台面垂直。此外，它没有横梁、吊架和转台。有时根据加工的需要，可以将主轴（立铣头）左、右倾斜一定的角度。铣削时铣刀也安装在主轴上，由主轴带动作旋转运动，工作台带动零件作纵向、横向、垂向移动。

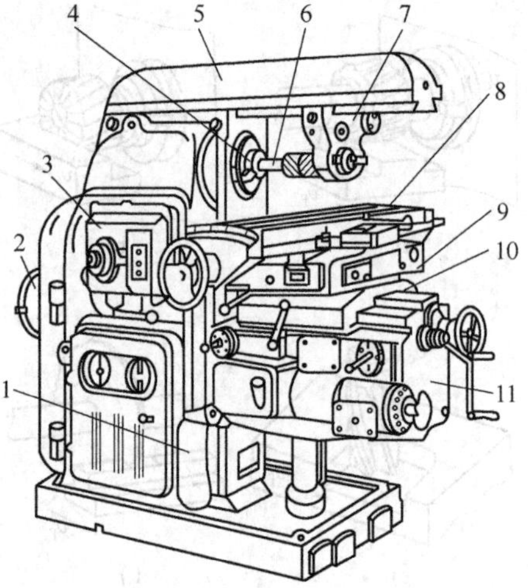

图 6-2　X6132 卧式万能升降台铣床示意图

1—床身　2—电动机　3—主轴变速机构　4—主轴　5—横梁　6—刀杆　7—吊架　8—纵向工作台　9—转台　10—横向工作台　11—升降台

6.1.2　铣床安全生产和注意事项

1）工作前，必须穿好工作服（军训服），女生须戴好工作帽，发辫不得外露，在铣削过程中，必须戴防护眼镜。

2）工作前认真查看机床有无异常，在规定部位加注润滑油和切削液。

3）开始加工前先安装好刀具，再装夹好工件。装夹必须牢固可靠，严禁用开动机床的动力装夹刀杆、拉杆。

4）主轴变速必须停车，变速时先打开变速操作手柄，再选择转速，最后以适当的速度将操作手柄复位。

5）开始铣削加工前，刀具必须离开工件，并应查看铣刀旋转方向与工件相对位置，否则将引起“扎刀”或“打刀”现象。

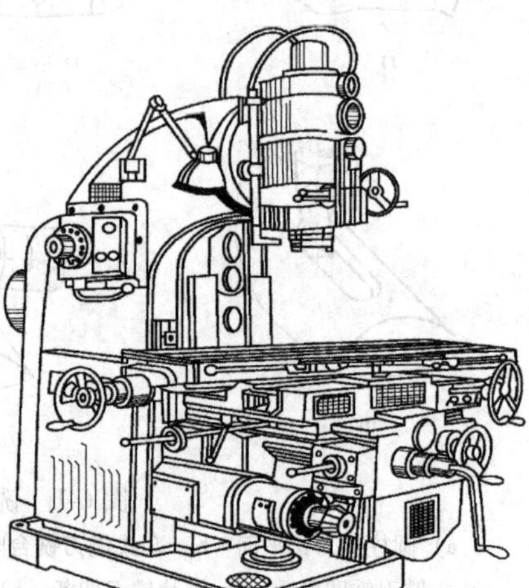

图 6-3　X5032 立式升降台铣床

6）在加工中，若采用自动进给，必须注意行程的极限位置，必须严密注意铣刀与工件夹具间的相对位置，以防发生过铣、撞击铣夹具而损坏刀具和夹具的现象。

7）加工中，严禁将多余的工件、夹具、刀具、量具等摆在工作台上，以防碰撞、跌落，引发人身、设备事故。

8）机床在运行中不得撤离岗位或委托他人看管，不准闲谈、打闹和开玩笑。

9）两人或多人共同操作一台机床时，必须严格分工，分段操作，严禁同时操作一台机床。

10）中途停车测量工件，不得用手强行制动惯性转动着的铣刀主轴。

11）铣削结束之后，工件取出时，应及时去毛刺，防止拉伤手指或划伤堆放的其他工件。

12）发生事故时，应立即切断电源，保护现场，参加事故分析，承担事故应负的责任。

13）工作结束应认真清扫机床、加油，并将工作台各位置手柄复位。

14）打扫工作场地，将切屑倒入规定地点。

15）收拾好所用的工、夹、量具，摆放于指定位置，工件交检。

6.1.3 铣床常用附件

铣床常用附件主要有机用虎钳、回转工作台、分度头和万能铣头等。其中前3种附件用于安装零件，万能铣头用于安装刀具。当零件较大或形状特殊时，可以用压板、螺栓、垫铁和挡铁把零件直接固定在工作台上进行铣削。当生产批量较大时，可采用专用夹具或组合夹具安装零件，这样既能提高生产效率，又能保证零件的加工质量。

1. 机用虎钳

机用虎钳是一种通用夹具，也是铣床常用的附件之一，它安装使用方便，应用广泛。用于安装尺寸较小和形状简单的支架、盘套、板块、轴类零件。它有固定钳口和活动钳口，通过丝杠、螺母传动调整钳口间距离，以安装不同宽度的零件。铣削时，将机用虎钳固定在工作台上，再把零件安装在机用虎钳上，应使铣削力方向趋向固定钳口方向，如图6-4所示。

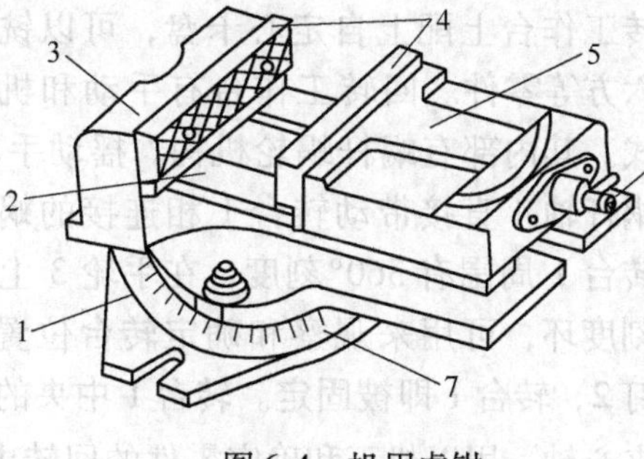

图6-4 机用虎钳

1—底座 2—钳身 3—固定钳口 4—钳口铁 5—活动钳口 6—螺杆 7—刻度

2. 压板螺栓

对于尺寸较大或形状特殊的工件，可视其具体情况采用不同的装夹工具固定在工作台上，安装时应先进行工件找正，如图6-5所示。

如图6-6所示，用压板螺栓在工作台上安装工件时应注意以下几点：

1）装夹时，应使工件的底面与工作台面贴实，以免压伤工作台面，如果工件底面是毛坯面，应使用铜或者钢类零件的底面与工作台台面贴实。夹紧已加工表面时应在压板和零件表面间垫铜皮，以免压伤零件已加工表面。各压紧螺栓应分几次交错拧紧。

2）工件的夹紧位置和夹紧力要适当，压板不应歪斜和悬伸太长，必须压在垫铁处，压点要靠近切削面，压力大小要适当。

3）在工件夹紧前后要检查工件的安装位置是否正确以及夹紧力是否得当，以免产生变形或位置移动。

4）装夹空心薄壁工件时，应在其空心处用活动支承件支承以增加刚性，防止工件振动或变形。

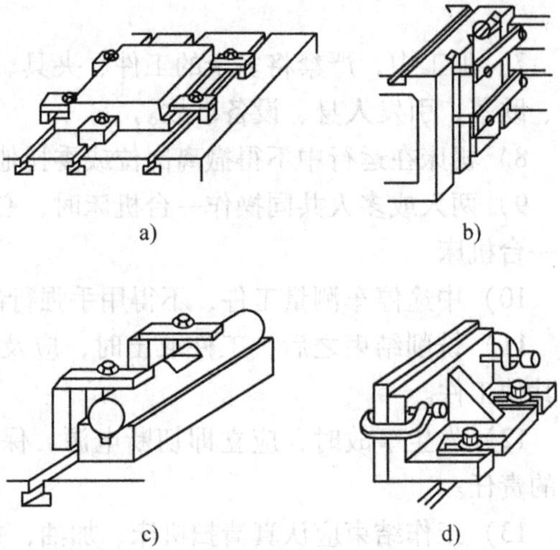

图6-5 工件用压板螺栓装夹方式

a）用压板螺钉和挡铁安装工件

b）在工作台侧面用压板螺钉安装工件

c）用V形铁安装轴类工件

d）用角铁和C形夹安装工件

3. 回转工作台

如图6-7所示，回转工作台一般用于较大零件的分度工作和非整圆弧面的加工。分度时，在回转工作台上配上自定心卡盘，可以铣削四方、六方等零件。回转工作台有手动和机动两种方式。其内部有蜗杆蜗轮机构。摇动手轮3，通过蜗杆轴4直接带动转台1相连接的蜗轮转动。转台1周围有360°刻度，在手轮3上也装一个刻度环，可用来观察和确定转台位置。拧紧螺钉2，转台1即被固定。转台1中央的孔可以装夹心轴，用以找正和确定零件的回转中心，当U形槽和铣床工作台上的T形槽对齐后，即可用螺钉把回转工作台固定在铣床工作台上。在回转工作台上铣圆弧槽时，首先应校正零件圆弧中心与转台1的中心重合，然后将零件安装在回转工作台上，铣刀旋转，用手均匀缓慢地转动手轮3，即可铣出圆弧槽。

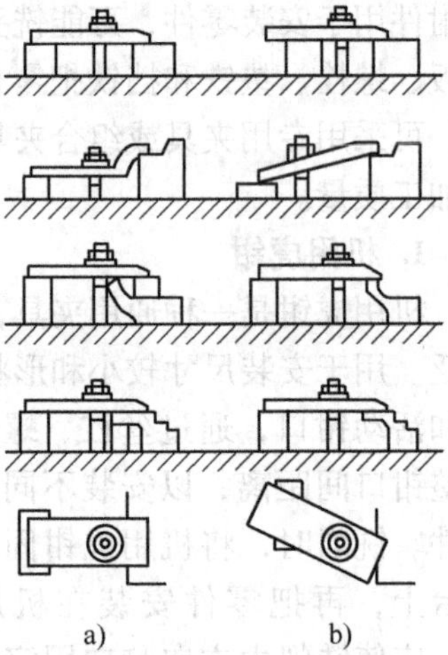

图6-6 压板螺栓装夹工件

a）正确 b）错误

4. 万能铣头

图6-8所示为万能铣头，安装在万能升降台铣床上，不仅能完成各种立铣的工作，而且还可根据铣削的需要，把铣头主轴扳转成任意角度。其壳体用4个螺栓固定在铣床上。

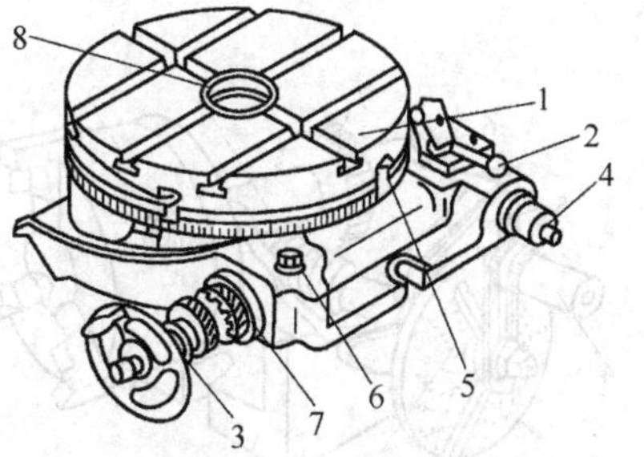

图6-7 回转工作台

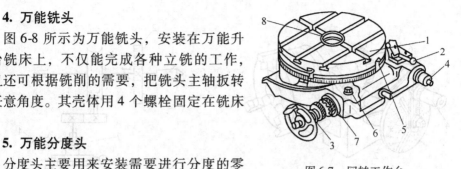

1—转台 2—螺钉 3—手轮 4—蜗杆轴 5—挡铁 6—螺母 7—偏心环 8—定位

5. 万能分度头

分度头主要用来安装需要进行分度的零件，利用分度头可铣削多边形、齿轮、花键、刻线、螺旋面及球面等。分度头的种类很多，有简单分度头、万能分度头、光学分度头、自动分度头等。其中用得最多的是万能分度头，加工时，既可用分度头卡盘（或顶尖）与尾座顶尖一起安装轴类零件，如图6-9a、b、c所示；也可将零件套装在心轴上，心轴装夹在分度头的主轴锥孔内，并按需要使分度头倾斜一定的角度，如图6-9d所示；也可只用分度头卡盘安装零件，如图6-9e所示。

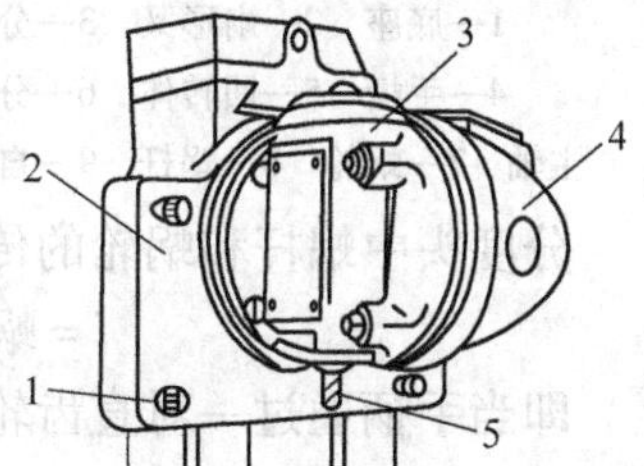

图6-8 万能铣头

1—螺栓 2—底座 3—万能铣头主轴壳体 4—壳体 5—铣刀

（1）万能分度头的结构 如图6-10所示，万能分度头的底座1上装有回转体5，分度头主轴6可随回转体5在垂直平面内转动 $-6° \sim 90°$，主轴前端铣锥孔用于装顶尖，外部定位锥体用于装自定心卡盘9，分度时可转动分度手柄4，通过蜗杆8和蜗轮7带动分度头主轴旋转进行分度。图6-11所示为分度头的传动示意图。

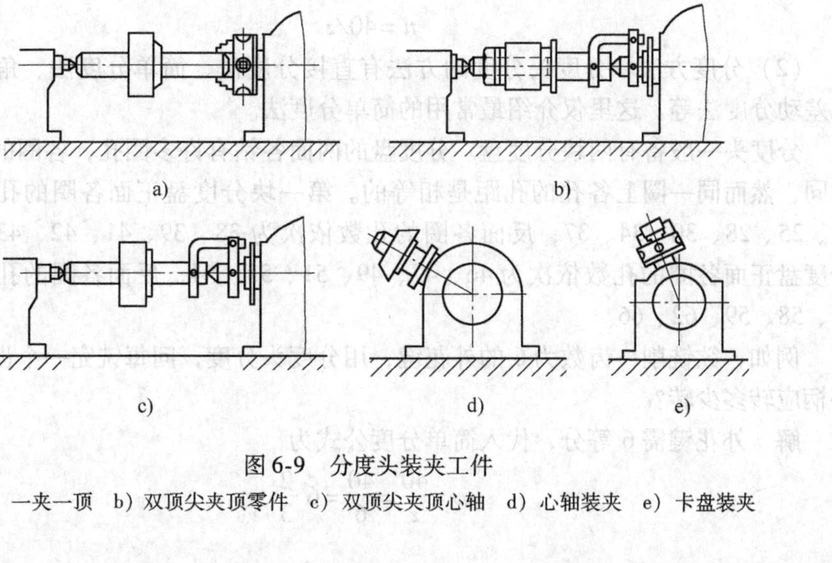

图6-9 分度头装夹工件

a）一夹一顶 b）双顶尖夹顶零件 c）双顶尖夹顶心轴 d）心轴装夹 e）卡盘装夹

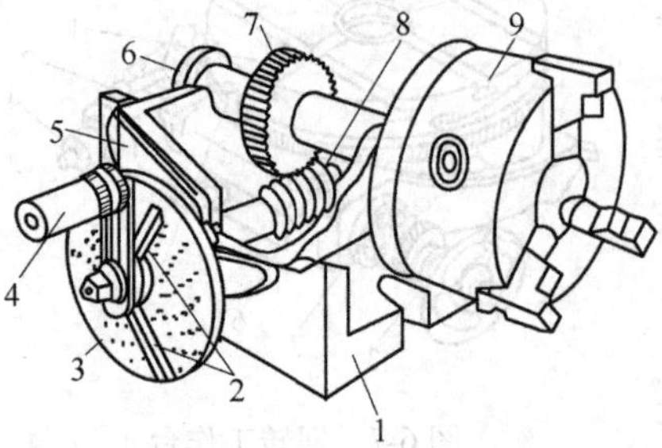

图6-10 万能分度头的外形

1—底座 2—扇形叉 3—分度盘 4—手柄 5—回转体 6—分度头主轴 7—蜗轮 8—蜗杆 9—自定心卡盘

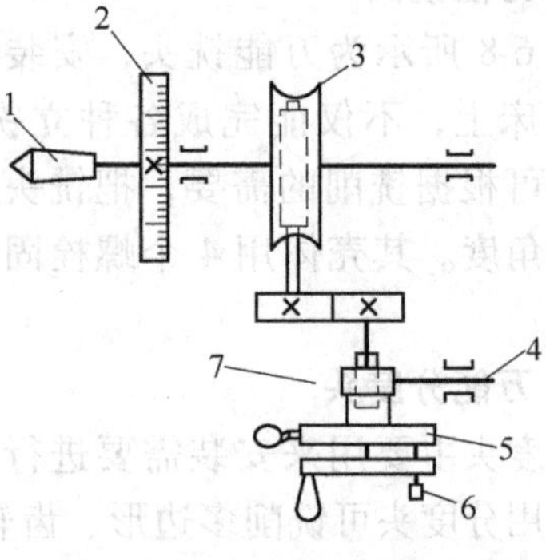

图6-11 分度头的传动示意图

1—主轴 2—刻度环 3—蜗杆蜗轮 4—挂轮轴 5—分度盘 6—定位销 7—螺旋齿轮

分度头中蜗杆和蜗轮的传动比为

$$i = 蜗杆的头数/蜗轮的齿数 = 1/40$$

即当手柄通过一对直齿轮（传动比为1:1）带动蜗杆转动一周时，蜗轮只能带动主轴转过1/40周。若零件在整个圆周上的分度数目 z 为已知时，则每分一个等分就要求分度头主轴转过 $1/z$ 圈。当分度手柄所需转数为 n 圈时，有如下关系

$$1:40 = 1/z:n$$

式中 n——分度手柄转数；

40——分度头定数；

z——零件等分数；

即简单分度公式为

$$n = 40/z$$

（2）分度方法 分度头分度的方法有直接分度法、简单分度法、角度分度法和差动分度法等。这里仅介绍最常用的简单分度法。

分度头一般备有两块分度盘。分度盘的两面各钻有许多圈孔，各圈的孔数均不相同，然而同一圈上各孔的孔距是相等的。第一块分度盘正面各圈的孔数依次为24、25、28、30、34、37；反面各圈的孔数依次为38、39、41、42、43。第二块分度盘正面各圈的孔数依次为46、47、49、51、53、54；反面各圈的孔数依次为57、58、59、62、66。

例如，欲铣削一齿数为6的外花键，用分度头分度，问每铣完一个齿后，分度手柄应转多少转？

解 外花键需6等分，代入简单分度公式为

$$n = \frac{40}{z} = \frac{40}{6} = 6\frac{2}{3}$$

可选用分度盘上24的孔圈（或孔数是分母3的整数倍的孔圈）

$$n = 6\frac{2}{3} = 6\frac{16}{24}$$

即先将定位销调整至孔数为24的孔圈上，转过6转后，再转过16个孔距。为了避免手柄转动时发生差错和节省时间，可调整分度盘上的两个扇形叉间的夹角（图6-10），使之正好等于孔距数，这样依次进行分度时就可准确无误。如果分度手柄不慎转多了孔距数，应将手柄退回1/3圈以上，以消除传动件之间的间隙，再重新转到正确的孔位上。

6.2 铣刀及其安装

6.2.1 铣床常用刀具介绍

铣刀是一种多刃刀具，其刀齿分布在圆柱铣刀的外圆柱表面或面铣刀的端面上。铣刀的种类很多，按其安装方法可分为带孔铣刀和带柄铣刀两大类。如图6-12所示，采用孔装夹的铣刀称为带孔铣刀，一般用于卧式铣床；如图6-13所示，采用手柄部装夹的铣刀称为带柄铣刀，多用于立式铣床。

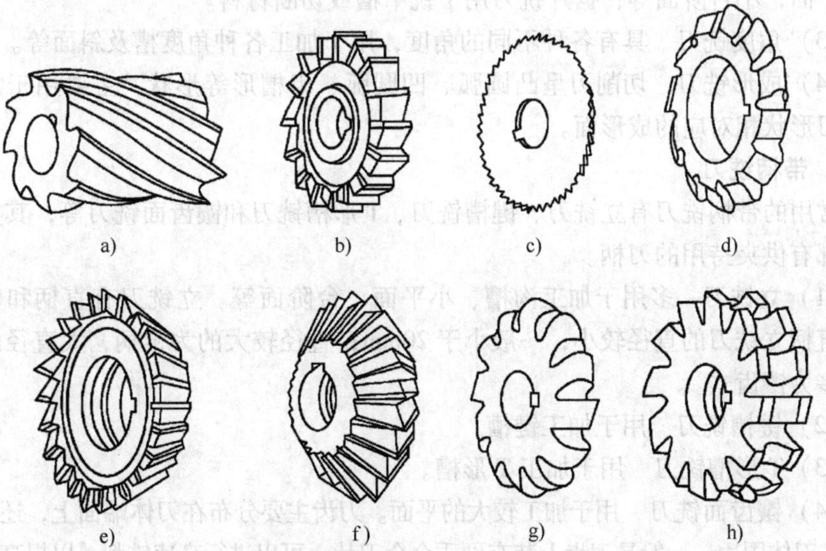

图6-12 带孔铣刀

a）圆柱铣刀 b）三面刃铣刀 c）锯片铣刀 d）模数铣刀 e）单角铣刀 f）双角铣刀 g）凹圆弧铣刀 h）凸圆弧铣刀

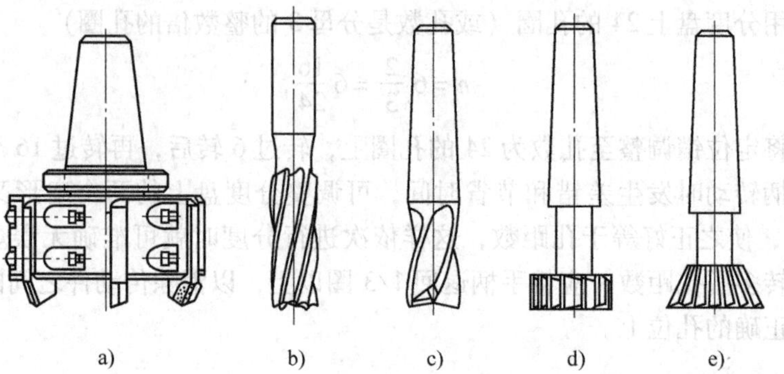

图6-13 带柄铣刀

a）镶齿面铣刀 b）立铣刀 c）键槽铣刀 d）T形槽铣刀 e）燕尾槽铣刀

1. 带孔铣刀

常用的带孔铣刀有圆柱铣刀、圆盘铣刀、角度铣刀、成形铣刀等。带孔铣刀的刀齿形状和尺寸可以适应所加工零件的形状和尺寸。

（1）圆柱铣刀 其刀齿分布在圆柱表面上，通常分为直齿和斜齿两种，主要用圆周刃铣削中小型平面。

（2）圆盘铣刀 如三面刃铣刀、锯片铣刀等，主要用于加工不同宽度的沟槽及小平面，小台阶面等；锯片铣刀用于铣窄槽或切断材料。

（3）角度铣刀 具有各种不同的角度，用于加工各种角度槽及斜面等。

（4）成形铣刀 切削刃呈凸圆弧、凹圆弧、齿槽形等形状，主要用于加工与切削刃形状相对应的成形面。

2. 带柄铣刀

常用的带柄铣刀有立铣刀、键槽铣刀、T形槽铣刀和镶齿面铣刀等，其共同特点是都有供夹持用的刀柄。

（1）立铣刀 多用于加工沟槽、小平面、台阶面等。立铣刀有直柄和锥柄两种，直柄立铣刀的直径较小，一般小于20mm；直径较大的为锥柄，大直径的锥柄铣刀多为镶齿式。

（2）键槽铣刀 用于加工键槽。

（3）T形槽铣刀 用于加工T形槽。

（4）镶齿面铣刀 用于加工较大的平面。刀齿主要分布在刀体端面上，还有部分分布在刀体周边，一般是刀齿上装有硬质合金刀片，可以进行高速铣削，以提高效率。

6.2.2 铣刀的安装及其使用

1. 带孔铣刀的安装

圆柱铣刀属于带孔铣刀，其安装方法如图6-14a所示。刀杆上先套上几个套筒垫圈，装上键，再套上铣刀，如图6-4b所示；在铣刀外边的刀杆上，再套上几个套筒后拧上压紧螺母，如图6-14c所示；装上吊架，拧紧吊架紧固螺钉，轴承孔内加润滑油，如图6-14d所示；初步拧紧螺母，并开机观察铣刀是否装正，装正后用力拧紧螺母，如图6-14e所示。

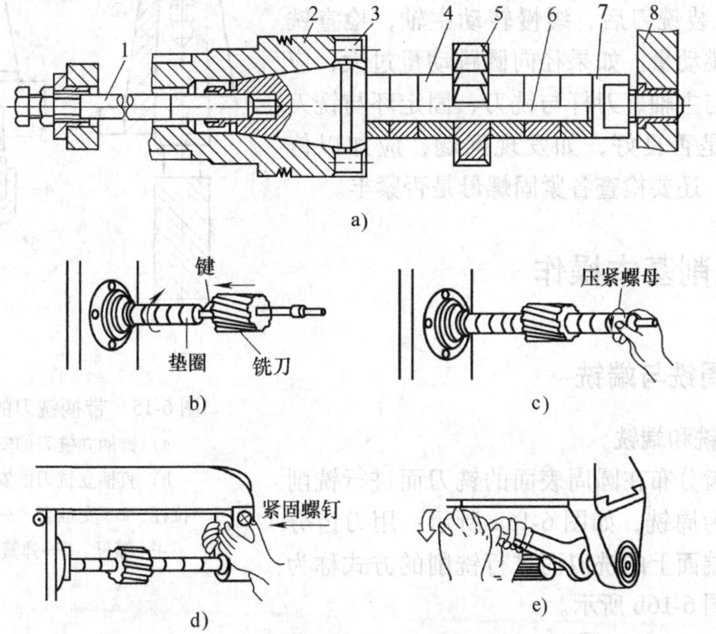

图6-14 带孔铣刀的安装

1—拉杆 2—主轴 3—端面键 4—套筒 5—铣刀 6—刀杆 7—螺母 8—吊架

2. 带柄铣刀的安装

（1）锥柄立铣刀的安装 如果锥柄立铣刀的锥柄尺寸与主轴孔内锥尺寸相同，则可直接装入铣床主轴中并用拉杆将铣刀拉紧；如果铣刀锥柄尺寸与主轴孔内锥尺寸不同，则根据铣刀锥柄的大小，选择合适的变锥套，将配合表面擦净，然后用拉杆把铣刀及变锥套一起拉紧在主轴上，如图6-15a所示。

（2）直柄立铣刀的安装 如图6-15b所示，这类铣刀多用弹簧夹头安装。铣刀的直径插入弹簧套5的孔中，用螺母4压弹簧套的端面，使弹簧套的外锥面受压而缩小孔径，即可将铣刀夹紧。弹簧套有三个开口，故受力时能收缩。弹簧套有多种孔径，以适应各种尺寸的立铣刀。

3. 铣刀在安装中应注意的问题

1）安装前要把刀杆、固定环和铣刀擦拭干净，防止污物影响刀具安装精度。装卸铣刀时，不能随意敲打；安装固定环时，不能互相撞击。

2）在不影响加工的情况下，尽量使铣刀靠近主轴轴承，使吊架尽量靠近铣刀，以提高刀杆的刚度。安装铣刀时，应使铣刀旋转方向与刀齿切削刃方向一致。

安装螺旋齿铣刀时，应使铣削时产生的轴向分力指向床身。

3）铣刀装好后，先把吊架装好，再紧固螺母，压紧铣刀，防止刀杆弯曲。

4）安装铣刀后，缓慢转动主轴，检查铣刀径向圆跳动量。如果径向圆跳动量过大，应检查刀杆与主轴、刀杆与铣刀、固定环与铣刀之间结合是否良好，如发现问题，应加以修复。最后，还要检查各紧固螺母是否紧牢。

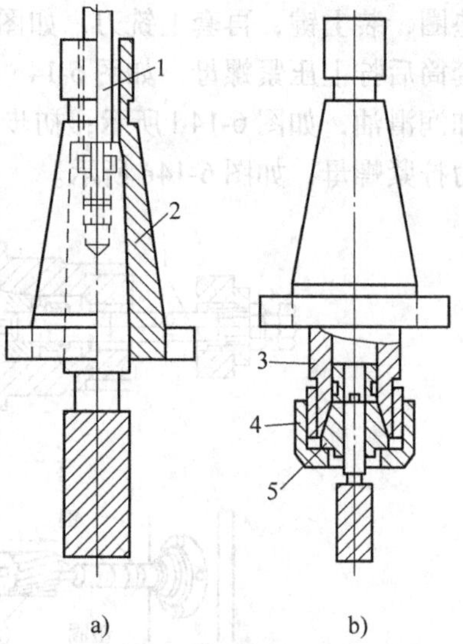

图 6-15 带柄铣刀的安装

a）锥柄立铣刀的安装

b）直柄立铣刀的安装

1—拉杆 2—变锥套 3—夹头体

4—螺母 5—弹簧套

6.3 铣削基本操作

6.3.1 周铣与端铣

1. 周铣和端铣

用刀齿分布在圆周表面的铣刀而进行铣削的方式称为周铣，如图 6-16a 所示；用刀齿分布在圆柱端面上的铣刀而进行铣削的方式称为端铣，如图 6-16b 所示。

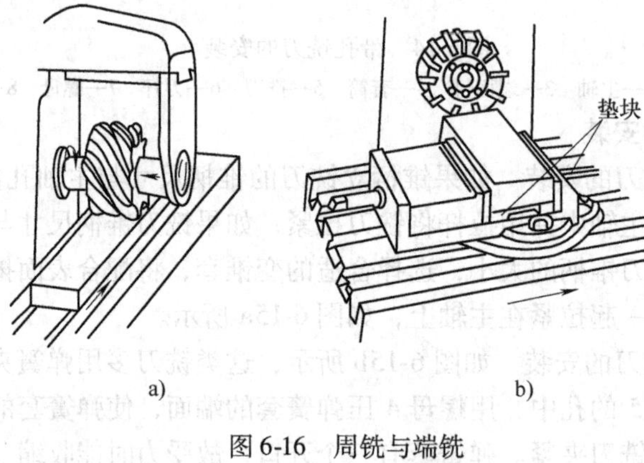

图 6-16 周铣与端铣

a）周铣 b）端铣

与周铣相比，端铣铣平面时较为有利，因为：

1）面铣刀的副切削刃对已加工表面有修光作用，能减小表面粗糙度值。周铣的工件表面则有波纹状残留面积。

2）同时参加切削的面铣刀齿数较多，切削力的变化程度较小，因此工作时振动比周铣时小。

3）端铣的主切削刃刚接触工件时，切屑厚度不等于零，使切削刃不易磨损。

4）面铣刀的刀杆伸出较短，刚性好，刀杆不易变形，可用较大的切削用量。由此可见，端铣时加工质量较好，生产率较高。所以铣削平面大多采用端铣。但是，周铣对加工各种形面的适应性较广，而有些形面（如成形面等）则不能用端铣。

2. 逆铣和顺铣

周铣有逆铣和顺铣之分。逆铣时，铣刀的旋转方向与工件的进给方向相反，如图6-17a所示；顺铣时，铣刀的旋转方向与工件的进给方向相同，如图6-17b所示。逆铣时，切屑的厚度从零开始渐增。实际上，铣刀的切削刃开始接触工件后，将在表面滑行一段距离才真正切入金属。这就使得切削刃容易磨损，并增加加工表面粗糙度值。逆铣时，铣刀对工件有上抬的切削分力，影响工件安装在工作台上的稳固性。

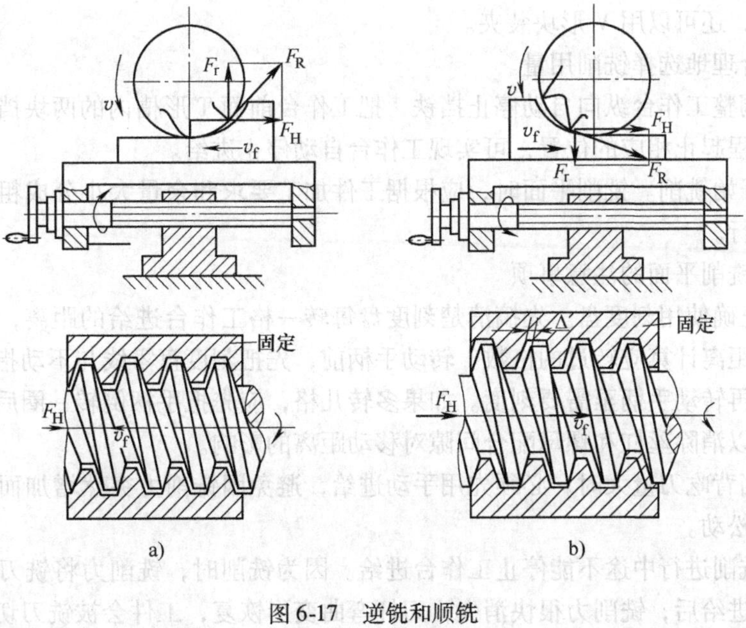

图6-17 逆铣和顺铣

a）逆铣 b）顺铣

顺铣则没有上述缺点。但是，顺铣时工件的进给会受工作台传动丝杠与螺母之间间隙的影响。因为铣削的水平分力与工件的进给方向相同，铣削力忽大忽小，就会使工作台窜动和进给量不均匀，甚至引起打刀或损坏机床。因此，必须在纵向进给丝杠处有消除间隙的装置才能采用顺铣。但一般铣床上没有消除丝杠螺母间隙的装置，只能采用逆铣法。另外，对铸锻件表面的粗加工，顺铣因刀齿首先接触黑皮，将加剧刀具的磨损，故此时应选择逆铣。

6.3.2 铣削平面

平面是工件加工面中最常见的，铣削在平面加工中具有较高的加工质量和效率，是平面的主要加工方法之一。按照工件平面的位置可分为水平面、垂直面、平行面、斜面和台阶面。常选用圆柱铣刀、三面刃铣刀和面铣刀在卧式铣床或立式铣床上铣削。

1. 用圆柱铣刀铣削平面

加工前，首先认真阅读零件图样，了解工件的材料、铣削加工要求，并检查毛坯尺寸，然后确定铣削步骤。

(1) 铣削平面的步骤

1) 选择和安装铣刀。铣削平面时，多选用螺旋齿圆柱高速钢铣刀。铣刀宽度应大于工件宽度。根据铣刀内孔直径选择适当的长刀杆，把铣刀安装好。

2) 装夹工件，工件可以在机用虎钳上或工作台面上直接装夹，铣削圆柱体上的平面时，还可以用 V 形块装夹。

3) 合理地选择铣削用量。

4) 调整工作台纵向自动停止挡铁，把工作台前面 T 形槽内的两块挡铁固定在与工作行程起止相应的位置，可实现工作台自动停止进给。

5) 开始铣削。铣削平面时，应根据工件加工要求和余量大小分成粗铣和精铣两阶段进行。

(2) 铣削平面的注意事项

1) 正确使用刻度盘。先搞清楚刻度盘每转一格工作台进给的距离，再根据要求的移动距离计算应转过的格数。转动手柄前，先把刻度盘零线与不动指标线对齐并固紧，再转动手柄至需要刻度。如果多转几格，应先把手柄倒转一圈后再转到需要刻度，以消除丝杠和螺母配合间隙对移动距离的影响。

2) 当背吃刀量大时，必须先用手动进给，避免因铣削力突然增加而损坏铣刀或使工件松动。

3) 铣削进行中途不能停止工作台进给。因为铣削时，铣削力将铣刀杆向上抬起，停止进给后，铣削力很快消失，刀杆弯曲变形恢复，工件会被铣刀切出一格凹痕。当铣削途中必须停止进给时，应先将工作台下降，使工件脱离铣刀后，再停止进给。

4) 进给结束，工作台快速返回时，先要降下工作台，防止铣刀返回时划伤已加工表面。

5) 铣削时，根据需要决定是否使用切削液。

用圆柱铣刀铣削平面在生产效率、加工表面粗糙度以及运用高速铣削等方面都不如用面铣刀铣削平面。因此，在实际生产中广泛采用面铣刀铣削平面。

2. 用面铣刀铣削平面

用面铣刀铣削平面可以在卧式铣床上进行，铣削出的平面与工作台台面垂直，常用压板将工件直接压紧在工作台上，如图6-18所示。当铣削尺寸小的工件时，也可以用机用虎钳装夹。在立式铣床上用面铣刀铣削平面，铣出的平面与工作台台面平行，工件多用机用虎钳装夹，如图6-19所示。

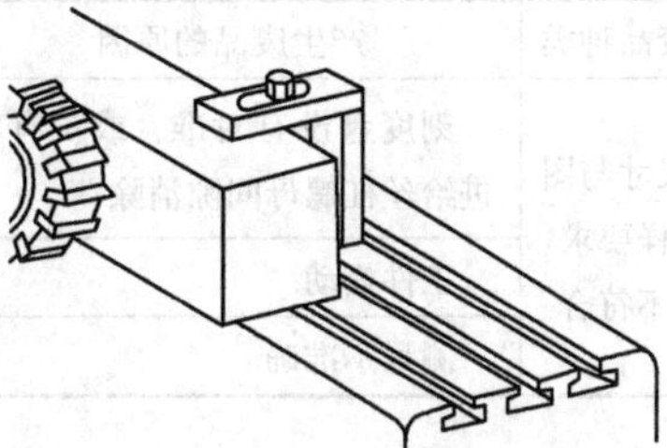

图6-18 在卧式铣床上铣削平面

为了避免接刀，铣刀外径应比工件加工面宽度大一些。铣削时，铣刀轴线应垂直于工作台进给方向，否则加工就会出现凹面，因此，应将卧式万能铣床的回转台扳到零位，将立式铣床的立铣头（可转动的）扳到零位。当对加工精度要求较高时，还应精确调整，调整方向如图6-20所示。将百分表用磁力架固定在立铣头主轴上，上升工作台使百分表测量头压在工作台台面上，记下指示读数，用手扳动主轴使百分表转过180°，如果指示读数不变，立铣头主轴中心线即与工作台进给方向垂直，在卧式铣床上的调整与此类似。

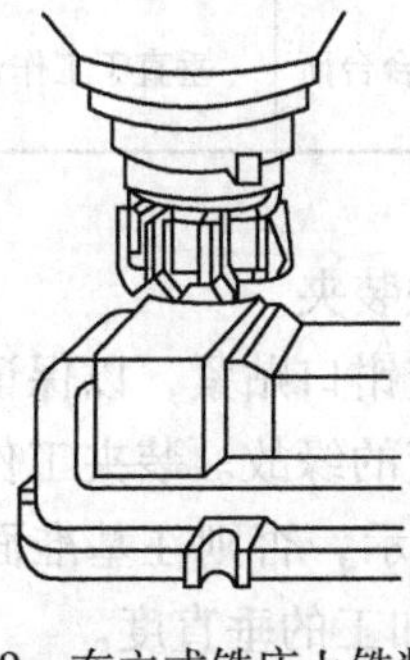

图6-19 在立式铣床上铣削平面

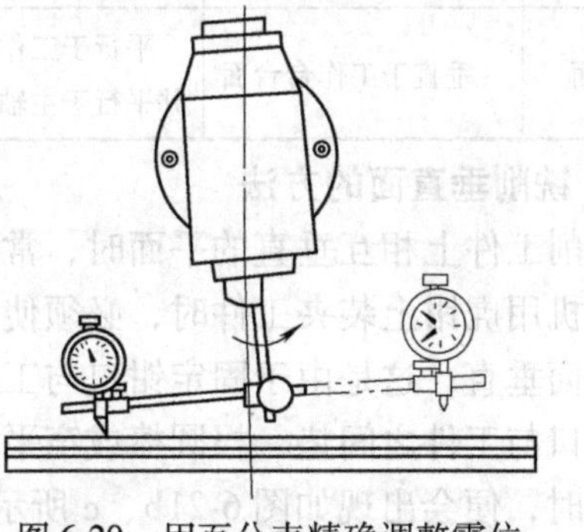

图6-20 用百分表精确调整零位

3. 铣削平面时出现废品的原因

铣削平面时产生废品的原因和防止方法见表6-1。

表6-1 铣削平面时产生废品的原因和防止方法

废品种类	产生废品的原因	防止方法
表面粗糙度值大	进给量太大	减少每齿进给量
	振动大	减少铣削用量及调整工作台的楔铁，使工作台无松动现象
	表面有深啃现象	中途不能停止进给，若已出现深啃现象，而工件还有余量，可再切削一次，消除深啃现象
	铣刀不锋利	刃磨铣刀
	进给不均匀	手转时要均匀或改用机动进给
	铣刀摆差太大	减少每转进给量或重磨、重装铣刀

（续）

废品种类	产生废品的原因	防止方法
尺寸与图样要求不符合	刻度盘没有对准，或没有将进给丝杠螺母间隙消除	应仔细转手柄，使刻度盘对准，若转错刻度盘而工件还有余量，可重新对准刻度，再铣至规定尺寸
	工件松动	将工件夹牢固
	测量不准确	正确地测量

6.3.3 铣削垂直面和平行面

铣削垂直面和平行面时，最重要的是使工件的基准平面处在工作台正确的位置上，其方法见表6-2。

表 6-2 铣削垂直面和平行面的方法

类别	卧式铣床加工		立式铣床加工	
	周铣	端铣	周铣	端铣
平行面	平行于工作台台面	垂直于工作台台面及主轴	垂直于工作台台面并平行于进给方向	平行于工作台台面
垂直面	垂直于工作台台面	平行于工作台台面并平行于主轴	平行于工作台台面	垂直于工作台台面

1. 铣削垂直面的方法

铣削工件上相互垂直的平面时，常用机用虎钳或角铁装夹。

在机用虎钳上装夹工件时，必须使工件基准面与固定钳口贴紧，以保证铣削面与基准面垂直，这是由于固定钳口与工作台台面相互垂直的缘故。装夹工件时常在活动钳口与工件之间垫一根圆棒或窄平铁，如图6-21a 所示，否则在基准面的对面为毛坯时，便会出现如图 6-21b、c 所示的情况，将影响加工的垂直度。

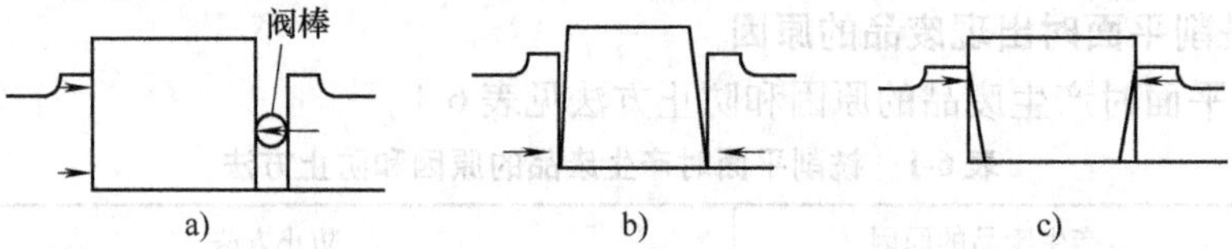

图 6-21 工件在机用虎钳上的安装

2. 铣削平行面的方法

平行面可以在卧式铣床上用圆柱铣刀铣削，也可以在立式铣床上用面铣刀铣削，铣削时应使工件的基准面与工作台台面平行或直接贴合，其装夹方法如下：

（1）利用平行垫铁装夹　在工件基准面下垫平行垫铁，垫铁应与机用虎钳导轨顶面贴紧，如图 6-22 所示。装夹时，如发现垫铁有松动现象，可用铜棒或橡胶锤轻轻敲击，直到无松动为止。如果工件厚度较大，可将基准面直接放在机用虎钳导轨顶面上。

(2)利用划针盘和百分表找正基准面 图6-23所示的方法适合加工长度稍大于钳口长度的工件。找正时，先把划线调整到距工件基准面只有很小间隙的位置，然后移动划针盘，检查基准面四角与划针间的空隙是否一致，若间隙不均匀，则可用铜棒或橡胶锤敲击间隙较大的部位，直到四角间隙均匀为止。对于平行度要求很高的工件应用百分表找正基准面。

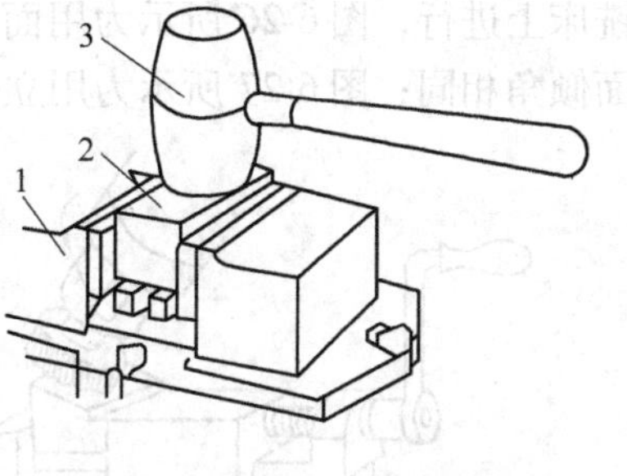

图6-22 用平行垫铁安装工件
1—机用虎钳 2—工件 3—橡胶锤

在卧式铣床上用面铣刀铣平面如图6-18所示，首先在工作台中间的T形槽装好定位键，再将工件基准面与定位键的侧面靠齐，并用压板将工件压紧。如果不用定位键，则必须用划针盘或百分表对基准面进行找正，以保证它与工作台进给方向平行。

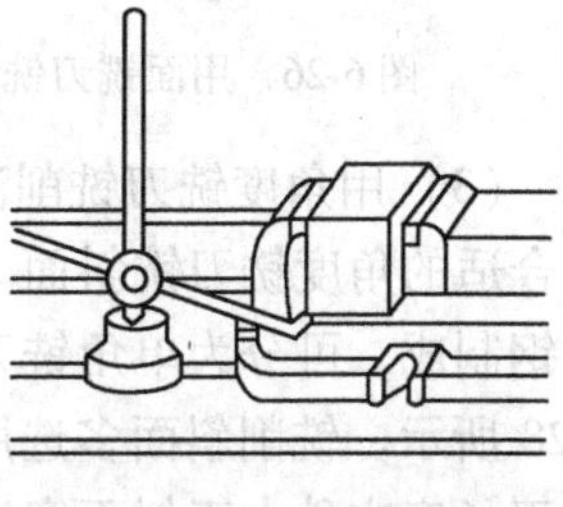
图6-23 用划针盘找正工件基准面

6.3.4 铣削斜面和台阶

1. 铣削斜面

所谓斜面，是指工件上与基准面倾斜的平面，它与基准面可以相交成任意角度。铣削斜面通常采用转动工件、转动立铣头和用角度铣刀三种铣削方法。

(1)转动工件铣削法

转动工件铣削法在卧式铣床和立式铣床上都能使用，装夹工件有以下三种方法：

1)根据划线装夹。铣削前按图样要求在工件表面划出斜面的轮廓线，打好样冲眼，然后把工件装夹在机用虎钳或角铁上，用划针盘找正斜面轮廓线，如图6-24所示。

图6-24 按划线安装工件

铣削时先把大部分余量铣削掉，在精铣前应再找正一次，检查工件有无松动。按划线安装工件需用较长时间，宜于单件小批量生产。

2)在万能机用虎钳上装夹。万能机用虎钳除可绕垂直轴旋转外，还可绕水平轴转动，转角大小可由刻度读出。装夹工件后，将机用虎钳垂直刻度对齐零线，再使其绕水平轴转动要求的角度，如图6-25所示。

这种方法简单方便，但由于机用虎钳刚度较差，故只适宜于铣削较小的工件。

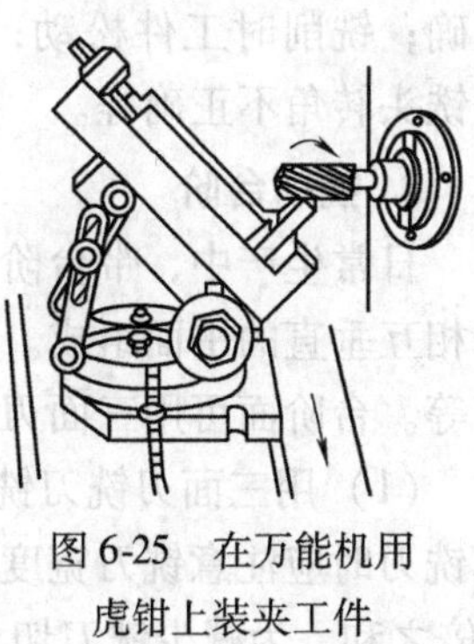
图6-25 在万能机用虎钳上装夹工件

(2)转动立铣头铣削法 这种铣削法多用在立式

铣床上进行，图 6-26 所示为用面铣刀铣斜面的情况，立铣头主轴转动角度应与斜面倾角相同；图 6-27 所示为用立铣刀圆柱面切削刃铣削斜面的情况。

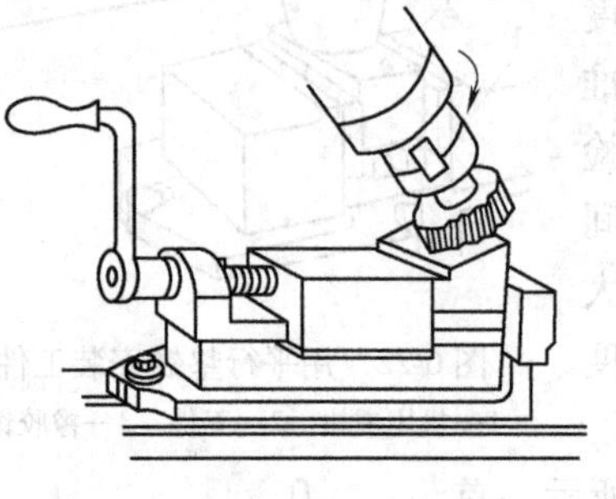

图 6-26　用面铣刀铣削斜面

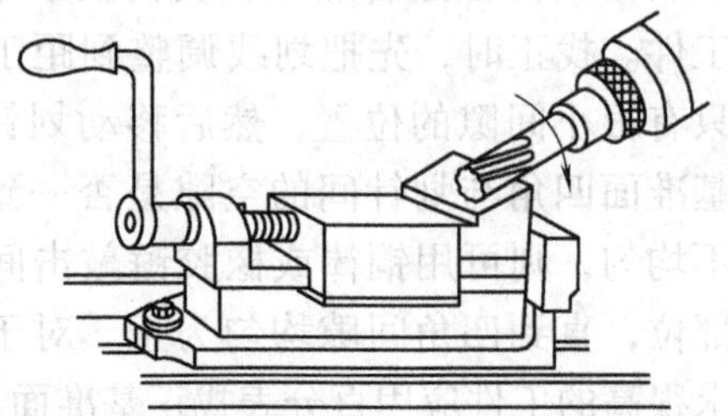

图 6-27　用立铣刀圆柱面切削刃铣削斜面

（3）用角度铣刀铣削法　这种方法就是选择合适的角度铣刀铣斜面。角度铣刀一般用高速钢制成，可分为单角铣刀和双角铣刀，如图 6-28 所示。铣削斜面多选用单角铣刀，铣刀切削刃长度应稍大于斜面宽度，这样就可一次铣出且无接刀痕。因此，角度铣刀常用来铣削窄斜面。

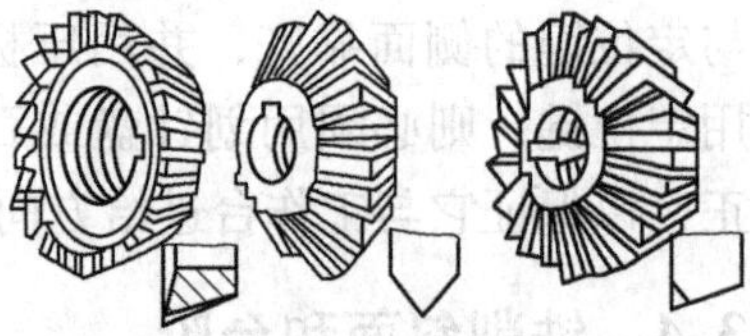

图 6-28　角度铣刀

由于角度铣刀刀齿分布较密，排屑困难，故铣削时应选用较小的铣削用量，特别是每齿进给量要小。铣削钢件时还要进行冷却润滑。上升或横向移动工作台可调整吃刀量，如图 6-29 所示。

（4）铣削斜面时出现废品的原因　铣削斜面时产生废品的主要有表面粗糙值大、尺寸超差、角度超差等。产生前两种废品的原因及防止方法与铣削平面相同。角度超差的原因有：工件划线不正确或装夹不正确；铣削时工件松动；万能机用虎钳或立铣头转角不正确等。

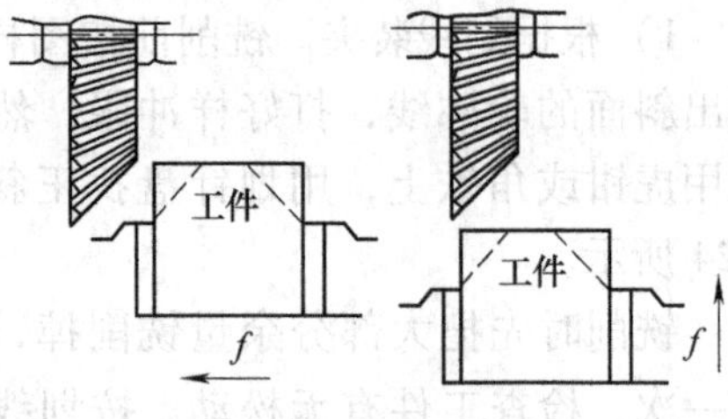

图 6-29　吃刀量的调整

2. 铣削台阶

日常生产中，带台阶的工件很多，如 T 形键、阶梯垫铁、凸块等。台阶由两个相互垂直的平面组成。主要技术要求包括台阶的深度、宽度尺寸以及台阶面垂直度等。台阶面可用三面刃铣刀或立铣刀铣削。

（1）用三面刃铣刀铣削　这种铣削多在卧式铣床上进行，如图 6-30 所示。选择铣刀时应注意铣刀宽度应大于台阶宽度，铣刀外径应大于固定环外径与台阶深度 2 倍之和。为减少铣刀切入和切出的距离，在满足上述条件下，应使铣刀外径尽量小些。

铣削如图6-30所示的台阶时，可按下述步骤进行：

1）开动铣床使铣刀旋转，移动横向工作台，使铣刀断面切削刃刚刚擦到阶台的侧面，记下刻度盘读数。

2）移动纵向工作台，使工件退离铣刀，再将横向工作台移动距离E（由刻度盘读出），紧固横向工作台。

3）用试切法调整台阶深度后紧固升降台。

4）铣削台阶的一侧。

5）将横向工作台移动距离$B+C$（其中，B是铣刀宽度，C是凸台宽度），铣削台阶的另一侧。

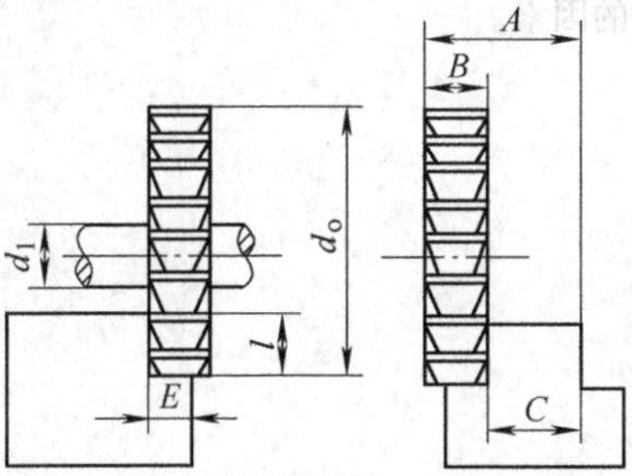

图6-30　用三面刃铣刀铣削台阶

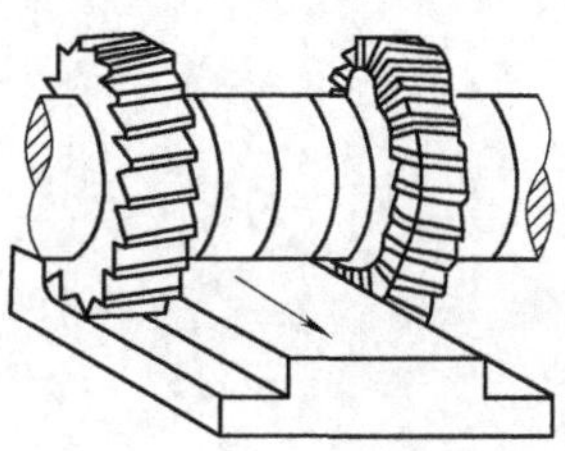
图6-31　用组合铣刀铣台阶

铣削时铣刀因单边刀齿受力，容易向另一边偏斜，出现让刀现象，故加工精度不高。吃刀量较大的阶台或当铣床动力不足时，台阶应从深度方向分几次铣削，以减少让刀现象。

此外，也可采用组合铣刀将几个台阶一次铣出，如图6-31所示。铣削前，应选择外径相同的三面刃铣刀，铣刀间用垫圈按台阶尺寸隔开。夹紧铣刀后用游标卡尺检验两铣刀间的距离，一般应比要求尺寸稍大0.1~0.3mm，以避免铣刀因轴向圆跳动造成凸台宽度减小。正式铣削前应进行试切，以保证加工精度。

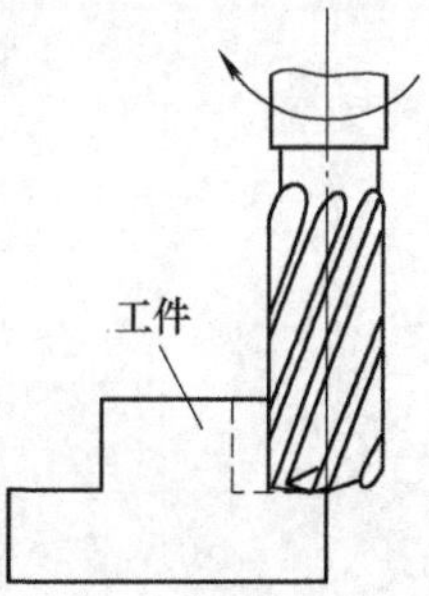

图6-32　用立铣刀铣台阶

（2）用立铣刀铣削台阶　铣削和调整方法与用三面刃铣刀铣台阶基本相同，如图6-32所示。铣削时应注意夹牢铣刀，防止周向铣削分力使铣刀松动。

（3）铣削台阶时出现废品的原因　铣削台阶时出现废品的原因主要有直线度超差、垂直度超差和尺寸超差等。铣削时，夹具安装不准可能造成台阶不正或不直；铣削时的让刀现象会造成阶台垂直度超差；铣刀调整误差会造成台阶尺寸超差。

练习题

1. 铣削可以加工哪些表面？
2. 一般铣削有哪些运动？
3. 请简述卧式万能铣床的主要结构和作用。
4. 立式铣床和卧式铣床的主要区别在哪里？
5. 带柄铣刀和带孔铣刀应如何安装？直柄铣刀与锥柄铣刀的安装有何不同？
6. 带孔铣刀安装应注意什么问题？
7. 工件在铣床上通常有几种安装方法？
8. 试述分度头的工作原理。一工件需作 3 等分时，请说明分度方法。
9. 什么是顺铣和逆铣？如何选择？
10. 试述铣削工件的平面时，影响其表面铣削质量的因素。

第7章 数控车床

7.1 数控车床工作原理与组成

7.1.1 数控车床的工作原理

数控车床是一种高度自动化的机床，是用数字化信息来实现自动控制，具体步骤为：将与加工零件有关的信息，包括工件与刀具相对运动轨迹的尺寸参数(进给执行部件的进给尺寸)、切削加工的工艺参数（主运动和进给运动的速度、切削深度等)，以及各种辅助操作（主运动变速、刀具更换、切削液关停、工件的夹紧与松开等）等加工信息，用规定的文字、数字和符号组成的代码，按一定的格式编写成加工程序，将加工程序通过输入装置输入到数控装置中，由数控装置经过分析处理后，发出各种与加工程序相对应的信号和指令，控制机床进行自动加工。数控车床工作的原理与过程通过下述的数控车床组成可得到更明确的说明。

7.1.2 数控车床的组成

数控车床主要由数控程序及程序载体、输入装置、数控装置（CNC)、伺服驱动及位置检测、辅助控制装置、机床主体等组成，如图7-1所示。

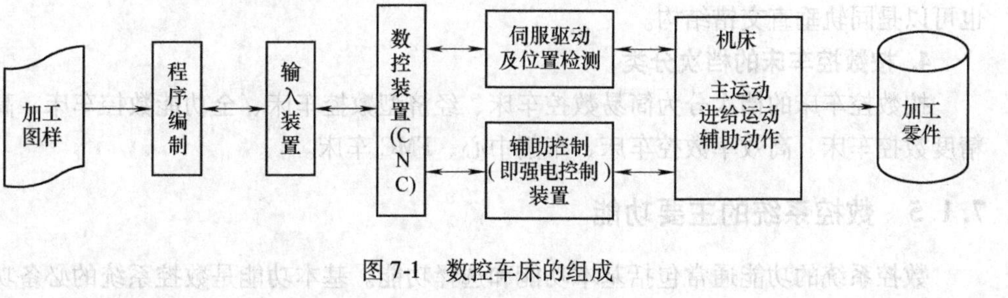

图7-1 数控车床的组成

7.1.3 数控车床的特点

1. 数控车床的特点

1）自动化程度高。

2）具有加工复杂形状工件的能力。

3）加工适应性强。

4）加工精度高，质量稳定。

5）生产率高。

6）有利于生产管理的现代化。

7）要求操作者技术水平高。数控车床价格高，加工成本高，技术复杂，对加工编程要求高，加工中难以调整，维修困难。

7.1.4 数控车床的分类

1. 按数控车床主轴位置分类

（1）立式数控车床　立式数控车床的主轴垂直于水平面，并有一个直径很大的圆形工作台，供装夹工件用。这类数控机床主要用于加工径向尺寸较大、轴向尺寸较小的大型复杂零件。

（2）卧式数控车床　卧式数控车床的主轴中心线处于水平位置，它的床身和导轨有多种布局形式，是应用最广泛的数控车床。

2. 按加工零件的基本类型分类

（1）卡盘式数控车床　这类数控车床未设置尾座，主要适于车削盘类（含短轴类）零件，其夹紧方式多为电动液压控制。

（2）顶尖式数控车床　这类数控车床设置有普通尾座或数控尾座，主要适合车削较长的轴类零件及直径不太大的盘、套类零件。

3. 按刀架数量分类

（1）单刀架数控车床　普通数控车床一般都配置有各种形式的单刀架，如四刀位卧式回转刀架、多工位转塔式自动转位刀架等。

（2）双刀架数控车床　这类数控车床中，双刀架的配置可以是平行交错结构，也可以是同轨垂直交错结构。

4. 按数控车床的档次分类

按数控车床的档次分为简易数控车床、经济型数控车床、全功能数控车床、高精度数控车床、高效率数控车床、车削中心、FMC 车床。

7.1.5 数控系统的主要功能

数控系统的功能通常包括基本功能和选择功能。基本功能是数控系统的必备功能，选择功能是供用户根据机床特点和用途进行选择的功能。数控系统的功能主要反映在准备功能 G 指令和辅助功能 M 指令上，现以 FANUC 数控系统为例，简述其部分功能。

1. 主轴功能

（1）同步进给控制　在加工螺纹时，主轴的旋转与进给运动必须保持一定的同步运行关系。其控制方法是通过检测主轴转速及角位移原点（起点）的元件

(如主轴脉冲发生器)与数控装置相互进行脉冲信号的传递而实现的。

(2) 恒线速度控制　在车削表面粗糙度要求十分均匀的变径表面，如端面、圆锥面及任意曲线构成的旋转面时，车刀刀尖处的切削速度必须随着刀尖所处直径的不同位置而相应地作自动调整，以保持线速度恒定。

(3) 最高转速控制　在设置恒切削速度后，由于主轴的转速在工件不同截面上是变化的，为防止主轴转速过高而发生危险，在设置恒切削速度前，可将主轴最高转速设置为某一个值。切削过程中当执行恒切削速度指令时，主轴最高转速将被限制在这个值。

2. 多坐标控制功能

数控系统可实现 *X*、*Y* 轴同步控制，因此可以加工较为复杂的曲面。

3. 螺纹车削功能

车床数控系统接收数控车床主轴编码器所发送的信号，通过计算并控制 *X*、*Y* 轴向移动，可以加工不同类型的螺纹。

4. 固定循环切削功能

为了进一步提高编程工作效率，车床数控系统设计有固定循环功能，它规定对于一些加工中的固定、连续的动作，用一个 G 指令表达即可，即用固定循环指令加工。

5. 刀具补偿功能

车床数控系统具有刀具补偿功能。由于存在刀具的安装误差、刀具磨损和刀尖圆弧半径等，在数控系统中必须加以补偿，才能加工出合格零件。刀具补偿分为两类，即长度补偿和半径补偿。

6. 自诊断功能

车床数控系统自身具有故障诊断和故障定位功能，可以在故障出现后迅速查明故障的类型及部位，减少因故障而导致的停机时间。

7. 通信功能

车床数控系统可通过与计算机的I/O 接口，实现机床与计算机或者实现局域网之间的通信，可实现系统参数输入及调试、DNC 在线加工和机床局域网互联等功能。

7.2　数控车床编程基础

7.2.1　数控车床的坐标系

建立数控车床的标准坐标系，主要是为了确定数控车床坐标系的零点(坐标原点)。

通常，数控车床的机床原点多在主轴法兰盘接触面的中心，即主轴前端面的中心上。机床主轴即为 Z 轴，主轴法兰盘的径向平面则为 X 轴，$+X$ 轴和 $+Z$ 轴的方向指向加工空间。图 7-2、图 7-3 所示为数控车床的机床坐标系原点和工件坐标系原点。

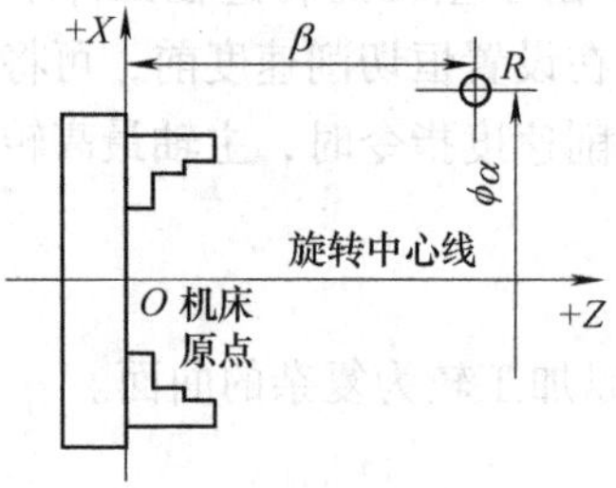

图 7-2　数控车床的机床坐标系原点

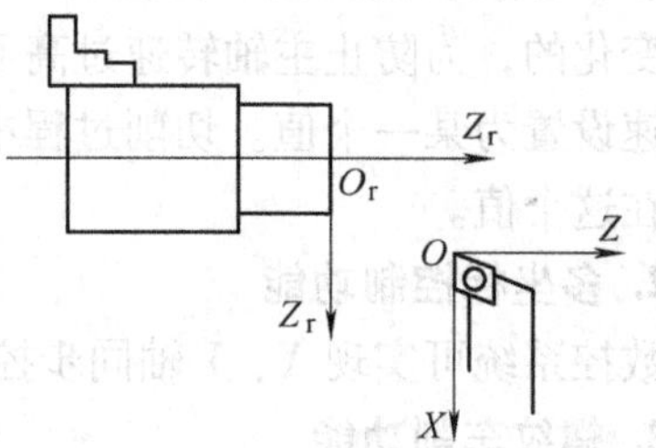

图 7-3　数控车床的工件坐标系原点

7.2.2　数控加工程序的结构

数控机床的所谓数控，就是以编制好的数字程序为指令，指挥数控机床进行指令所允许的运动。这样自然就需要程序，而每个程序则是由程序段组成的。程序段是可作为一个单位来处理的连续的字组，它实际上是数控加工程序的一段程序。零件加工程序的主体由若干个程序段组成，多数程序段用来指令机床完成或执行某一动作。程序段则由尺寸字、非尺寸字和程序段结束指令构成。在书写和打印时，每个程序段一般占据一行，在屏幕上显示程序时也是如此。

在数控机床的编程说明书中，用详细格式来分类规定程序编制的细节，如程序编制所用的字符、程序段中程序字的顺序及字长等。例如：

/N03 G02 X55.0 Y55.0 I0 J55 F100 S800 T04 M03；

上例详细格式分类说明如下：

N03——程序段序号。

G02——加工的轨迹，为顺时针圆弧。

X55、Y55——所加工圆弧的终点坐标。

I0、J55——所加工圆弧的圆心坐标。

F100——加工进给速度。

S800——主轴转速。

T04——所使用刀具的刀号。

M03——辅助功能指令。

“/”标记——跳步选择指令。

跳步选择指令的作用是：在程序不变的前提下，操作者可以对程序中有跳步选择指令的程序段作出执行或不执行的选择。选择的方法通常是通过操作面板上的跳步选择开关，通过将开关扳向“ON”或“OFF”来实现不执行或执行有“/”标记的程序段。

7.2.3　数控加工指令

本节内容以 FANUC 0i MateTC 系统为例，常用的指令代码按不同功能可划分为准备功能 G 指令、辅助功能 M 指令和 F、S、T 指令 3 大类。

1. F、S、T 指令

F 指令是控制刀具进给速度的指令，为模态指令，但快速定位指令 G00 的速度不受其控制。在车削加工中，F 的单位一般为 mm/r。

注：模态指令是一组可相互注销的指令，一旦被执行则一直有效，直至被同一组的其他指令注销为止；非模态指令只在所在的程序段中有效，程序段结束时被注销。

S 指令用以指定主轴转速，单位为 r/min，S 指令是模态指令，但它只有在主轴速度可调节时才有效。

T 指令是刀具功能指令，后跟四位数字。例如 T0101，前两位指更换刀具的编号 01，后两位为刀补号 01。T 指令为非模态指令，如在数控车床执行 T0101 指令，刀架自动换 01 号刀具，调用 01 号刀补号。

2. 辅助功能 M 指令

辅助功能 M 指令，由地址字 M 后跟 1 ~ 2 位数字组成，即 M00 ~ M99。这些指令主要用来控置数控车床电控装置单纯的开/关动作，以及控制加工程序的执行走向。各 M 指令的功能见表 7-1。

表 7-1　M 指令及其功能

M 指令	功能	M 指令	功能
M00	程序暂停	M08	切削液开启
M01	程序选择性暂停	M09	切削液关闭
M02	程序结束	M30	程序结束，返回开头
M03	主轴正转	M98	调用子程序
M04	主轴反转	M99	子程序结束，返回主程序
M05	主轴停止		

（1）暂停指令 M00　当 CNC 执行到 M00 指令时，将暂停执行当前的程序，以方便操作者进行刀具的更换、工件的尺寸测量、工件调装头或手动变速等操作。暂停时机床的主轴运动、进给运动及切削液停止，而全部现存的模态信息保持不变。若继续执行后续程序，只需要重新按下操作面板上的“启动”按钮即可。

（2）程序结束指令 M02　M02 指令用于主程序的最后一个程序段中，表示程序结束。当数控系统执行到 M02 指令时，机床的主轴运动、进给运动及切削液全部停止。使用 M02 指令的程序结束后，若要重新执行就必须重新调用该程序。

（3）程序结束并返回到零件程序头指令 M30　M30 指令和 M02 指令功能基本相同，只是 M30 指令还具有控制返回零件程序头的功能。使用 M30 指令的程序结束后，若要重新执行该程序，只需再次按操作面板上的“启动”按钮即可。

（4）子程序调用及返回指令 M98、M99　M98 指令用来调用子程序；M99 指令用来结束子程序，执行 M99 指令后，子程序结束，返回到主程序。

注：在子程序开头必须用规定的子程序号，以作为调用入口地址。在子程序的结尾用 M99，以控制执行完该子程序后返回主程序。

（5）主轴控制指令 M03、M04 和 M05　执行 M03 指令，主轴起动，并以顺时针方向旋转；执行 M04 指令，主轴起动，并以逆时针方向旋转；执行 M05 指令，主轴停止旋转。

（6）切削液开、关指令 M08、M09 执行 M08 指令，切削液开启；执行 M09 指令，切削液关闭。其中，M09 指令功能为默认功能。

3. 准备功能 G 指令

准备功能 G 指令是建立坐标平面、坐标系偏置、刀具与工件相对运动轨迹（插补功能）以及刀具补偿等多种加工操作方式的，其范围为 G00 ~ G99。G 指令的功能见表 7-2。

表 7-2　常用 G 指令及其功能

G 指令	功能	G 指令	功能
G00	快速定位	G70	精加工循环
G01	直线插补	G71	外径、内径粗车复合循环
G02	顺（时针）圆弧插补	G72	端面粗车复合循环
G03	逆（时针）圆弧插补	G73	固定形状粗加工复合循环
G04	暂停	G74	排屑钻端面孔
G18	*ZX* 平面设置	G75	内径、外径钻孔循环
G20	英制单位输入	G76	多线螺纹切削复合循环
G21	公制单位输入	G90	单一形状固定循环
G32	螺纹切削	G92	螺纹切削循环
G34	变螺距螺纹切削	G94	端面切削循环
G40	刀尖圆弧半径补偿取消	G96	恒表面切削速度控制有效
G41	刀尖圆弧半径左补偿	G97	恒表面切削速度取消
G42	刀尖圆弧半径右补偿	G98	每分进给
G50	最大主轴速度设定	G99	每转进给

下面简单介绍表 7-2 中常用的 G 指令。

(1) 单位设置指令

1) G20、G21 指令。G20 指令指定英制输入制，单位为 in；G21 指令指定公制输入制，单位为 mm。

2) G98、G99 指令。G98 指令指定进给速度 F 单位为 mm/min；G99 指令指定进给速度 F 单位为 mm/r。

(2) 快速进给控制指令 G00

指令格式：G00 X (U)_ Z (W)_;

式中 X (U)、Z (W) ——快速定位终点坐标，X、Z 时为终点在工件坐标系中的坐标，U、W 时为终点相对于起点的位移量。

(3) 直线插补指令 G01 G01 直线插补指令指定刀具从当前位置，以两轴或三轴联动方式向给定目标按 F 指令指定的进给速度运动，加工出任意斜率的平面(或空间) 直线。

指令格式：G01 X (U)_ Z (W)_ F_;

G01 是模态指令，可以用 G00、G02、G03 指令注销。

(4) 圆弧插补指令 G02、G03 执行 G02、G03 指令，按指定进给速度进行圆弧切削，G02 指令为顺时针圆弧插补，G03 指令为逆时针圆弧插补。顺时针、逆时针的判别：指从第三轴正向朝零点或朝负方向看，如在立式加工中心 *XY* 平面中，从 *Z* 轴正向向原点观察，起点到终点为顺时针转为顺圆，反之为逆圆，如图 7-4 所示。

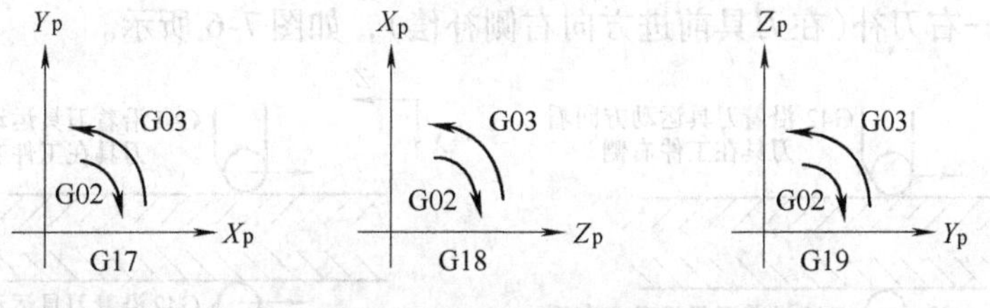

图 7-4 圆弧插补方向

指令格式：G02/G03 X(U)_ Z(W)_ R_ F_;

式中 X(U)、Z(W)——*X* 轴、*Z* 轴的终点坐标；

R——圆弧半径。

终点坐标可以用绝对坐标 X、Z 或增量坐标 U、W 表示。

(5)暂停指令 G04

指令格式：G04 P(X 或 U)_;

式中 P(X 或 U)——暂停时间，单位为 ms，X 或 U 单位为 s；

G04——在前一程序段的进给速度降到零之后才开始暂停动作。在执行含有 G04 指令的程序段时，先执行暂停功能。G04 为非模态指令，仅在其规定的程序段中有效。

在零件的加工程序中，执行 G04 指令可使刀具作短暂的停留，以获得圆整而光滑的表面。

(6)刀尖圆弧半径补偿指令 G40、G41、G42

指令格式：$G00/G01\left\{\begin{matrix}G41\\G42\end{matrix}\right\}X\_\ Z\_;$

G01 G40 X_ Z_；

说明：系统对刀具的补偿或取消都是通过滑板的移动来实现的。

数控程序一般是针对刀具上的某一点即刀位点，按工件轮廓尺寸编制的，如图 7-5 所示。车刀的刀位点一般为理想状态下的假想刀尖点或刀尖圆弧圆心 0 点。但实际加工中的车刀，由于工艺或其他要求，刀尖往往不是一理想点，而是一段圆弧。切削加工时，刀具切削点在刀尖圆弧上变动，造成实际切削点与刀位点之间的位置有偏差，故造成过切或少切。这种由于刀尖不是一理想点而是一段圆弧造成的加工误差，可用刀尖圆弧半径补偿功能来消除。

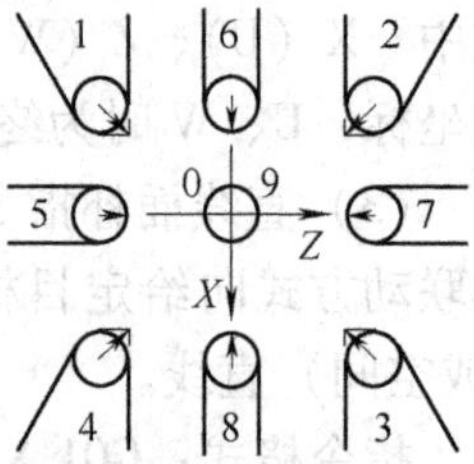

箭头表示刀尖方向。如果按刀尖圆弧中心编程，则选用 0 或 9

图 7-5 刀尖半径补偿刀位点示意图

刀尖圆弧半径补偿是通过 G41、G42、G40 指令及 T 指令指定的刀尖圆弧半径补偿号，执行或取消半径补偿。

G40——取消刀尖圆弧半径补偿。

G41——左刀补(在刀具前进方向左侧补偿)，如图 7-6 所示。

G42——右刀补(在刀具前进方向右侧补偿)，如图 7-6 所示。

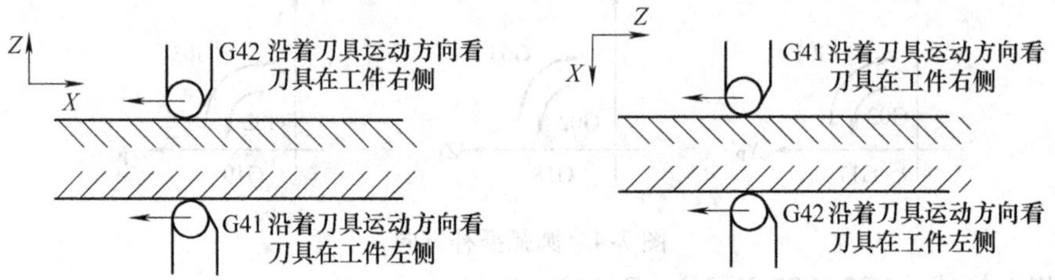

图 7-6 左、右刀补方向示意图

注：G40、G41、G42 指令都是模态指令，可相互注销。

1）G41/G42 指令不带参数，其补偿号(代表所用刀具对应的刀尖圆弧半径补偿值)由 T 指令指定。其刀尖圆弧半径补偿号与刀具偏置补偿号对应。

2）刀尖圆弧半径补偿的建立与取消只能用 G00 或 G01 指令，不能用 G02 或 G03 指令。

(7) 多重循环指令 G70 ~ G76

1）内、外径粗车循环指令 G71、端面粗车循环指令 G72 及轮廓粗车循环指令 G73

2）内、外径精车循环端面精车循环轮廓精车循环指令 G70

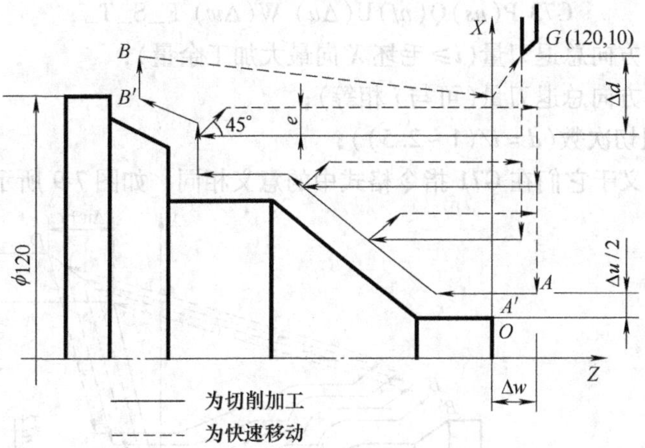

图 7-7 循环车削示意图指令 G71

① 内、外径粗车循环指令 G71。

指令格式：G71 U(Δ*d*) R(*e*)；

G71 P(*ns*) Q(*nf*) U(Δ*u*) W(Δ*w*) F_S_T_；

式中 Δ*d*——粗车时每次背吃刀量；

e——表示退刀量，如图 7-7 所示；

ns——精加工程序段的第一个程序段序号；

nf——精加工程序段的最后一个程序段序号；

Δ*u*——*X* 轴方向精加工余量(0.2～0.5)；

Δ*w*——*Z* 轴方向的精加工余量(0.5～1)。

F、S、T——进给量、主轴转速、刀具号地址符。粗加工时 G71 中编程的 F、S、T 有效，而精加工时处于 *ns*～*nf* 程序段之间的 F、S、T 有效。

注意：*ns* 的程序段必须为 G00 或 G01 指令；在序号 *ns*～*nf* 的程序段中，不应包含子程序。

② 端面粗车循环指令 G72。

指令格式：G72 W(Δ*d*)R(*e*)；

G72 P(*ns*)Q(*nf*)U(Δ*u*)W(Δ*w*)F(*f*)；

式中 Δ*d*——等意义于它们在 G71 指令格式中的意义相同，如图 7-8 所示。

③ 轮廓粗车循环指令 G73。

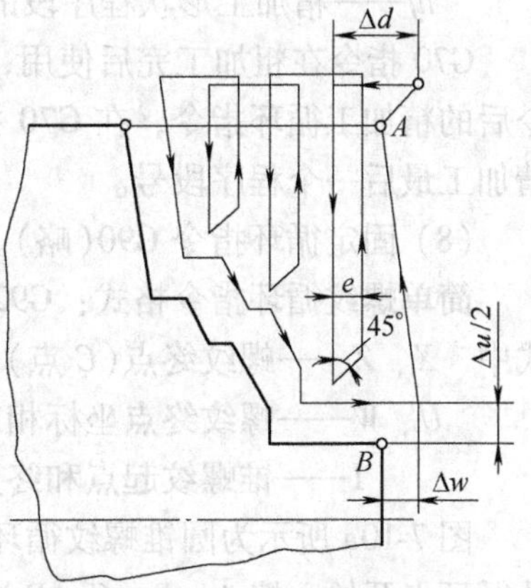

图 7-8 循环车削示意图指令 G72

指令格式：G73 U(i)W(k)R(d)；

G73 P(ns)Q(nf)U(Δu) W(Δw) F_S_T_；

式中 i——X 方向总退刀量($i \geq$ 毛坯 X 向最大加工余量)；

k——Z 方向总退刀量(可与 i 相等)；

d——粗切次数($d = i/(1 \sim 2.5)$)；

ns 等的意义于它们在 G71 指令格式中的意义相同，如图 7-9 所示。

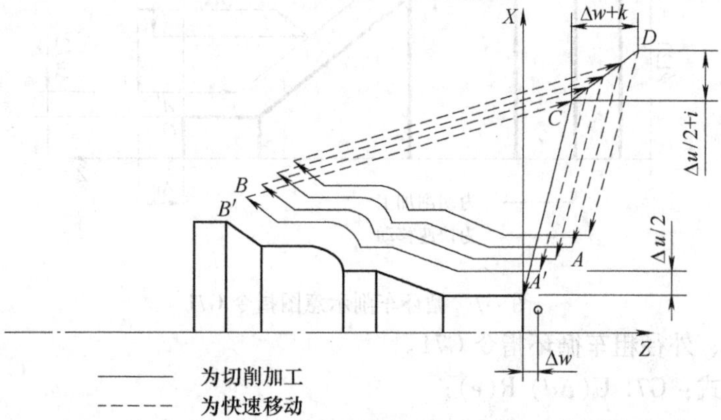

图 7-9 轮廓粗车循环指令 G73

注意：该指令能对铸造、锻造等粗加工已初步形成的工件，进行高效率切削

图中 AB 是粗加工后的轮廓，为精加工留下 X 方向余量 Δu 和 Z 方向余量 Δw，$A'B'$是精加工轨迹点 C 为粗加工切入点。

④ 精加工循环指令 G70。

指令格式：G70 P(ns) Q(nf)；

式中 ns——精加工形状程序段的开始程序段号；

nf——精加工形状程序段的结束程序段号。

G70 指令在粗加工完后使用，即 G70 是在执行 G71、G72、G73 粗加工循环指令后的精加工循环指令，在 G70 指令程序段内要指令精加工程序第一个程序号和精加工最后一个程序段号。

(8) 固定循环指令 G90(略)、G92、G94(略)。

简单螺纹循环指令格式：G92 X(U)_ Z(W)_ I_ F_；

式中 X、Z——螺纹终点(C 点)的坐标值；

U、W——螺纹终点坐标相对于螺纹起点的增量坐标；

I——锥螺纹起点和终点的半径差，加工圆柱螺纹时 I 为零，可省略。

图 7-10a 所示为圆锥螺纹循环切削，图 7-10b 所示为圆柱螺纹循环切削。刀具从循环点开始，按 A—B—C—D 进行自动循环，最后又回到循环起点 A。图中虚线表示按 R 快速移动，实线表示按 F 指定的工作进给速度移动。

注：F 为螺距值。

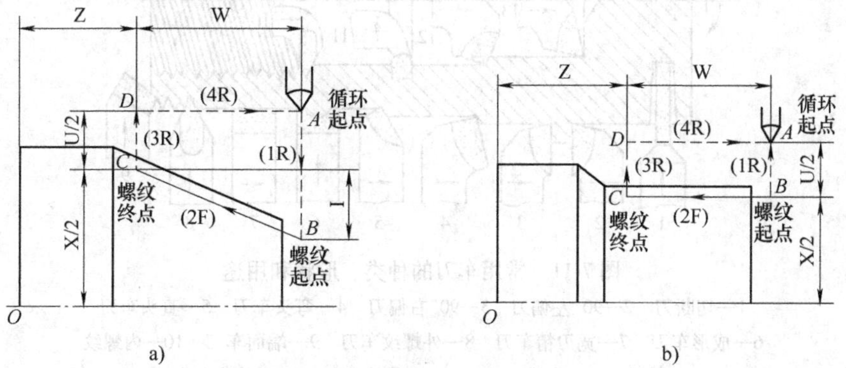

图 7-10 简单螺纹循环车削示意图

a) 圆锥螺纹切削循环 b) 圆柱螺纹切削循环

表 7-3 常用螺纹切削进给次数与背吃刀量(直径量) (单位：mm)

普通米制螺纹								
螺距		1.0	1.5	2	2.5	3	3.4	4
牙深(半径量)		0.649	0.974	1.299	1.624	1.949	2.273	2.598
(直径量)切削次数及背吃刀量	1 次	0.7	0.8	0.9	1.0	1.2	1.5	1.5
	2 次	0.4	0.6	0.6	0.7	0.7	0.7	0.8
	3 次	0.2	0.4	0.6	0.6	0.6	0.6	0.6
	4 次		0.16	0.4	0.4	0.4	0.6	0.6
	5 次			0.1	0.4	0.4	0.4	0.4
	6 次				0.15	0.4	0.4	0.4
	7 次					0.2	0.2	0.4
	8 次						0.15	0.3
	9 次							0.2

7.3 数控车床刀具简述

车刀是数控车床常用的一种单刃刀具，其种类很多，按用途可分为外圆车刀、端面车刀、镗刀、切断刀等，如图 7-11 所示。

车刀按结构形式分以下几种：

(1) 整体式车刀　整体式车刀的切削部分与夹持部分材料相同，用于在小型车床上加工零件或加工有色金属及非金属，整体高速钢刀具即属此类，如图 7-12a 所示。

(2) 焊接式车刀　焊接式车刀的切削部分与夹持部分材料完全不同。切削部分

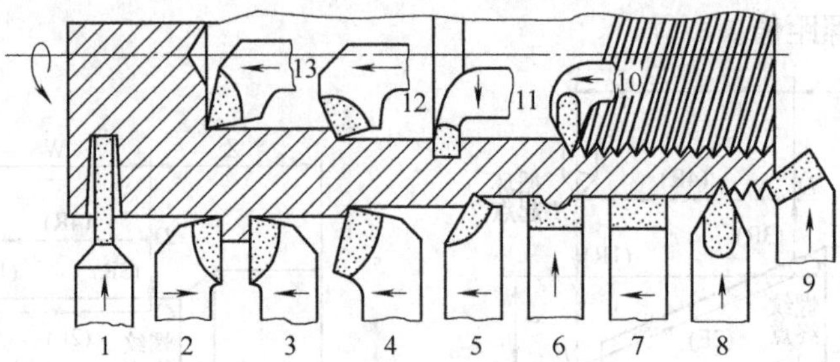

图 7-11 常用车刀的种类、形状和用途

1—切断刀 2—90°左偏刀 3—90°右偏刀 4—弯头车刀 5—直头车刀 6—成形车刀 7—宽刃精车刀 8—外螺纹车刀 9—端面车刀 10—内螺纹车刀 11—内槽车刀 12—通孔车刀 13—不通孔车刀

材料多以刀片形式焊接在刀杆上，常用的焊接式硬质合金车刀即属此类，刀杆为45 钢基体。焊接式适用于各类车刀，特别是较小的刀具，如图 7-12b 所示。

(3)机夹式车刀 机夹式车刀分为机夹重磨式和不重磨式，前者用钝可集中重磨，后者切削刃用钝后可快速转位再用，也称为机夹可转位式刀具，特别适用于自动生产线和数控车床。机夹式车刀避免了刀片因焊接产生的应力、变形等缺陷，刀杆利用率高，如图 7-12c、d 所示。

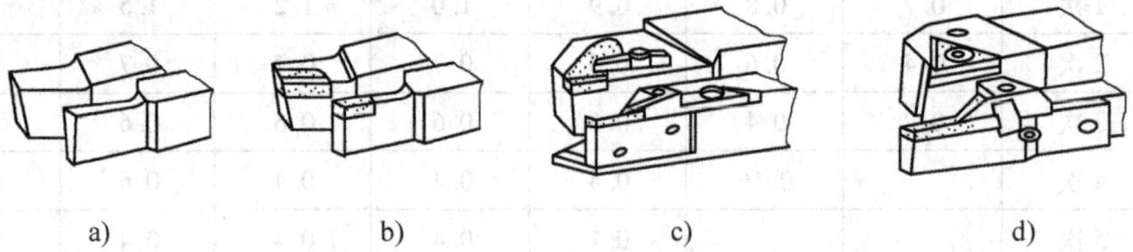

a) b) c) d)

图 7-12 车刀

a)整体式车刀 b)焊接式车刀 c)机夹重磨式车刀 d)机夹不重磨式车刀

选择车刀时应遵循以下原则：

1)粗车时选择强度高、韧性好、寿命长的刀具，满足粗车大背吃刀量、大进给量的要求。

2)精车时选择精度高、硬度高、寿命长的刀具，以保证加工精度的要求。

3)为减少换刀时间及方便对刀，应尽量采用机夹式刀具。

7.4 数控车床基本操作

本节内容以 FANUC 0i Mate TB 系统为例进行讲述。

7.4.1 数控车床操作面板

数控车床的操作面板由机床控制面板和数控系统操作面板两部分组成，下面分别作一介绍。

1. 机床控制面板

通过机床控制面板上的各种功能键(表7-4)可执行简单的操作，直接控制数控机床的动作及加工过程。

表7-4 机床控制面板按键及其功能

按键	内容	功能
方式选择	编辑	程序的编辑、修改、插入及删除，各种搜索功能
	自动	执行程序的自动加工
	MDI	手动输入数据
	JOG	手动连续进给。在JOG方式，按机床操作面板上的进给轴和方向选择开关，机床沿选定轴的选定方向移动。手动连续进给速度可用手动连续进给速度倍率刻度盘调节
	手摇	手轮方式选择 (1)在此方式下旋转机床操作面板上的手摇脉冲发器，使机床连续不断地移动。用开关选择移动轴 (2)按手轮进给倍率开关，选择机床移动的倍率
主轴	正转	主轴正转，即顺时针方向转动
	反转	主轴反转，即逆时针方向转动
	停止	主轴停止转动
循环	(白色)	循环启动按钮 按循环启动按钮启动自动运行
	(红色)	进给暂停 按进给暂停按钮，使自动运行暂停

2. 数控系统操作面板

数控系统操作面板由显示屏和MDI键盘两部分组成，其中显示屏主要用来显示相关坐标位置、程序、图形、参数、诊断、报警等信息；而MDI键盘如图7-13所示，包括字母键、数字键以及功能键等，可以进行程序、参数、机床指令的输入及系统功能的选择，其功能见表7-5。

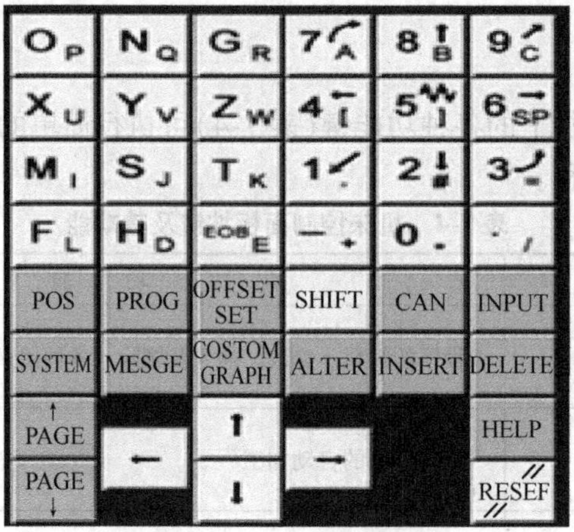

图 7-13 MDI 键盘

表 7-5 数控系统操作面板按键及其功能

按键	功能	按键	功能
O P 等	字母地址和数字键。由这些字母和数字键组成数控加工程序单	EOB E	符号键，是程序段的结束符号
SHIFT	换挡键，当按下此键后，可以在某些键的两个功能之间进行切换	CAN	取消键，用于删除最后一个输入缓存区的字符或符号，从后向前
INPUT	输入键，用于输入工件偏置值、刀具补偿值或数据参数等，但不能用于程序的输入	ALTER	替换键，替换输入的字符或符号（程序编辑）
INSERT	插入键，用于在程序行中插入字符或符号（程序编辑）	DELETE	删除键，删除已输入的字符、符号或数控系统中的程序（程序编辑）
HELP	帮助键，了解 MDI 键的操作，显示数控系统的操作方法及报警信息	RESET	复位键，用于使数控系统复位或取消报警，终止程序运行等功能
↑PAGE PAGE↓	翻页键，用于将屏幕显示的页面向前或向后翻页	← ↑ → ↓	光标移动键
POS	显示机械坐标、绝对坐标、相对坐标位置，以及剩余移动量	PROG	显示程序内容。在编辑状态下可进行程序编辑、修改、查找等
OFFSET SETTING	显示偏置值或设置屏幕。可进行刀具长度、半径、磨耗等的设置，以及工件坐标系设置	SYSTEM	显示系统参数。在 MDI 模式下可进行系统参数的设置、修改、查找等
MESSAGE	显示报警信息	CUSTOM GRADH	显示用户宏程序和刀具中心轨迹图形

（续）

按键	功　能	按键	功　能
 显示屏软键。该长条每个按键是与屏幕文字相对的功能键。按下某个功能键后，可进一步进入该功能的下一级菜单。最左侧带有向左箭头的软键为上一级菜单的返回键，最右侧带有向右箭头的软键为下一级菜单的继续键			

7.4.2　数控车床对刀操作

常见的对刀方法有试切对刀法和对刀仪对刀法两种，这里只介绍试切法对刀，以90°外圆右偏刀为例。

试切法对刀的具体操作步骤如下：

1）装夹好工件或毛坯及刀具。

2）对刀前必须返回参考点。

3）进入“工具补正/形状”界面，即先按功能键 OFFSET SET，再依次按下［补正］、［形状］软键，如图7-14所示。

4）测量 Z 向刀补值，如图7-15所示。

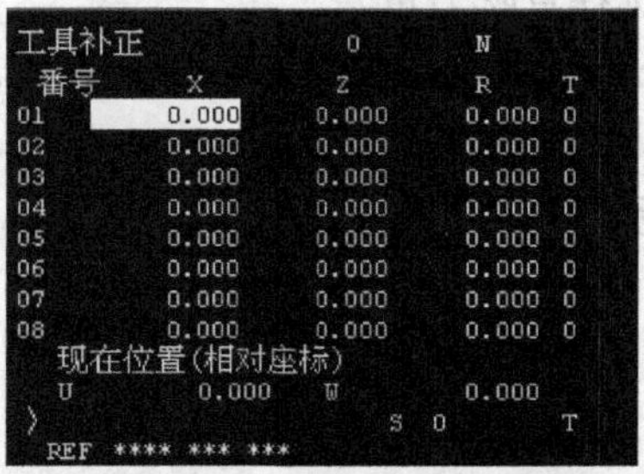

图7-14　“工具补正/形状”界面

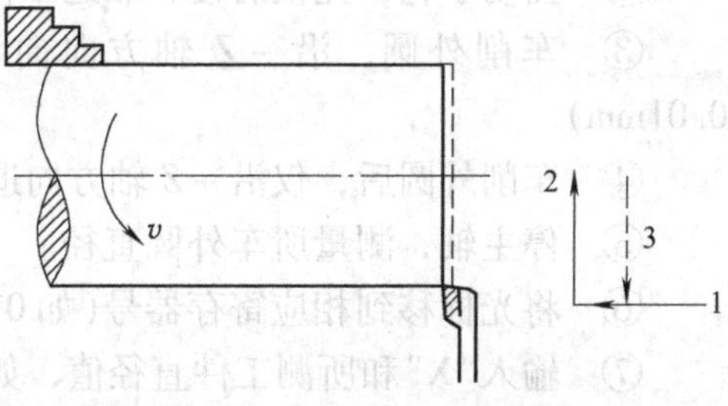

图7-15　Z 向刀补值的测量

① 在JOG方式下，移动刀架到安全位置，然后手动换成所要对的刀具（如T0101）。

② 手动使主轴正转或在MDI方式下，输入“S600 M03”，并按 EOB E 键，再按 INSERT 键，最后按“循环启动”按钮来起动主轴。主轴起动后，按相应步骤重新进入“工具补正/形状”界面。

③ 在JOG方式下，按方向按钮或切换到手轮HANDLE方式下摇动手轮，将车刀快速移动到工件附近。

④ 靠近工件后，通常用手轮（脉冲当量改为×10，即0.01mm）来控制刀具车

削端面(约0.5mm厚)，切削要慢速、均匀。

⑤ 车削端面后，刀具仅能沿 + X 轴向移动，即退出工件，而 Z 轴方向保持不动。

⑥ 在"工具补正/形状"界面，按光标移动键将光标移动到相应寄存器号(如01)的 Z 轴位置上。

⑦ 输入"Z0"。

⑧ 按软键[测量]，则该号刀具的 Z 向刀补值测量出并被自动输入。

5）测量 X 向刀补值，如图7-16所示。

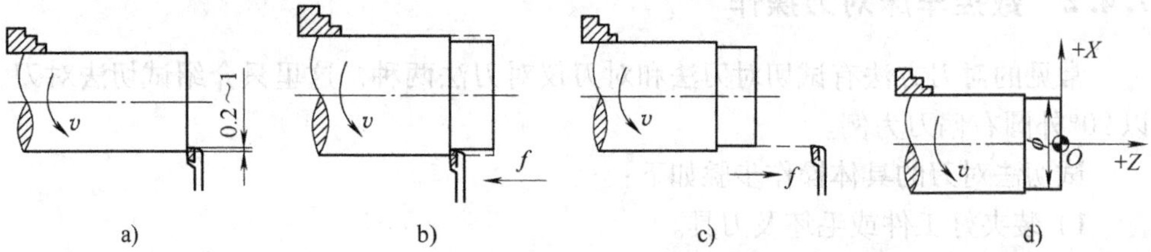

图7-16 X 向刀补值的测量

a)选择背吃刀量 b)车削外圆(沿 - Z 轴向进给) c) + Z 轴向退刀(X 轴向不动)

d)停车测量所车外圆直径值

① 手动使主轴正转。测 Z 向刀补后，如主轴未停，此步可省略。

② 摇动手轮，先快后慢，靠近工件后，选择背吃刀量。

③ 车削外圆，沿 - Z 轴方向向切削长 5 ~ 10mm(脉冲当量为 ×10，即0.01mm)。

④ 车削外圆后，仅沿 + Z 轴方向退刀，远离工件，而 X 轴方向保持不动。

⑤ 停主轴，测量所车外圆直径。

⑥ 将光标移到相应寄存器号(如01)的 X 轴位置上。

⑦ 输入"X"和所测工件直径值，如输入"X24.262"。

⑧ 按软键[测量]，得出该刀具 X 轴方向的刀补值。

至此，一把刀的 Z 向和 X 向刀补值都测出，对刀完成。

其他刀具的对刀方法同上。

注：对于同一把刀，一般是先测量 Z 向刀补，再测量 X 向刀补，这样可避免中途停机测量。

同时对多把刀具时，第一把刀对好后，要把第一把刀车削的端面作为基准面对其他刀具，该端面不能再车削，只能轻触(因端面中心是共同的工件坐标系原点)，但是每把刀都可车削外圆，测出实际的直径值输入即可。螺纹刀较特殊，需目测刀尖对正工件端面来设定 Z 轴补偿值。

7.5　数控车床加工举例

7.5.1　阶梯轴类零件加工实训样题

1. 实训样题一

（1）零件图　零件如图7-17所示，试编写其数控加工程序并进行加工。

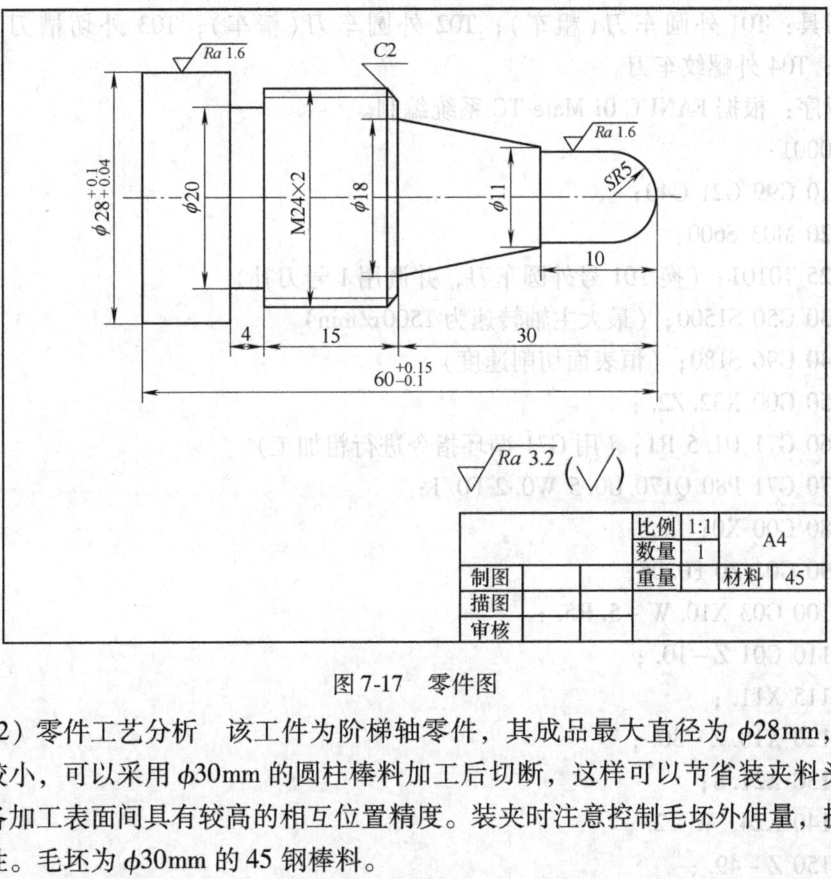

图7-17　零件图

（2）零件工艺分析　该工件为阶梯轴零件，其成品最大直径为φ28mm，由于直径较小，可以采用φ30mm的圆柱棒料加工后切断，这样可以节省装夹料头，并保证各加工表面间具有较高的相互位置精度。装夹时注意控制毛坯外伸量，提高装夹刚性。毛坯为φ30mm的45钢棒料。

（3）加工工艺分析　由于阶梯轴零件径向尺寸变化较大，注意恒线速度切削功能的应用，以提高加工质量和生产率。从右端至左端轴向走刀车外圆轮廓，切螺纹退刀槽，车螺纹，最后切断。粗加工每次背吃刀量为1.5mm，粗加工进给量为0.2mm/r，精加工进给量为0.1mm/r，精加工余量为0.5mm。

（4）加工工序

1）车端面。将毛坯找正，夹紧，用外圆端面车刀平右端面，并用试切法对刀。

2）从右端至左端粗加工外圆轮廓，留0.5mm精加工余量。

3）精加工外圆轮廓至图样要求尺寸。

4）切螺纹退刀槽。

5）加工螺纹至图样要求。

6）切断，保证总长公差要求。

7）去毛刺，检测工件各项尺寸要求。

（5）参考程序。

工件坐标系原点：工件右端面回转中心。

刀具：T01 外圆车刀（粗车）；T02 外圆车刀（精车）；T03 外切槽刀（刀宽 4mm）；T04 外螺纹车刀。

程序：根据 FANUC 0i Mate TC 系统编制。

```
O0001；
N10 G99 G21 G40；
N20 M03 S600；
N25 T0101；（换 T01 号外圆车刀，并调用 1 号刀补）
N30 G50 S1500；（最大主轴转速为 1500r/min）
N40 G96 S180；（恒表面切削速度）
N50 G00 X32. Z2. ；
N60 G71 U1. 5 R1；（用 G71 循环指令进行粗加工）
N70 G71 P80 Q170 U0. 5 W0. 2 F0. 1；
N80 G00 X0；
N90 G01 Z0 F0. 05；
N100 G03 X10. W－5. R5. ；
N110 G01 Z－10. ；
N115 X11. ；
N120 X18. Z－30. ；
N130 X21. 8；
N140 X24.  W－2. ；
N150 Z－49. ；
N160 X28. ；
N170 Z－62. ；
N180 X30. ；
N190 G00 X100. Z100. ；
N200 T0202；（换 T02 号精车刀，并调用 2 号刀补）
N210 G96 S220；
N220 G70 P80 Q170；（用 G70 循环指令进行精加工）
```

```
N230 G00 X100. Z100. ;
N240 T0303;（换 T03 号 4mm 切槽刀，并调用 3 号刀补）
N250 G96 S120;
N260 G00 X35. Z-49. ;
N270 G01 X20. F0. 1;
N280 G00 X32. ;
N290 X100. Z100. G97 S600;
N310 T0404;（换 T04 号外螺纹车刀，并调用 4 号刀补）
N320 M03 S600;
N330 G00 X25. 8 Z-27. ;
N340 G92 X23. 1 Z-47. F2;
N350 X22. 5;
N360 X21. 9;
N370 X21. 5;
N380 X21. 4;
N390 G00 X100. Z150. ;
N400 T0303;（换 T03 号 4mm 切断刀，并调用 3 号刀补）
N410 M03 S500;
N420 G00 X30. Z-60. ;
N430 G01 X-1. F0. 1;
N440 G00 X32. ;
N450 G00 X100. Z100. ;
N460 M30;
```

2. 实训样题二

（1）零件图　零件如图 7-18 所示，试编写其数控加工程序并进行加工。

（2）加工工艺分析　该工件为锥面阶梯轴，难点在于锥面与螺纹加工。由于零件中间尺寸较大，需两次装夹加工，以 ϕ34mm 外圆为中点，进行左右分别装夹加工。粗加工每次背吃刀量为 1.5mm，粗加工进给量为 0.2mm/r，精加工进给量为 0.1mm/r，精加工余量为 0.5mm。

（3）加工工艺

1）夹持右端外圆，车削 ϕ28mm 外圆至尺寸要求。

2）调头，夹持 ϕ28mm 外圆，车削右边的各外圆至尺寸要求。

3）换刀，切退刀槽至尺寸要求。

4）换刀，车削螺纹至尺寸要求。

5）检验。

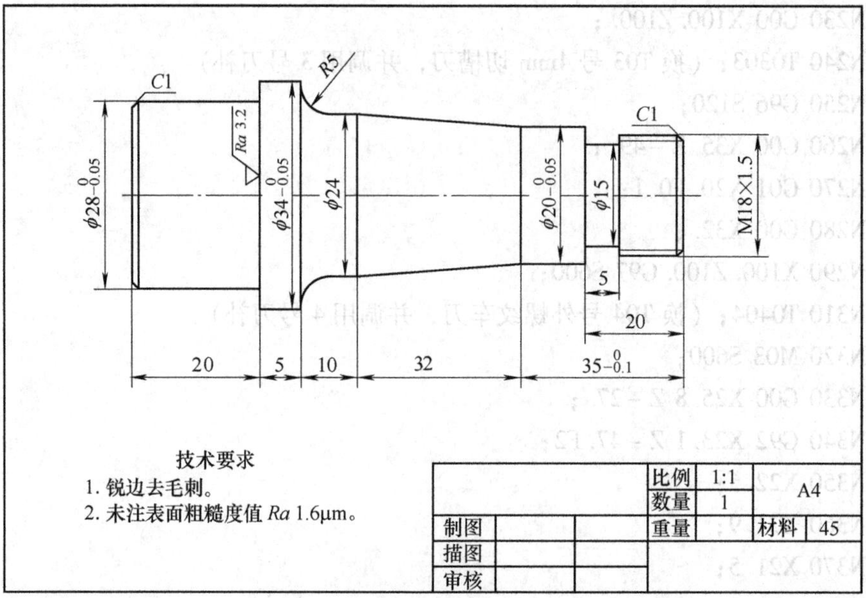

图 7-18 零件图

（4）参考程序

工件坐标系原点：工件右端面回转中心。

刀具：T01 菱形外圆车刀；T02 5mm 宽切槽刀；T03 螺纹刀。

程序：根据 FANUC 0i Mate TC 系统编制。

```
O0001;
N10 G00 G40 G97 G99 M03 S600 T0101 F0.2;
N20 X40. Z5.;
N30 G71 U1.5 R0.5;
N40 G71 P50 Q110 U0.5 W0.03;
N50 G01 G42 X0.;
N60 Z0.;
N70 X28.;
N80 Z-20.;
N90 X36.;
N100 W-5.;
N110 G00 X100. Z100.;
N120 M05;
N130;
N140 G00 G40 G97 G99 M03 S1200 T0101 F0.2;
```

N150 X40. Z5. ;
N160 G70 P50 Q110;
N170 G00 X100. Z100. ;
N180 M30;

调头装夹：装夹 ϕ28mm 的外圆，车削右端的外圆。

注意：装夹 ϕ28mm 的外圆时避免夹伤。

O0002;
N10 G00 G40 G97 G99 M03 S600 T0101 F0. 2;
N20 X40. Z5. ;
N30 G71 U1. 5 R0. 5;
N40 G71 P50 Q140 U0. 5 W0. 03;
N50 G01 G42 X0. ;
N60 Z0. ;
N70 X17. 85. ;
N80 Z - 20. ;
N90 X20. ;
N100 Z - 35. ;
N110 X24. W - 12. ;
N120 W - 5. ;
N130 G02 X34. W - 5. R5. ;
N140 G01 W - 5. ;
N150 G00 G40 X100. Z100. ;
N150 M05;
N160;
N170 G00 G40 G97 G99 M03 S1200 T0101 F0. 2;
N180 X40. Z5. ;
N190 G70 P50 Q140;
N200 G00 G40 X100. Z100. ;
N210 M30;

切槽：

O0003;
N10 G00 G40 G97 G99 M03 S1200 T0202 F0. 2;
N20 X28. Z - 20. ;
N30 G01 X15. ;
N40 X28. ;

N50 G00 X100. Z100. ;
M30;
车削螺纹:
O0004;
N10 G00 G40 G97 G99 M03 S1200 T0303 F0. 2;
N20 X18. Z5. ;
N30 G92 X17. 5 Z – 17. ;
N40 X17. 2;
N50 X16. 9;
N60 X16. 6;
N70 X16. 4;
N80 X16. 35;
N90 X16. 35;
N100 G00 X100. Z100. ;
N110 M30;

3. 实训样题三

(1) 零件图　零件如图 7-19 所示，试编写其数控加工程序并进行加工。

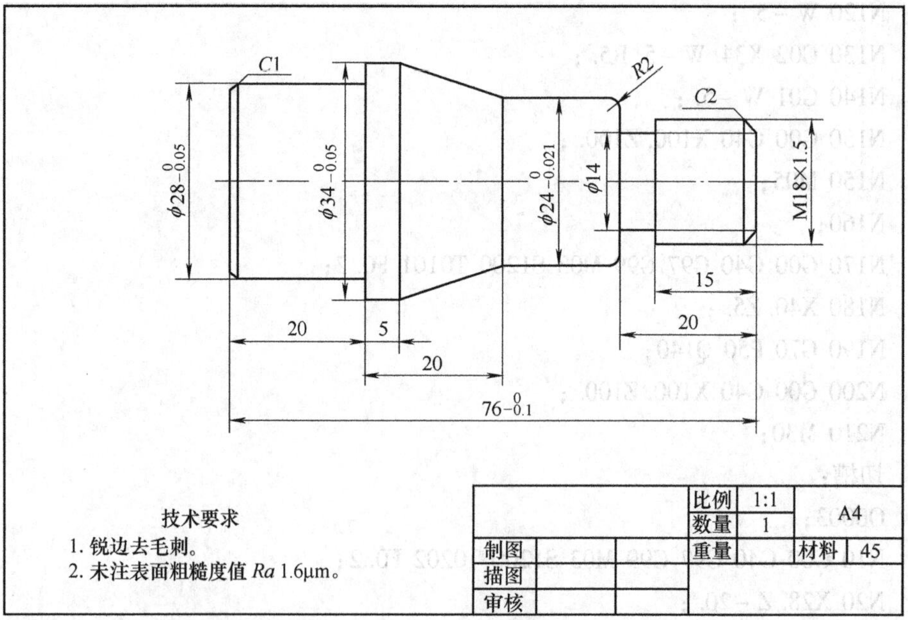

图 7-19　零件图

（2）加工工艺分析 此工件为多种外形组合件，有锥面、圆弧、螺纹及切槽等，考察学生的综合加工能力。此件需两次装夹加工，先加工 ϕ34 外圆及右边尺寸，再加工 ϕ28 外圆至尺寸。粗加工每次背吃刀量为 1.5mm，粗加工进给量为 0.2mm/r，精加工进给量为 0.1mm/r，精加工余量为 0.5mm。

（3）加工工艺。

1）夹持 ϕ28mm 外圆毛坯，车削右边的各外圆至尺寸要求。

2）换刀，切退刀槽至尺寸要求。

3）换刀，车削螺纹至尺寸要求。

4）调头，夹持 ϕ24mm 外圆，车削 ϕ28mm 外圆。

5）检验。

（4）参考程序。

工件坐标系原点：工件右端面回转中心。

刀具：T01 菱形外圆车刀；T02 5mm 宽切槽刀；T03 螺纹车刀。

程序：根据 FANUC 0i Mate TC 系统编制。

```
O0001;
N10 G00 G40 G97 G99 M03 S600 T0101 F0.2;
N20 X40. Z5. ;
N30 G71 U1.5 R0.5;
N40 G71 P50 Q130 U0.5 W0.03;
N50 G01 G42 X0. ;
N60 Z0. ;
N70 X16.05 C2. ;
N80 Z -20. ;
N90 X24. R2. ;
N100 W -16. ;
N110 X34. W -15. ;
N120 W -5. ;
N130 X40. ;
N140 G00 G40 X100. Z100. ;
N150 M05;
N160 N2;
N170 G00 G40 G97 G99 M03 S1200 T0101 F0.2;
N180 X40. Z5. ;
N190 G70 P50 Q130;
N200 G00 G40 X100. Z100. ;
```

```
N210 M30;
```

调头装夹：装夹 ϕ24mm 的外圆，车削 ϕ28mm 的外圆。

```
O0002;
N10 G00 G40 G97 G99 M03 S600 T0101 F0.2;
N20 X40. Z5.;
N30 G71 U1.5 R0.5;
N40 G71 P50 Q110 U0.5 W0.03;
N50 G01 G42 X0.;
N60 Z0.;
N70 X28. C1.;
N80 Z-20.;
N90 X36.;
N100 W-5.;
N110 G00 X100. Z100.;
N120 M05;
N130;
N140 G00 G40 G97 G99 M03 S1200 T0101 F0.2;
N150 X40. Z5.;
N160 G70 P50 Q110;
N170 G00 X100. Z100.;
N180 M30;
```

切槽：

```
O0003;
N10 G00 G40 G97 G99 M03 S1200 T0202 F0.2;
N20 X28. Z-20.;
N30 G01 X14.;
N40 X28.;
N50 G00 X100. Z100.;
M30;
```

车削螺纹：

```
O0004;
N10 G00 G40 G97 G99 M03 S1200 T0303 F0.2;
N20 X18. Z5.;
N30 G92 X17.5 Z-17.;
N40 X17.2;
```

N50 X16.9;

N60 X16.6;

N70 X16.4;

N80 X16.35;

N90 X16.35;

N100 G00 X100. Z100.;

N110 M30;

7.5.2 球面、圆弧面类零件加工实训样题

（1）零件图　零件如图7-20所示，试编写其数控加工程序并进行加工。

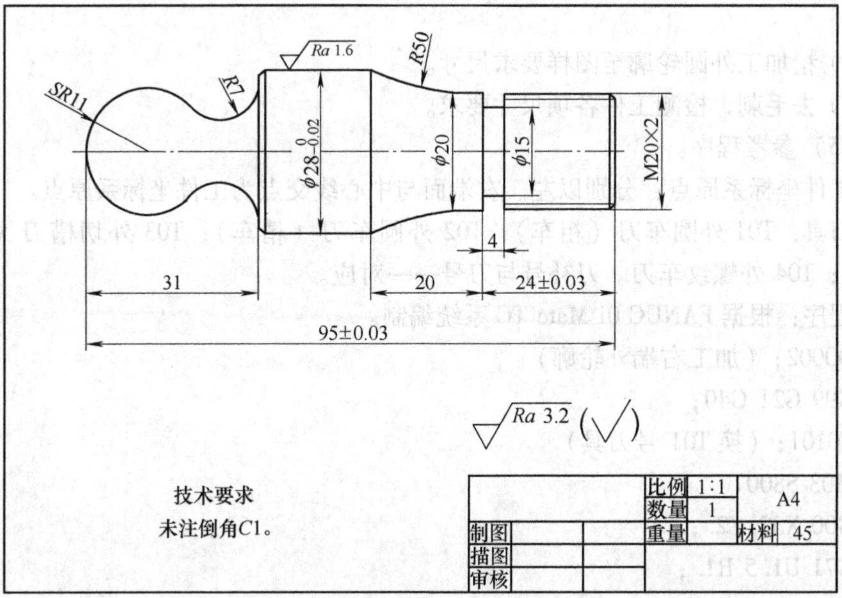

图7-20　零件图

（2）零件工艺分析　该工件为球面、圆弧面零件，其成品最大直径为ϕ28mm。毛坯为ϕ30mm×98mm的45钢棒料。装夹时注意控制毛坯外伸量，提高装夹刚性。

（3）加工工艺分析　本例选用FANUC 0i Mate TC系统CKA6140型数控车床进行加工。

工艺顺序：先左端装夹，从右端开始车外圆轮廓，切螺纹退刀槽，车螺纹，然后调头装夹，加工左端的球面和圆弧面。粗加工每次背吃刀量为1.5mm，粗加工

进给量为0.2mm/r，精加工进给量为0.1mm/r，精加工余量为0.5mm。

（4）加工工序。

1）车右端面。将毛坯用自定心卡盘找正，夹紧，平右端面，并用试切法对刀。

2）从右端至左端粗加工 ϕ20mm、*R*50mm、ϕ28mm 外圆轮廓，留 0.5mm 精加工余量。

3）精加工外圆轮廓至图样要求尺寸。

4）切螺纹退刀槽。

5）加工螺纹至图样要求。

6）调头装夹，保证总长（95±0.03）mm。

7）粗加工 *SR*11mm 球面及 *R*7mm 圆弧面等外轮廓，留 0.5mm 精加工余量。

8）精加工外圆轮廓至图样要求尺寸。

9）去毛刺，检测工件各项尺寸要求。

（5）参考程序。

工件坐标系原点：分别以左、右端面与中心线交点为工件坐标系原点。

刀具：T01 外圆车刀（粗车）；T02 外圆车刀（精车）；T03 外切槽刀（刀宽4mm）；T04 外螺纹车刀。刀补号与刀号一一对应。

程序：根据 FANUC 0i Mate TC 系统编制。

```
O0002;（加工右端外轮廓）
G99 G21 G40;
T0101;（换 T01 号刀具）
M03 S800;
G00 X32. Z2.;
G71 U1.5 R1.;
G71 P100 Q200 U0.5 W0.1 F0.2 M08;
N100 G00 X17.8 S1500 F0.1;
G01 Z0.;
X20 W-1.;（倒角）
Z-24.;
G02 X28. Z-44. R50.;
G01 Z-66.;
N200 X32.;
T0202;（换 T02 号精车刀，并调用 2 号刀补）
G70 P100 Q200;（用 G70 循环指令进行精加工）
```

```
G00 X100. Z100. ;
T0303 S600;
G00 X22. Z -24.
G01 X15. ;
G04 X2. 0;
G01 X24. ;
G00 X100. Z100. ;
T0404;
G00 X22. Z3. S700;
G92 X19. 1 Z -22. F2. ;
X18. 5;
X17. 9;
X17. 5;
X17. 4;
G00 X100. Z100. M09;
M30;
O0003;（加工左端外轮廓）
G99 G21 G40;
T0101;
M03 S800;
G00 X32. Z2. M08;
G73 U15. W0 R10. ;
G73 P100 Q200 U0. 5 W0 F0. 2;
N100 G00 X0 S1500 F0. 1;
G03 X15. 22 Z -18. 94 R11. ;
G02 X24. 9 Z -31. R7;
G01 X26. ;
N200 U4. W -2. ;
T0202;（换 T02 号精车刀，并调用 2 号刀补）
G70 P100 Q200;
G00 X100. Z100. M09;
M30;
```

7.5.3 内轮廓类零件加工实训样题

（1）零件图　零件如图 7-21 所示，试编写其数控加工程序并进行加工。

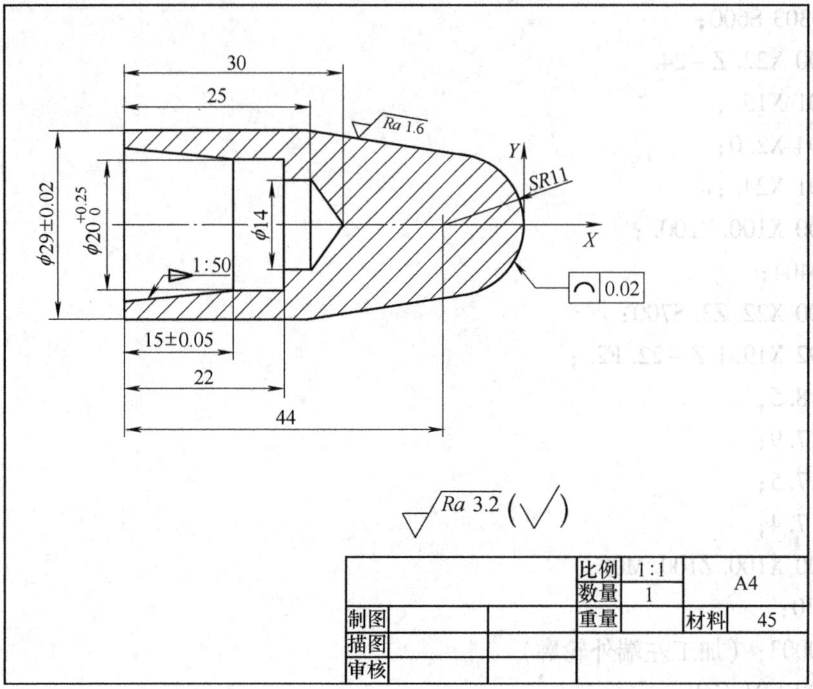

图 7-21　零件图

（2）零件工艺分析　该工件为既有圆弧面，又有内轮廓，其成品最大直径为 ϕ29mm。毛坯为 ϕ32mm×58mm 的 45 钢棒料。装夹时注意控制毛坯外伸量，提高装夹刚性。

（3）加工工艺分析　本例选用 FANUC 0i Mate TC 系统 CKA6140 型数控车床。

工艺顺序：先加工左端的内孔、内锥和外圆，然后调头装夹加工右端的圆弧和斜面。

（4）加工工序。

1）用自定心卡盘装夹，毛坯伸出卡爪面约 33mm，粗、精加工端面和外圆，达到图样要求的左端尺寸 ϕ（29 ±0. 02）mm。

2）钻 ϕ14mm 孔，深 30mm，达到图样要求。

3）粗、精镗内轮廓至图样要求尺寸。

4）调头装夹，保证总长度 55mm，毛坯伸出卡爪面约 38mm。粗加工右端圆弧及斜面，留 0. 3mm 余量。

5）精加工圆弧及斜面至图样要求尺寸。

6）去毛刺，检测工件各项尺寸要求。

（5）参考程序。

工件坐标系原点：分别以左、右端面与中心线交点为工件坐标系原点。

刀具：T01 外圆车刀；T02ϕ14mm 钻头；T03 内孔车刀。刀补号与刀号一一对应。

程序：根据 FANUC 0i Mate TC 系统编制。

1. 左端加工程序

```
O0004;
G99 G21 G40;
T0101;
M03 S800;
G42 G00 X35. Z2. M08;（换 1 号外圆车刀，调用 1 号刀补，加工外轮廓）
G71 U1. R1. ;
G71 P10 Q20 U0. 15 W0. 1 F0. 25;
N10 G00 X0 S1200;
G01 Z0 F0. 15;
X29;
N20 Z -28. ;（加工至延长线上）
N20 X32. ;
G70 P10 Q20;
G40 G00 X100. Z100. M05;
T0202;（换 2 号刀，φ14mm 钻头，调用 2 号刀补）
M03 S600;
G00 X0 Z5. ;
G01 Z -30. F0. 1;
G00 Z5. ;
G00 X100. Z150. M05;
T0303;（换 3 号内孔车刀，调用 3 号刀补）
M03 S800;
G41 G00 X12. Z5. ;
G71 U1. 5 R1. ;
G71 P60 Q80 U -0. 3 W0. 1 F0. 25;
N60 G01 X23. S1200 F0. 15;
Z0;
X20. W -15. ;
```

```
Z-22.;
N80 X13.;
G70 P60 Q80;
G40 G00 Z100.;
X100. M05;
M09;
M30;
```

2. 右端加工程序

```
O0005;
N10 G99 G21 G40;
N20 T0101;（换1号外圆车刀，调用1号刀补）
N30 M08;
N40 M03 S800;
N50 G42 G00 X34. Z2.;
N60 G71 U1.5 R1.;
N70 G71 P80 Q120 U0.15 W0.1 F0.25;
N80 G00 X0 S1200;
N90 G01 Z0 F0.15;
N100 G03 X21.15 W-8.9;
N110 G01 X30. Z-33.;（加工至斜面延长线上）
N120 X32.;
N130 G70 P80 Q120;
N140 G40 G00 X100. Z150. M09;
N150 M30;
```

练 习 题

1. 数控车床的加工对象是什么？

2. 试叙述数控车床的编程特点。

3. 简述复合循环G73指令在一般情况下，适合加工的零件类型及Δi、Δk、Δx、Δz、r参数的含义。

G73指令格式：G73 U(Δi)W(Δk)R(r)

G73 P(ns)Q(nf)X(Δx)Z(Δz)F(Δf)

4. 完成如图7-22所示零件的加工。

1）毛坯：$\phi 88\times125$，45钢。

2）按零件图制定加工工序。

3）完成加工编程。

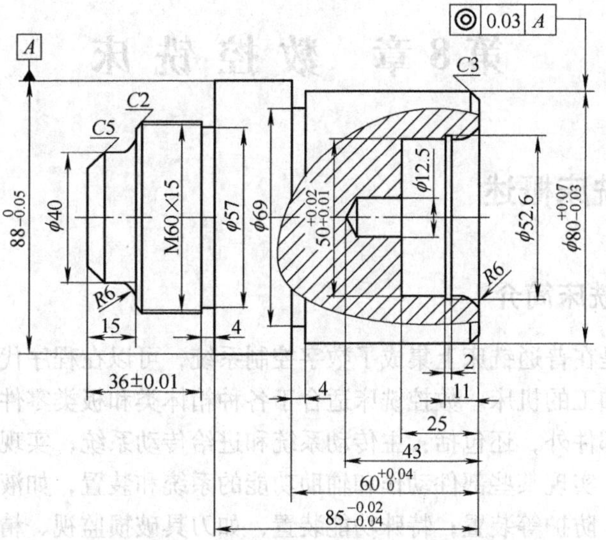
0.03 A
A
C3
C2
C5
88 0 −0.05
φ40
M60×15
φ57
φ69
50 +0.02 +0.01
φ12.5
φ52.6
φ80 +0.07 −0.03
R6
R6
15
4
36±0.01
4
2
11
25
43
60 +0.04 0
85 −0.02 −0.04

图 7-22 题 4 图

第 8 章　数 控 铣 床

8.1　数控铣床概述

8.1.1　数控铣床简介

数控铣床是在普通铣床上集成了数字控制系统，可以在程序代码的控制下较精确地进行铣削加工的机床。数控铣床适合于各种箱体类和板类零件的加工。它的机械结构除基础部件外，还包括：主传动系统和进给传动系统；实现工件回转、定位的装置和附件；实现某些部件动作和辅助功能的系统和装置，如液压、气动、冷却等系统和排屑、防护等装置；特殊功能装置，如刀具破损监视、精度检测和监控装置；为完成自动化控制功能的各种反馈信号装置及元件。铣削加工是机械加工中最常用的加工方法之一，它主要包括平面铣削和轮廓铣削，也可以对零件进行钻、扩、铰、锪及螺纹加工等。

按机床主轴的布置形式及机床的布局特点分类，数控铣床可分为立式数控铣床、卧式数控铣床和数控龙门铣床等。

1. 立式数控铣床

立式数控铣床一般可进行三坐标联动加工，目前这类铣床占大多数。如图 8-1 所示，立式数控铣床主轴与机床工作台面垂直，工件装夹方便，加工时便于观察，但不便于排屑。立式数控铣床一般采用固定式立柱结构，工作台不升降，主轴箱带动主轴作上下运动，并通过立柱内的平衡铁块平衡主轴箱的质量。为保证机床的刚性，主轴中心线距立柱导轨面的距离不能太大，因此，这种结构主要用于中、小尺寸的数控铣床。

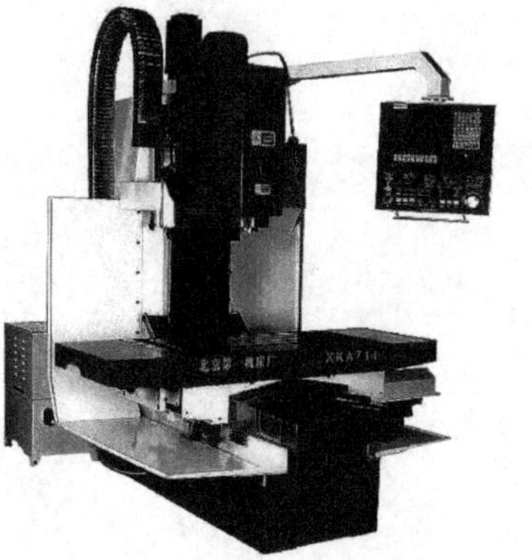

图 8-1　立式数控铣床

此外，有的立式数控铣床主轴还可以绕 X、Y 坐标轴中的一个或两个作数控回转运动，称为四坐标和五坐标立式数控铣床。通常，机床控制的坐标轴越多，尤其是要求联动的坐标轴越多，机床的功能、加工范围及可选择的加工对象也越多。但对数控系统的要求更高，编程难度更大，设备的价格也更高。

立式数控铣床也可以采用双工作台，这样可以自动交换工作台，进一步提高生产率。

2. 卧式数控铣床

卧式数控铣床与通用卧式铣床相同，其主轴中心线平行于水平面。如图 8-2 所示，卧式数控铣床的主轴与机床工作台的平面平行，加工时不便于观察，但排屑顺畅。为了扩大加工范围和扩充功能，卧式数控铣床一般配有数控回转工作台或万能数控转盘，以实现四坐标、五坐标加工，这样不但工件侧面上的连续轮廓可以加工出来，而且可以实现在一次安装过程中，通过转盘改变工位，进行“多面加工”。尤其是万能数控转盘可以把工件上各种不同的平面角度或空间角度的加工面摆成水平来加工，这样可以省去很多专用夹具或专用角度的成形铣刀。虽然卧式数控铣床在增加了万能数控转盘后很容易做到对工件进行“多面加工”，使其加工范围更加广泛，但从制造成本上考虑，单纯的卧式数控铣床现在已经比较少，大多是在配备自动换刀装置及刀库后的卧式加工中心。

图 8-2 卧式数控铣床

3. 数控龙门铣床

对于大尺寸的数控铣床，一般采用对称的双立柱结构，以保证机床的整体刚性和强度，这就是数控龙门铣床。如图 8-3 所示，数控龙门铣床有工作台移动和龙门架移动两种形式，主要用于大、中等尺寸，大、中等质量的各种大基础件的加工，适用于航空、重机、机车、造船、机床、印刷和模具等制造行业。

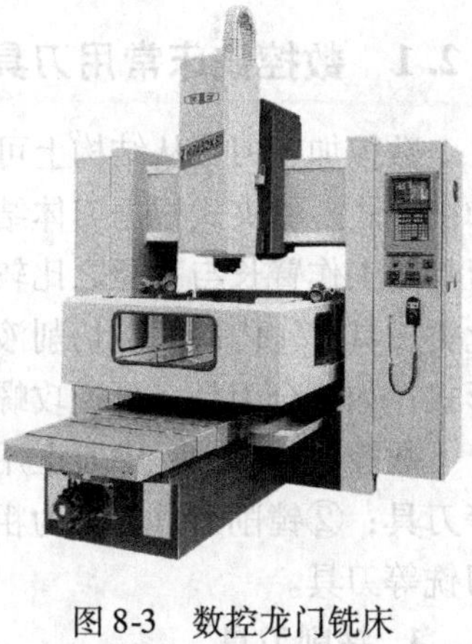

图 8-3 数控龙门铣床

8.1.2 数控铣床安全生产和注意事项

为了保证机床的安全生产和操作人员的安全，特制定了以下几点规则：

1）进入实训室应穿好工作服，戴好防护眼镜，应将长头发卷入工作帽中，不准戴手套及穿凉鞋工作。

2）每次开机后，必须首先进行回机床零点的操作。

3）操作机床面板时，只允许单人操作，其他人不得触摸按键。操作数控系统时，对按键及开关的操作不得太用力，以防损坏。

4）在手动方式下操作机床，要防止主轴和刀具与机床或夹具相撞

5）运行程序前要先对刀，确定工件坐标系原点。

6）首次运行新程序，必须先检查一遍该程序，改正程序中出现的错误，然后采用图形模拟或空运行检验程序。空运行时必须将刀具沿 Z 向提高一个安全高度。

7）机床运行时不要碰任何运动部件，发生故障时按紧急停止开关或按复位键来迅速停止机床运行。

8）在自动加工过程中，禁止打开机床防护门，操作人员不能随便离开工位。

9）不得擅自修改机床上的各种参数。

10）拆卸刀具时，要先观察压力表，待气压达到 0.5MPa 后，再执行松刀指令。若刀柄暂时未达到松刀状态，手持刀柄等待数秒。

11）工、夹、量具使用后，必须放在指定的位置，以免发生意外。

12）下课前要清除铁屑，擦干净机床。先按下急停开关，再关闭系统电源，最后关闭机床总电源。

13）禁止未经培训人员操作机床；未经管理人员许可，禁止操作机床。

8.2 数控铣刀及安装

8.2.1 数控铣床常用刀具介绍

数控加工刀具从结构上可分为：①整体式。②镶嵌式，镶嵌式又可分为焊接式和机夹式。机夹式根据刀体结构不同，又分为可转位和不转位两种。③减振式，当刀具的工作臂长与直径之比较大时，为了减少刀具的振动，提高加工精度，多采用此类刀具。④内冷式，切削液通过刀体内部由喷孔喷射到刀具的切削刃部。⑤特殊形式，如复合刀具、可逆攻螺纹刀具等。

数控铣床和加工中心上用到的刀具有：①钻削刀具，包括钻孔、攻螺纹、铰孔等刀具；②镗削刀具，分为粗镗、精镗等刀具；③铣削刀具，分面铣、立铣、三面刃铣等刀具。

1. 钻削刀具

在数控铣床上钻孔都是无钻模导套直接钻孔的，一般钻孔深度约为直径的5倍，加工细长孔时刀具容易折断，因此要注意冷却和排屑，一般采用啄钻的方法解决。图 8-4 所示是整体式硬质合金钻头，如果钻削深孔，切削液可以从钻头中心引入。为了提高钻头的寿命，钻头上涂有一层碳化钛，它的寿命为一般钻头的 2 ~ 3 倍。在钻孔前一般先用中心钻钻一个中心孔，或用一个刚性较好的短钻头划窝，解决在铸件毛坯表面的引正等问题。划窝一般采用 $\phi8 \sim \phi15$mm 的钻头，如图 8-5 所示。

当工件毛坯表面非常硬，钻头无法划窝时，可先用硬质合金立铣刀在欲钻孔部位先铣一个小平面，然后再用中心钻钻一个引孔，解决硬表面钻孔的引正问题。

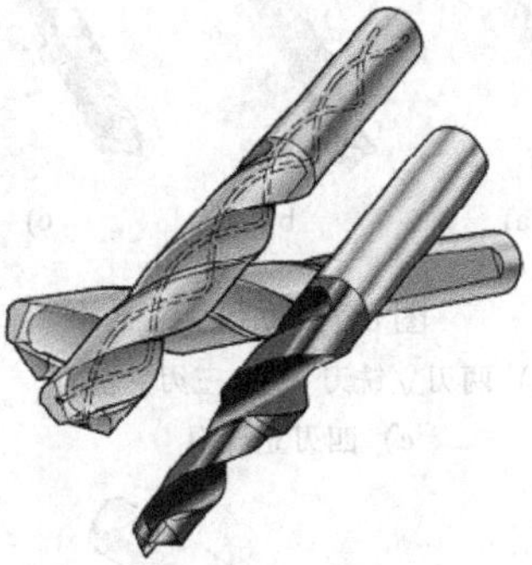

图 8-4 整体式硬质合金钻头

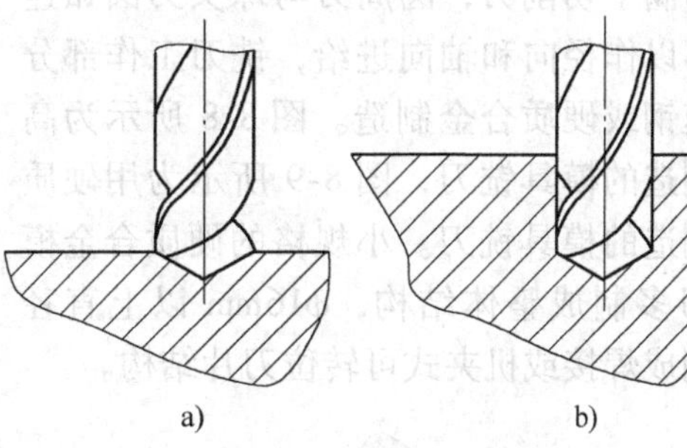

图 8-5 划窝钻孔加工

a）划窝 b）钻孔

2. 铣削刀具

铣削加工用刀具种类很多，在数控铣床和加工中心上常用的铣刀有：

（1）面铣刀 面铣刀主要用于立式铣床上加工平面、台阶面等。如图 8-6 所示，面铣刀的圆周表面和端面上都有切削刃，多制成套式镶齿结构，刀齿材料为高速钢或硬质合金，刀体材料一般为 40Cr。

硬质合金面铣刀与高速钢面铣刀相比，铣削速度较高，加工效率高，加工表面质量也较好，并可加工带有硬皮和淬硬层的工件，故得到广泛应用。目前广泛应用的可转位式硬质合金面铣刀结构如图 8-6 所示，它将可转位刀片通过夹紧元件夹固在刀体上，当刀片的一个切削刃用钝后，可直接在机床上将刀片转位或更换新刀片。可转位式铣刀要求刀片定位精度高、夹紧可靠、排屑容易、更换刀片迅速等，同时各定位、夹紧元件通用性要好，制造要方便，并且应经久耐用。

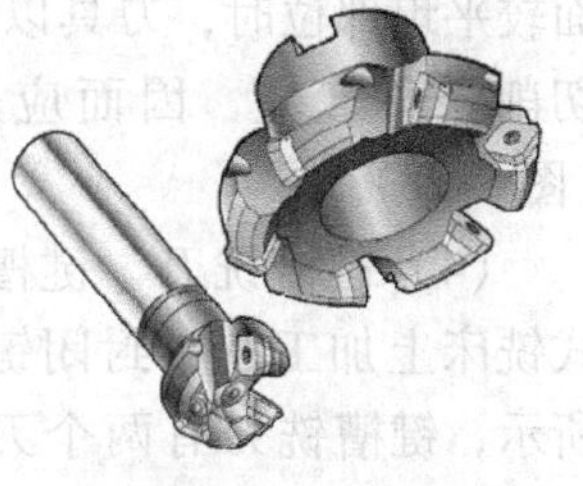

图 8-6 可转位式硬质合金面铣刀

（2）立铣刀 立铣刀是数控铣床上用得最多的一种铣刀，主要用于立式铣床上加工凹槽、台阶面等，其结构如图 8-7 所示。

立铣刀的圆柱表面和端面上都有切削刃，它们可同时进行切削，也可单独进行切削。立铣刀端面刃主要用来加工与侧面相垂直的底平面。图中的直柄立铣刀分别为两刃、三刃和四刃的铣刀。当然立铣刀还有六刃、八刃等多刃，多刃立铣刀一般用来精加工侧面和底面。立铣刀和镶硬质合金刀片的立铣刀主要用于加工凸轮、凹槽和箱体面等。

（3）模具铣刀 模具铣刀由立铣刀发展而成，主要用于立式铣床上加工模具型腔、三维成形表面等。它可分为圆锥形立铣刀、圆柱形球头立铣刀和圆锥形球头立铣刀3种，其柄部有直柄、削平型直柄和莫氏锥柄。模具铣刀的结构特点是球头或端面上布满了切削刃，圆周刃与球头刃圆弧连接，可以作径向和轴向进给，铣刀工作部分用高速钢或硬质合金制造。图8-8所示为高速钢制造的模具铣刀，图8-9所示为用硬质合金制造的模具铣刀。小规格的硬质合金模具铣刀多制成整体结构，ϕ16mm以上直径的，制成焊接或机夹式可转位刀片结构。

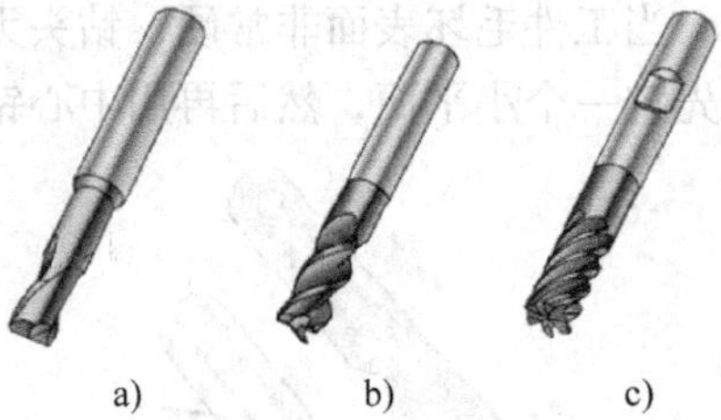

图8-7 立铣刀
a）两刃立铣刀 b）三刃立铣刀 c）四刃立铣刀

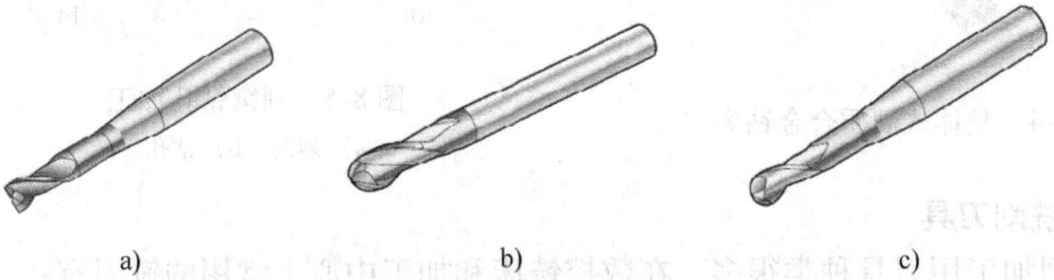

图8-8 高速钢模具铣刀
a）圆锥形立铣刀 b）圆柱形球头立铣刀 c）圆锥形球头立铣刀

曲面加工常采用球头铣刀，但加工曲面较平坦部位时，刀具以球头顶端刃切削，切削条件较差，因而应采用圆弧面铣刀（图8-9b）。

（4）键槽铣刀　键槽铣刀主要用于立式铣床上加工圆头封闭键槽等。如图8-10所示，键槽铣刀有两个刀齿，圆柱面和端面都有切削刃。键槽铣刀可以不经预钻工艺孔而轴向进给达到槽深，然后沿键槽方向铣出键槽全长。

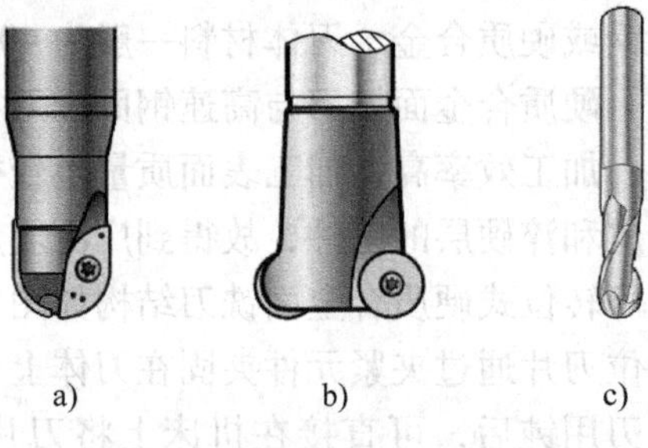

图8-9 硬质合金模具铣刀
a）可转位球头立铣刀 b）可转位圆刀片铣刀 c）整体球头立铣刀

（5）镗孔刀具　在数控铣床上进行镗削加工通常采用悬臂式加工，因此要求镗刀有足够的刚性和较好的精度。在镗孔过程中一般都采用移动工作台或立柱完成Z向进给（卧式），保证悬伸不变，从而获得进给的刚性。加工中心常用的精镗孔刀具为图8-11所示的精镗微镗刀。

大直径的镗孔加工可选用图8-12所示的可调双刃镗刀，镗刀两端的双刃同时参与切削，每转进给量高，效率高，同时可消除切削力对镗刀杆的影响。

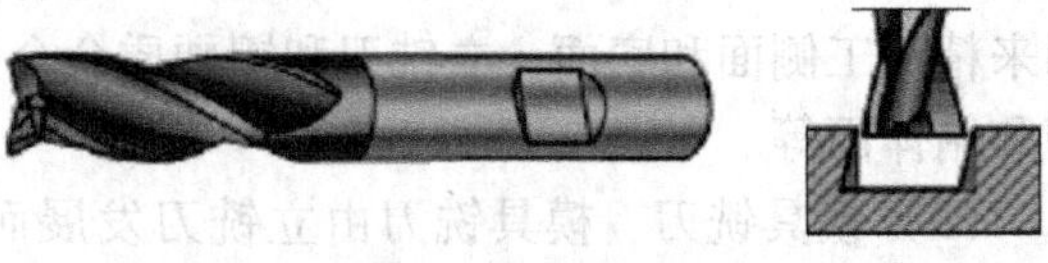
图8-10 键槽铣刀

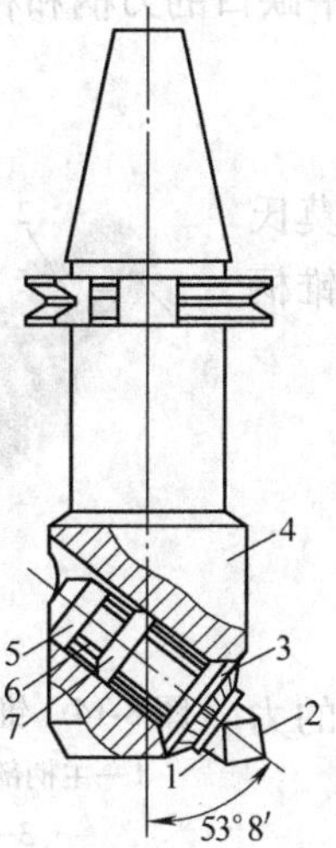

图 8-11　精镗微调镗刀

1—刀体　2—刀片　3—微调螺母　4—刀杆　5—螺母　6—拉紧螺钉　7—导向键

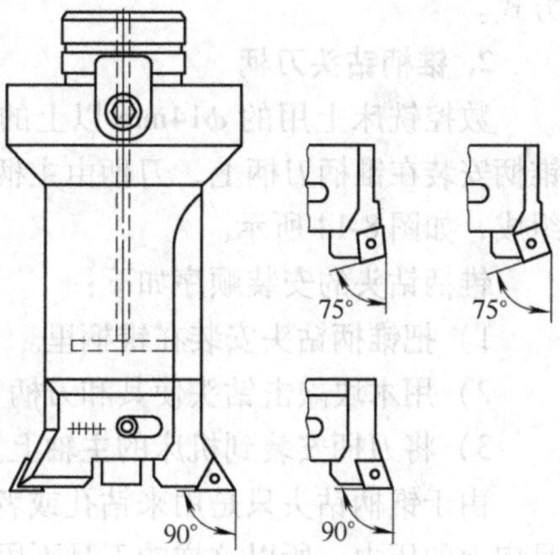

图 8-12　可调双刃镗刀

8.2.2　数控铣刀的安装及使用

1. 弹簧夹头刀柄

数控铣床上用的立铣刀和钻头大多采用弹簧夹套装夹方式安装在刀柄上。刀柄由主柄部、弹簧夹套、夹紧螺母组成，如图 8-13 所示。

铣刀安装顺序如下：

1）把弹簧夹套装在夹紧螺母里。

2）将刀具放进弹簧夹套里。

3）将刀具整体放到与主刀柄配合的位置上并用扳手将夹紧螺母拧紧，使刀具夹紧。

4）将刀柄安装到机床的主轴上。

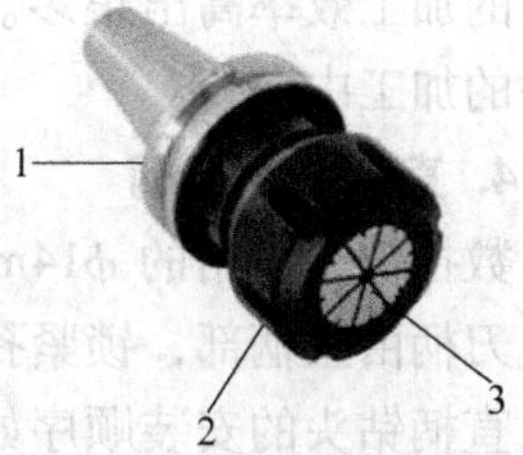

图 8-13　弹簧夹头刀柄的结构

1—主柄部　2—夹紧螺母　3—弹簧夹套

由于铣刀使用时处于悬臂状态，在铣削加工过程中，有时可能出现立铣刀从刀夹中逐渐伸出，甚至完全掉落，致使工件报废的现象，其原因一般是刀夹内孔与立铣刀刀柄外径之间存在油膜，造成夹紧力不足。立铣刀出厂时通常都涂有防锈油，如果切削时使用非水溶性切削油，弹簧夹套内孔也会附着一层雾状油膜，当刀柄和弹簧夹套上都存在油膜时，弹簧夹套很难牢固夹紧刀柄，在加工中立铣刀就容易松动掉落。所以在立铣刀装夹前，应先将立铣刀柄部和弹簧夹套内孔用清洗液清洗干净，擦干后再进行装夹。当立铣刀的直径较大时，即使刀柄和刀夹都很清洁，还是可能发生掉刀事故，这时应选用带削平缺口的刀柄和相应的侧面锁紧方式。

2. 锥柄钻头刀柄

数控铣床上用的ϕ14mm以上的钻头大多采用莫氏锥柄安装在锥柄刀柄上，刀柄由主柄部、退刀槽、锥柄组成，如图8-14所示。

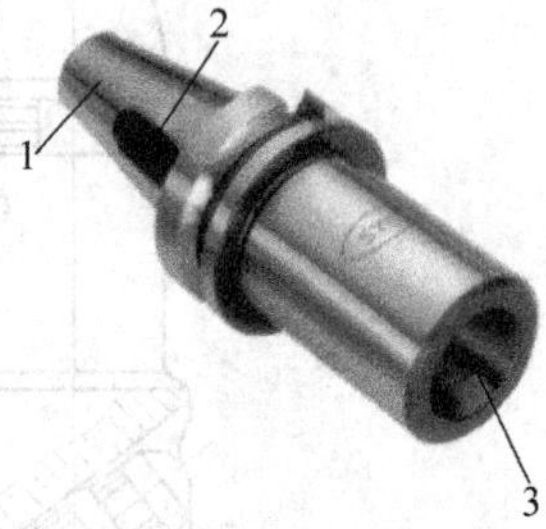

图8-14　锥柄刀柄的结构
1—主柄部　2—退刀槽
3—锥柄

锥柄钻头的安装顺序如下：

1）把锥柄钻头安装在锥柄里。

2）用木块敲击钻头使其和刀柄紧密接触。

3）将刀柄安装到机床的主轴上。

由于锥柄钻头只是用来钻孔或者扩孔的，所受的力是向上的压力，所以这样的刀具不用径向夹紧。

3. 盘铣刀刀柄

数控铣床上用的ϕ40mm以上的铣刀大多采用盘铣刀，安装在盘铣刀刀柄上，刀柄由主柄部、固定块、锁紧螺栓组成，如图8-15所示。

图8-15　盘铣刀刀柄的结构
1—主柄部　2—固定块
3—锁紧螺栓

盘铣刀的安装顺序如下：

1）把锁紧螺栓拧出。

2）把盘铣刀安装在刀柄上，注意固定块要对槽。

3）拧紧锁紧螺栓。

4）将刀柄安装到机床的主轴上。

盘铣刀由于直径比较大，所以其加工效率比较一般铣刀的加工效率高出很多。盘铣刀经常用在大型模具及工件的加工中。

4. 直柄钻头刀柄

数控铣床上用的ϕ14mm以下的钻头大多采用直柄钻头安装在直柄钻头刀柄上，刀柄由主柄部，锁紧孔、夹头组成，如图8-16所示。

直柄钻头的安装顺序如下：

1）用扳手扳住锁紧孔把夹头拧开。

2）把钻头装入夹头中。

3）用扳手拧紧夹头。

4）将刀柄安装到机床的主轴上。

5. 镗刀刀柄

数控铣床上加工精度比较高、内孔表面质量比较好的孔一般使用镗刀加工，镗刀刀柄由主柄部、调节孔、镗刀刃组成，如图8-17所示。

镗刀的安装顺序如下：

1）拧调节孔调整螺母把镗刀调节到合适的加工范围。

2）将刀柄安装到机床的主轴上。

图8-16 直柄钻头刀柄的结构
1—主锥柄 2—锁紧孔
3—夹头

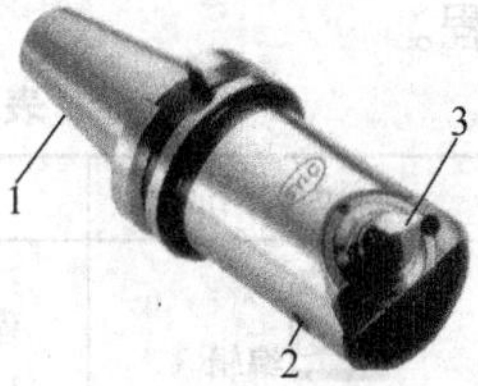

图8-17 镗刀刀柄的结构
1—主锥柄 2—调节孔
3—镗刀刃

8.3 数控铣床基本操作

8.3.1 数控铣床开、关机操作

1. 数控铣床开机操作顺序

1）打开压缩空气开关。

2）将电气箱侧面的电源开关旋至“ON”，打开机床主电源。完成该动作后，可以听到电气箱中散热器转动的声音。

3）按下数控系统面板上的电源开关（POWER ON），启动数控系统和CRT屏幕。该操作需要等待十几秒，以完成数控系统的装载。

4）将紧急开关（EMERGENCY STOP）打开。

5）按下数控系统就绪键，使数控系统就位，CRT屏幕显示“READY”。

6）将模式选择旋钮旋至原点回归模式，再按下程序启动按钮，执行自动回原点操作。

2. 数控铣床关机操作操作顺序

1）将工作台移动到安全的位置。

2）将主轴停止转动。

3）按下紧急开关，停止油压系统及所有驱动元件。

4）按下数控系统面板上的“电源关”按键，关闭数控系统和CRT屏幕。

5）将电气箱侧面的电源开关旋至“OFF”，关闭机床主电源。

6）关闭压缩空气开关。

8.3.2 数控铣床操作面板

本节内容以FANUC 0i Mate MC系统为例进行讲述。

数控铣床的操作面板由机床控制面板和数控系统操作面板两部分组成。通过机床控制面板上的各种功能键（见表8-1）可执行简单的操作，直接控制机床的动作及加工过程。

表8-1　控制面板按键及其功能

按键	内容	功　能
方式选择	编辑	程序的编辑、修改、插入及删除，各种搜索功能
	自动	执行程序的自动加工
	MDI	手动数据输入
	JOG	手动连续进给。在JOG方式，按机床操作面板上的进给轴和方向选择开关，机床沿选定轴的选定方向移动。手动连续进给速度可用手动连续进给速度倍率刻度盘调节
	手摇	手轮方式选择 1. 在此方式下机床可用旋转机床操作面板上手摇脉冲发器而连续不断地移动。用开关选择移动轴 2. 按手轮进给倍率开关，选择机床移动的倍率。手摇脉冲发生器转过一个刻度机床移动的最小距离等于最小输入增量单位
主轴	正转	主轴正转，顺时针方向转动
	反转	主轴反转，逆时针方向转动
	停止	主轴停止转动
循环	（白色）	循环启动 按循环启动按钮启动自动运行
	（红色）	进给暂停 按进给暂停按钮，使自动运行暂停

机床操作面板由显示屏和MDI键盘两部分组成，其中显示屏主要用来显示相关坐标位置、程序、图形、参数、诊断、报警等信息；而MDI键盘如图8-18所示，包括字母键、数值键以及功能按键等，可以进行程序、参数、机床指令的输入及系统功能的选择，其功能见表8-2。

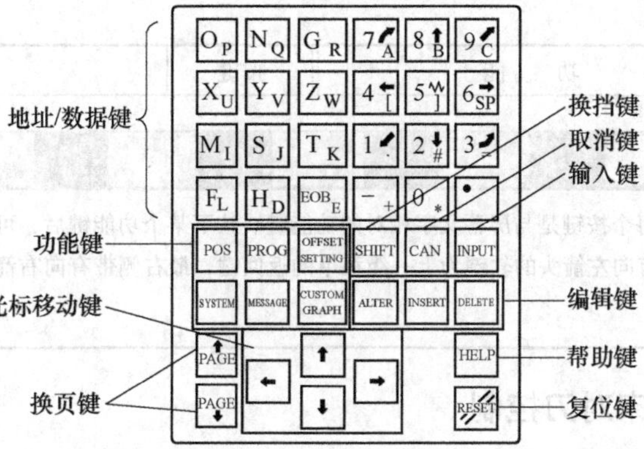

图 8-18　MDI 键盘

表 8-2　机床操作面板按键及其功能描述

按键	功　能	按键	功　能
O_P 等	字母地址和数字键。由此些字母和数字键组成数控加工单	EOB E	符号键，是程序段的结束符号
SHIFT	换档键，当按下此键后，可以在某些键的两个功能之间进行切换	CAN	取消键，用于删除最后一个输入缓存区的字符或符号
INPUT	输入键，用于输入工件偏置值、刀具补偿值或数据参数（但不能用于程序的输入）	ALTER	替换键，替换输入的字符或符号（程序编辑）
INSERT	插入键，用于在程序行中插入字符或符号（程序编辑）	DELETE	删除键，删除已输入的字符、符号或 CNC 中的程序（程序编辑）
HELP	帮助键，了解 MDI 键的操作，显示 CNC 的操作方法及 CNC 中发生报警信息	RESET	复位键，用于使 CNC 复位或取消报警，终止程序运行等功能
↑PAGE PAGE↓	换页键，用于将屏幕显示的页面向前或向后翻页	← ↑ → ↓	光标移动键
POS	显示机械坐标、绝对坐标、相对坐标位置，以及剩余移动量	PROG	显示程序内容。在编辑状态下可进行程序编辑、修改、查找等
OFFSET SETTING	显示偏置值/设置屏幕。可进行刀具长度、半径、磨耗等的设置，以及工件坐标系设置	SYSTEM	显示系统参数。在 MDI 模式下可进行系统参数的设置、修改、查找等
MESSAGE	显示报警信息	CUSTOM GRADH	显示用户宏程序和刀具中心轨迹图形

（续）

按键	功　能	按键	功　能

CRT 软键：该长条每个按键是与屏幕文字相对的功能键。按下某个功能键后，可进一步进入该功能的下一级菜单。最左侧带有向左箭头的软键为上一级菜单的返回键，最右侧带有向右箭头的软键为下一级菜单的继续键			

8.3.3 数控铣床对刀控制

1. 刀具补偿值的设定

操作步骤：

1）将操作方式选择旋钮置于 MDI 位置。

2）按功能键，刀具补偿界面会显示在屏幕上，如果屏幕上没有显示该界面，可以按［补正］软键打开，如图 8-19 所示。

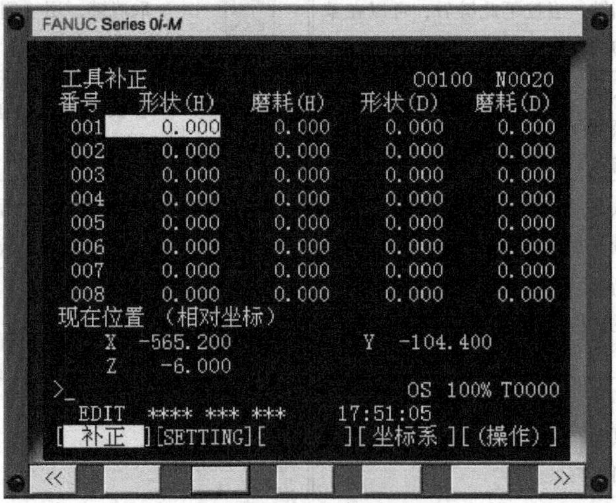

图 8-19　刀具补偿输入前界面

3）按或键移动光标到要输入或修改的偏置号，如要设定 009 号刀的形状（H），可以使用光标键将光标移到需要设定刀补的地方，如图 8-20 所示。

4）键入偏置值，按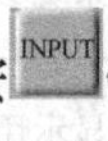键，即输入到指定的偏置号内，如输入数值“－1.0”，如图 8-20 所示。

5）在输入数字的同时，软键盘中出现［输入］软键，如果要修改输入的值，

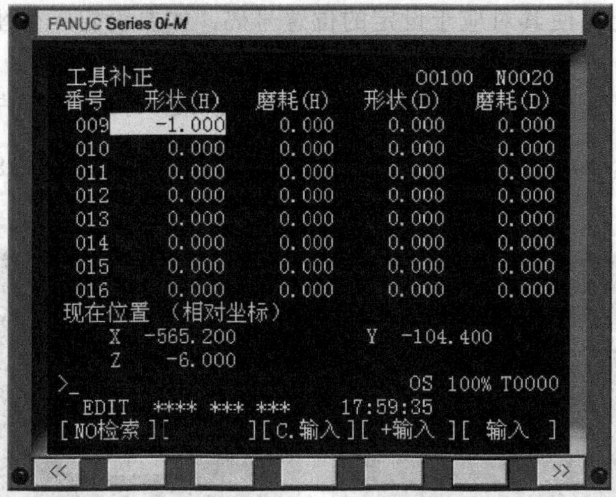

图 8-20　刀具补偿输入后界面

可以直接输入新值，然后按输入键或按［输入］软键。也可以利用［+输入］软键，在原来补偿值的基础上，添加一个输入值作为当前的补偿值。

2. 对刀

一般来讲，在机床加工过程中，通常使用的有两个坐标系：一个是机床坐标系；另外一个是工件坐标系。对刀的目的是为了确定工件坐标系与机床坐标系之间的空间位置关系，即确定对刀点相对工件坐标原点的空间位置关系，将对刀数据输入到相应的工件坐标系设定存储单元。对刀操作分为 X、Y 向和 Z 向对刀。

根据现有条件和加工精度要求选择对刀方法。目前常用的对刀方法主要有两种：简易对刀法（如试切对刀法、寻边器对刀、Z 向设定器对刀等）和对刀仪自动对刀法。

对刀的具体步骤如下：

1）装夹工件毛坯，并使工件定位基准面所形成的坐标系与机床坐标系对应坐标轴方向一致。

2）用简易对刀法进行对刀。注意对刀时要起动主轴。

3. 设定工件坐标系

对刀后将对刀数据输入到相应的存储单元即为工件坐标系的设定。本系统设置 G54～G59 六个可供操作者选择的工件坐标系，具体可根据需要选用其中的一个来确定工件坐标系。工件坐标系设定操作步骤如下：

①　操作方式选择旋钮可在任何位置。

②　按功能键（可连续按此键在不同的窗口切换），也可以按软键盘中的坐标系软键，切换后得到的界面如图 8-21 所示。

③ 移动光标使其对应于设定的位置号码，如要设定工件坐标系为“G54 X20.0 Y50.0 Z30.0;”，首先将光标移到 G54 的位置上。

④ 按工件加工起刀点位置对刀后，分别输入起刀点相对工件坐标系原点的 *X*、*Y*、*Z* 值，然后按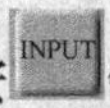

键，起刀点坐标值即显示在屏幕上，如图 8-22 所示。

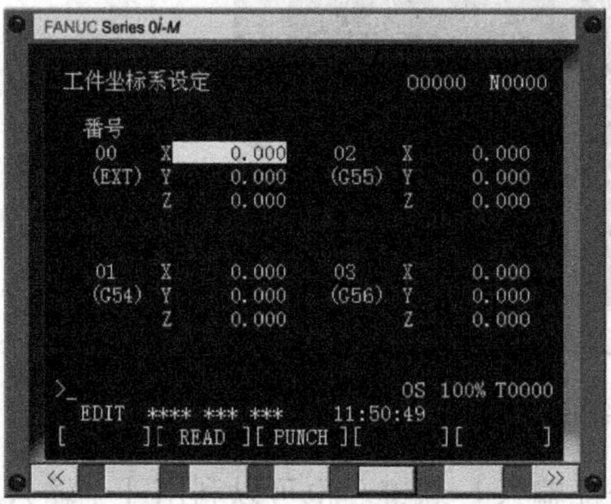

图 8-21　工件坐标系设定界面

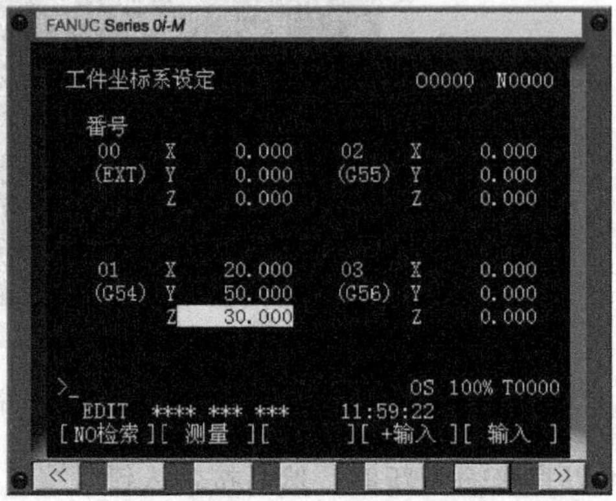

图 8-22　工件坐标系设定

8.3.4　加工程序的输入和编辑

加工程序的输入和编辑方法见表 8-3。

表 8-3　加工程序的输入和编辑方法

类别	项目	程序保护	按键选择	功能键	操作说明
将程序输入内存	单一程序输入，程序号不变				按 INPUT 键
	单一程序输入，程序号变		EDIT 或 AUTO		键入程序号→INPUT
	多个程序输入				按 INPUT 键或键入程序号→INPUT
MDI 键盘输入程序		右旋	EDIT	PRGRM	输入程序号→INSRT→键入字→INSRT→段结束键入 EOB→INSRT
检索	程序号检索				键入程序号→按光标键↓选择或键入地址 O→按光标键↓
	程序段检索		EDIT 或 AUTO		程序号检索→键入段号→按光标键↓或键入 N→按光标键↓
	指令字或地址检索				程序号检索→程序段检索→键入指令或地址→按光标键↓

（续）

类别	项目	程序保护	按键选择	功能键	操作说明
编辑	扫描程序	右旋	EDIT	PRGRM	程序号检索→程序段检索→按光标键↓或翻页键↓扫描程序
	插入一个程序				检索插入位置前一个字→键入指令字→INSRT
	修改一个字				检索要修改的字→键入指令字→ALTER
	删除一个字				检索要删除的字→DELET
	删除一个程序段				检索要删除的程序段号→DELET
	删除一个程序				检索要删除的程序号→DELET
	删除全部程序				键入 0 ~ 9999→DELET

8.3.5 数控铣床对刀操作

数控铣床的对刀操作有机内对刀和机外对刀两种方法。所谓机内对刀是直接通过刀具确定工件坐标系，机外对刀则需要使用对刀仪器，测量刀具的回转半径和刀尖相对于基准面的高度。

1. 工件坐标系零点的设置（图 8-23）

（1）对刀操作　设置数控铣床手动主功能状态，具体操作如下：

1）刀具位于工件左侧，轻微接触工件左侧，记录 X 坐标值。

2）刀具位于工件前侧，轻微接触工件前侧，记录 Y 坐标值。

3）刀具位于工件上面，轻微接触工件上表面，记录 Z 坐标值

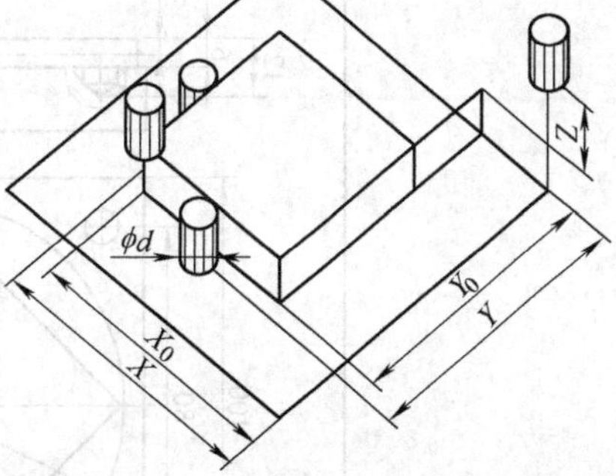

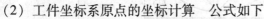

图 8-23　设置工件坐标系零点

（2）工件坐标系原点的坐标计算　公式如下

$$X_0 = -(|X| - d/2)$$
$$Y_0 = -(|Y| - d/2)$$
$$Z_0 = Z$$

（3）设定工件坐标系　移动刀具至 X_0、Y_0、Z_0 坐标位置，此时刀位点与工件坐标系零点重合，设定数控铣床置零功能状态，设 X_0、Y_0、Z_0 坐标值为零，在数控系统内部建立了以刀位点为原点的工件坐标系。

2. 对刀仪对刀法

如图 8-24 所示，测定每把刀的刀尖至主轴中心线的半径值和刀尖至基准面的刀

尖高度，并推算各把刀刀尖高度与标准刀具刀尖高度的差值，把这些刀具参数输入数控系统后，通过刀具的补偿指令，数控铣床自动实现刀具半径补偿和刀具长度补偿。

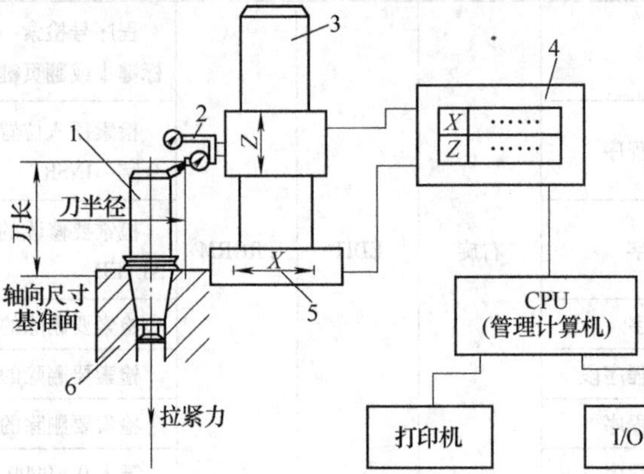

图 8-24 对刀仪对刀法

1—被测刀具 2—测头 3—立柱 4—坐标显示 5—滑板 6—刀杆定位套

练 习 题

1. 试写出图 8-25 与图 8-26 所示零件的编程用刀及加工工艺安排。

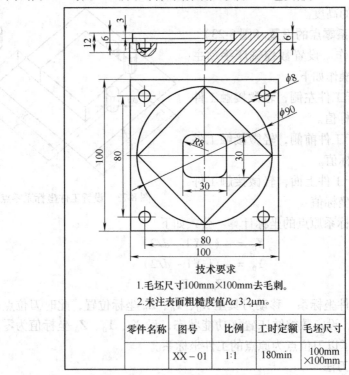

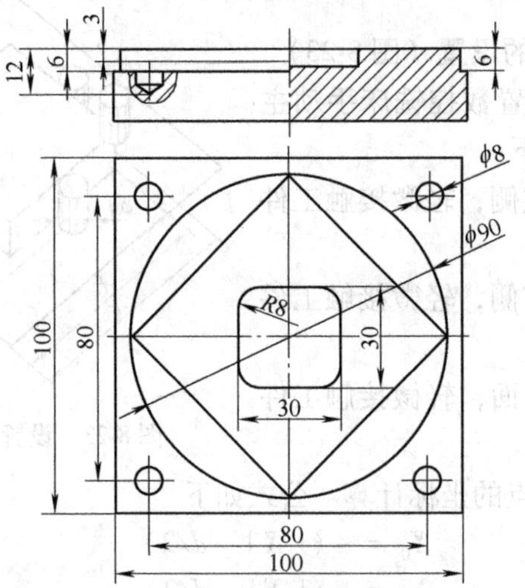

技术要求

1.毛坯尺寸100mm×100mm去毛刺。

2.未注表面粗糙度值*Ra* 3.2μm。

零件名称	图号	比例	工时定额	毛坯尺寸
	XX－01	1:1	180min	100mm ×100mm

图 8-25 零件图

工艺分析：

（1）机床　FANUC 0i Mate MC 系统 XK714A 型数控铣床。

（2）夹具　精密机用平口钳。

（3）毛坯　100mm × 100mm × 50mm 的铝材。

（4）工艺顺序　用机用平口钳装夹工件。先铣上表面，然后铣凸台和凹槽。

（5）加工工序

1）用 ϕ60mm 的盘铣刀铣上表面，达到 Ra3.2μm。

2）用 ϕ10mm 高速钢面铣刀粗铣 ϕ90mm 的圆台→粗铣 63.64mm × 63.64mm 的四方台面→粗铣 30mm × 30mm 的倒圆角方槽，留 0.2mm 单边余量。

3）用 ϕ10mm 高速钢面铣刀精铣 30mm × 30mm 的倒圆角方槽→精铣 63.64mm × 63.64mm 的

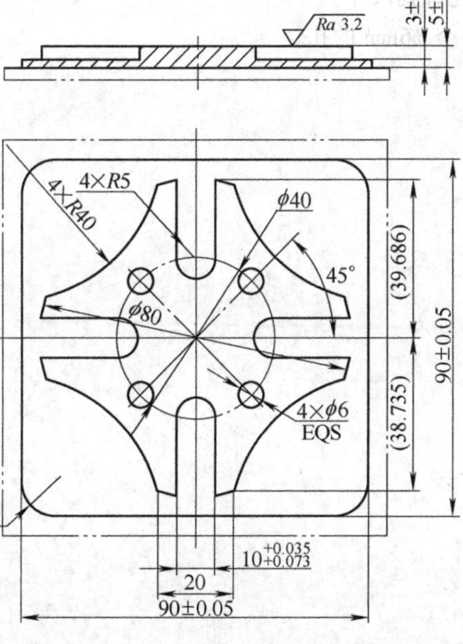

技术要求

锐边去毛刺。

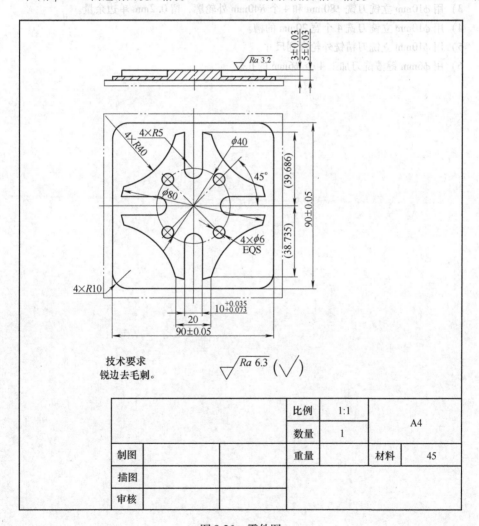

			比例	1:1	A4	
			数量	1		
制图			重量		材料	45
描图						
审核						

图 8-26　零件图

四方台面→精铣 ϕ90mm 的圆台。

工艺分析：

（1）机床　FANUC 0i Mate MC 系统 XK714A 型数控铣床。

（2）夹具　精密机用平口钳。

（3）毛坯　95mm×95mm×25mm 的 45 钢。

（4）顺序　用机用平口钳装夹工件，伸出钳口 8mm 左右。先铣上表面，接着铣削 90mm×90mm 外轮廓，然后铣 4 个 ϕ80mm 和 R40mm 外轮廓，最后铣 4 个宽 20mm 的槽。

（5）加工工序。

1）用 ϕ60mm 的盘铣刀铣上表面，达到 Ra3.2μm。

2）用 ϕ10mm 立铣刀粗铣 90mm×90mm 外轮廓，留 0.2mm 单边余量。

3）用 ϕ10mm 立铣刀铣 ϕ80mm 和 4 个 R40mm 外轮廓，留 0.2mm 单边余量。

4）用 ϕ10mm 立铣刀铣 4 个宽 20mm 的槽。

5）用 ϕ10mm 立铣刀精铣外轮廓到尺寸。

6）用 ϕ6mm 键槽铣刀加工 4 个 ϕ6mm 的孔。

第 9 章　三坐标测量

9.1　三坐标测量机的发展历史及测量原理

9.1.1　发展历史

三坐标测量机的发展可划分为以下三代。

第一代：世界上第一台三坐标测量机由英国 FERRANTI 公司于 1959 年研制成功，当时的测量方式是测头接触工件后，靠脚踏板来记录当前坐标值，然后使用计算器来计算元素间的位置关系。1964 年，瑞士 SIP 公司开始使用软件来计算两点间的距离，进入了利用软件计算测量数据的时代。20 世纪 70 年代初，德国 ZEISS 公司使用计算机辅助工件坐标系代替机械对准，从此三坐标测量机具备了对工件基本几何尺寸、几何公差进行检测的功能。

第二代：随着计算机技术的飞速发展，三坐标测量机技术进入了 CNC 控制机时代，完成了复杂机械零件的测量和空间自由曲线曲面的测量，测量模式增加并完善了自学习功能，改善了人机界面，使用专门的测量语言，提高了测量程序的开发效率。

第三代：从 20 世纪 90 年代开始，随着工业制造行业向集成化、柔性化和信息化发展，产品的设计、制造和检测趋于一体化，对作为检测设备的三坐标测量机提出了更高的要求，从而提出了“第三代测量机”的概念。其特点是：具有与外界设备的通信功能；具有与 CAD 系统直接对话的标准数据协议格式；硬件电路趋于集成化，并以计算机扩展卡的形式成为计算机的大型外部设备。

现阶段，三坐标测量机进入了良好的发展阶段。高水准的精度测量技术带来了很多新的变化，在很多方面均取得了非常好的效果。

9.1.2　测量原理

将被测物体置于三坐标测量空间，可获得被测物体上各测点的坐标位置，根据这些点的空间坐标值，经计算求出被测物体的几何尺寸、形状和位置。

9.2　数控型三坐标测量机

数控型三坐标测量机主要由主机、控制系统、测头系统三部分组成。

9.2.1 主机

三坐标测量机的主机按结构形式不同可分为移动桥式、固定桥式、龙门式等。

移动桥式三坐标测量机结构简单，主要为中小经济型三坐标测量机，如图 9-1a 所示；固定桥式三坐标测量机结构复杂，主要为高精度型三坐标测量机，如图 9-1b 所示；龙门式三坐标测量机结构复杂，主要为大型三坐标测量机，如图 9-1c 所示。

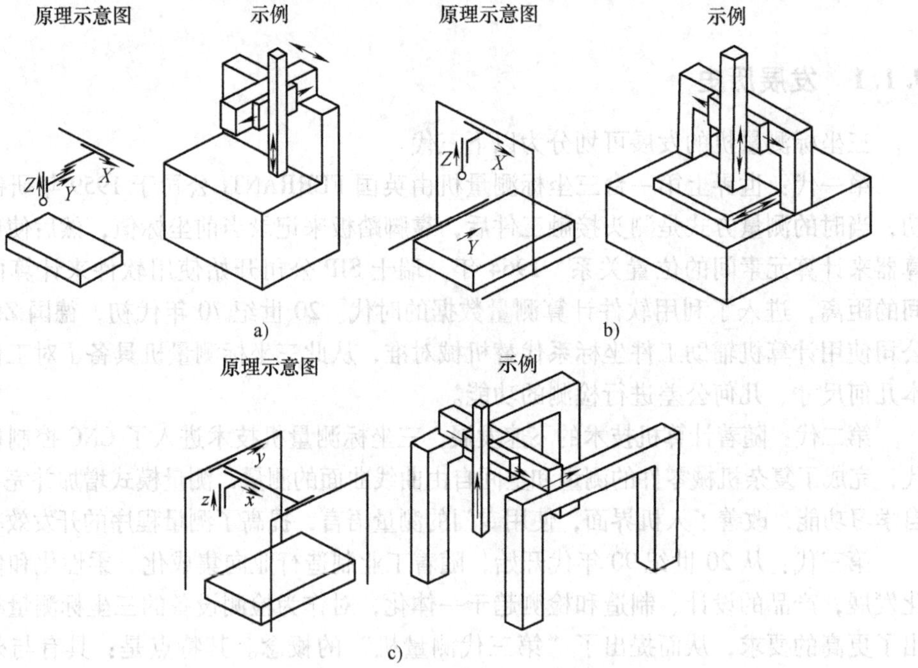

图 9-1 坐标测量机的主机结构形式

a）移动桥式 b）固定桥式 c）龙门式

1. 导轨

导轨是机械部分的基础部件，在大多数三坐标测量机中导轨组成了三坐标测量机的原始坐标系，因此导轨的几何精度也直接决定了三坐标测量机的几何精度。常见的导轨结构形式有滑动摩擦导轨、滚动摩擦导轨、气浮导轨等。气浮导轨具有结构简单、低摩擦、无需润滑等特点，故被大多数三坐标测量机采用，成为目前坐标测量机中最常用的导轨结构形式之一。

2. 传动系统

传动系统是三坐标测量机重要的组成部分，它将控制系统下达的命令传达到移动部件，完成测量工作。常见的传动方式有齿轮齿条传动、滚珠丝杠传动、同步带传动。

齿轮齿条传动的特点是传动效率高，传动准确，传动刚度好。大型三坐标测量机通常采用齿轮齿条传动。其缺点是噪声大，需要定期润滑。

滚珠丝杠传动的特点是传动效率高，传动精度高，传动刚度好。中小型三坐标测量机通常采用此种传动方式。其缺点是制造成本高，结构复杂。

同步带传动的特点是传动效率高，传动准确，传动刚度好，结构简单。因此中小型三坐标测量机大多采用此种传动方式。

3. 平衡系统

在三坐标测量机中，Z 轴为竖直方向，与重力作用方向相同，因此需要有平衡系统对 Z 轴的重力进行平衡。常见的平衡系统有重物平衡、气缸平衡等。其中气缸平衡方式的结构简单、使用方便，被大多数三坐标测量机厂商采用。

9.2.2 控制系统

控制系统包括通信系统、计算系统、驱动系统、手操器运动控制系统、极限系统、限位系统和急停回路系统。

9.2.3 测头系统

测头系统包括测头座、测头、测针以及加长杆。

1. 测头座

数控型三坐标测量机常配的测头座为 PH10T、PH10M、PH10MQ、MH8 和 MH20i 型，如图 9-2 所示。其中 MH8 和 MH20i 型是手动双旋转测头座。

PH10T 型测头座的 A 角为 0°～105°，最小分度为 7.5°，共 15 位；B 角为 0°～±180°，最小分度为 7.5°，共 48 位，因此进行空间测量时可旋转 720 个不同位置，满足不同位置的测量需求，其重复定位精度小于 0.5μm。

PH10M、PH10MQ 型测头座是 PH10T 型测头座的升级版，它可以连接 SP25 扫描测头，完成扫描测量工作，其分度定位功能和 PH10T 型测头座相同。

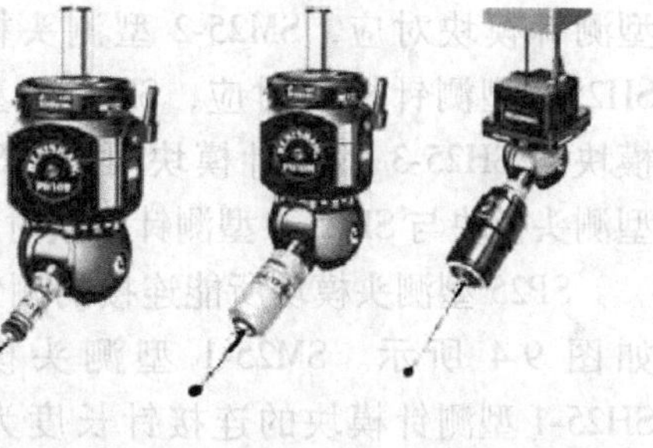

图 9-2　PH10T、PH10M、PH10MQ 型测头座

2. 测头

常用测头为 TP20、SP25 型，其中 TP20 型测头是触发式测头，SP25 型测头是扫描测头。

（1）TP20 型测头　TP20 型测头采用简单的机械结构，通过机械方式产生中断信号，完成采点。由于 TP20 型测头采用机械式触发，受其机械结构限制，测头在触发时各个方向上的触发力不相同，因此测头精度相对较低。

TP20 型测头由测头体和测头模块组成（图 9-3a），共有 7 个测头模块可供选配，分别用于不同的测量情况，如图 9-3b 所示。

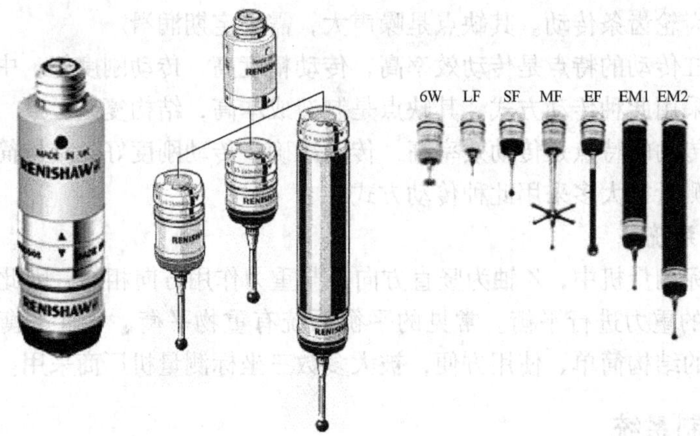

a) b)

图 9-3 测头

a) TP20 型测头 b) TP20 型测头模块

6W 为六维测量模块，LF 为低测力模块，SF 为标准测力模块，MF 为中测力模块，EF 为高测力模块，EM1 为标准测力加长（50mm）模块，EM2 为标准测力加长（70mm）模块。

(2) SP25 型测头 SP25 型测头可以连续触发完成扫描功能。它由测头体和测头模块组成。其中共有 5 个测头模块和 4 个测针模块，测头模块和测针模块一一对应，其中 TM25-20 型模块与 TP20 型测头模块对应，SM25-1 型测头模块与 SH25-1 型测针模块对应，SM25-2 型测头模块与 SH25-2 型测针模块对应，SM25-3 型测头模块与 SH25-3 型测针模块对应，SM25-4 型测头模块与 SH25-4 型测针模块对应。

SP25 型测头模块所能连接的测针长度如图 9-4 所示。SM25-1 型测头模块与 SH25-1 型测针模块的连接针长度为 20 ~ 50mm，SM25-2 型测头模块与 SH25-2 型测针模块的连接针长度为 50 ~ 105mm，SM25-3 型测头模块与 SH25-3 型测针模块的连接针长度为 120 ~ 200mm，SM25-4 型测头模块与 SH25-4 型测针模块的连接针长度为 220 ~ 400mm。

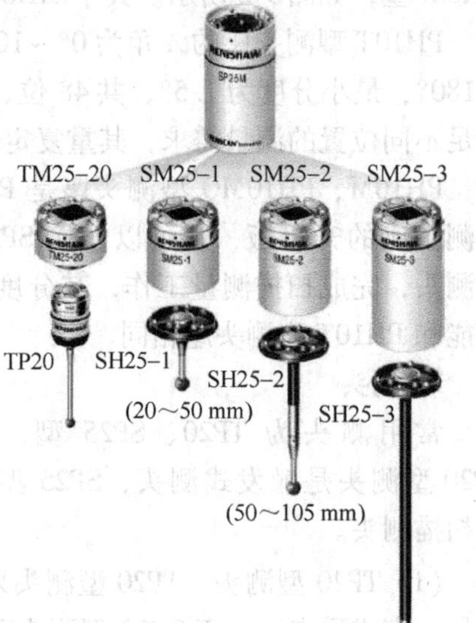

图 9-4 SP25 型测头及连接测针长度

3. 测针

测针包括球形测针、柱形测针（前端为球面或平面）、星形测针、半球形测针、盘形测针、锥形测针等。

常用的测针如图9-5所示。

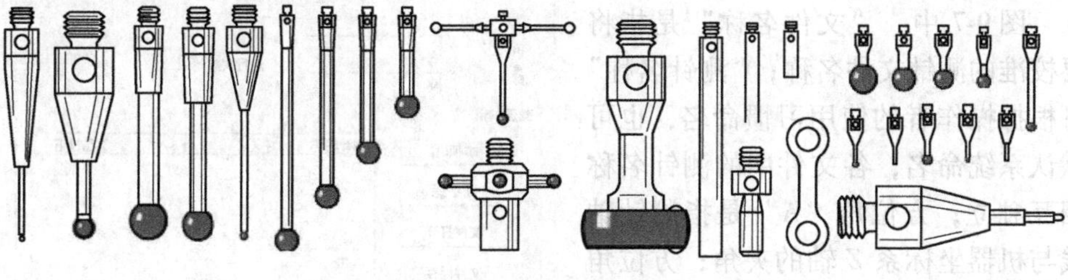

图9-5 常用的测针

4. 加长杆

加长杆按使用位置不同可分为测头加长杆和测针加长杆。测头加长杆用于测头座和测头之间，测针加长杆用于测头和测针之间。

9.3 测量软件

9.3.1 测量过程

1. 测针校正的意义

在对工件进行实际检测之前，首先要对测量过程中用到的测针进行校准。因为对于许多尺寸的测量，需要沿不同方向进行。系统记录的是测针中心的坐标，而不是接触点的坐标。为了获得接触点的坐标，必须对测针半径进行补偿，因此，必须首先对测针进行校准，一般使用校准球来校准测针。校准球是一个已知直径的标准球。校准测针的过程实际上是测量这个已知标准球直径的过程。该球的测量值等于校准球的直径加测针的直径，这样就可以确定测针的半径。系统用这个值对测量结果进行补偿。

2. 球形测针的自动校正

自动校正适用于测头座上仅有一根测针的情况，它可以连续校正所选的全部测针的位置，这是一种满足通常使用要求的高效校正方式。

操作步骤如下：

1）单击“运动状态与测头”→测头校正，即可打开测针校正界面，进入“测针校正”界面后，在菜单栏上单击“球形测针校正”选项，系统弹出图9-6所示对话框。

单击“自动”单选框，进入自动校正方式操作界面，在此处可设置需校正的测针的相关参数。

2）设置测针参数。在“测针参数”框内可选择文件名称、设置测针名称和A、B角，如图9-7所示。

图9-7中，“文件名称”是指将要校准的测针文件名称；“测针名称”可根据操作者的使用习惯命名，也可默认系统命名，各文件中的测针名称相互独立；方位角“A”是指测针轴线与机器坐标系Z轴的夹角；方位角“B”是指测针轴线与机器坐标系Y轴的夹角。

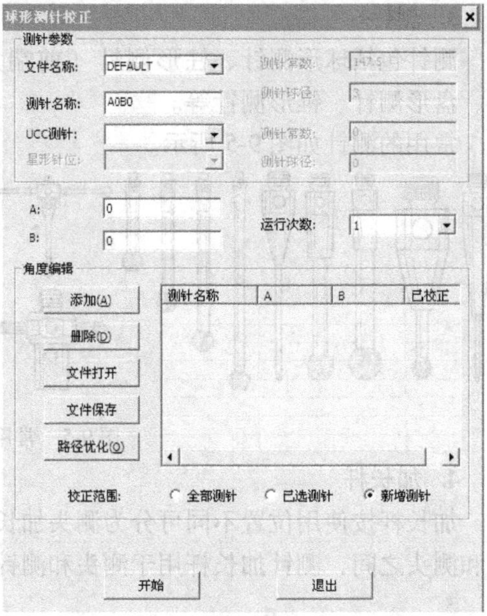

图9-6　“球形测针校正”对话框

3）编辑角度。

① 添加测针。如图9-8所示，在“文件名称”下拉列表内选择文件名称，设置对应的A角、B角，系统将根据A角和B角对测针名称进行自动命名。设置完成后，单击“添加”按钮，已设置的测针即被添加到测针系列表中。注意：添加角度时，自动旋转测头座角度增量为7.5°，即A角和B角输入时必须是7.5的倍数。

② 删除测针。如果需要删除已设置完成的测针，可按照图9-9所示的步骤进行操作：选择要删除的测针所在的文件名称；在列表中选择需要删除的测针名称；确认无误后，单击“删除”按钮即可。

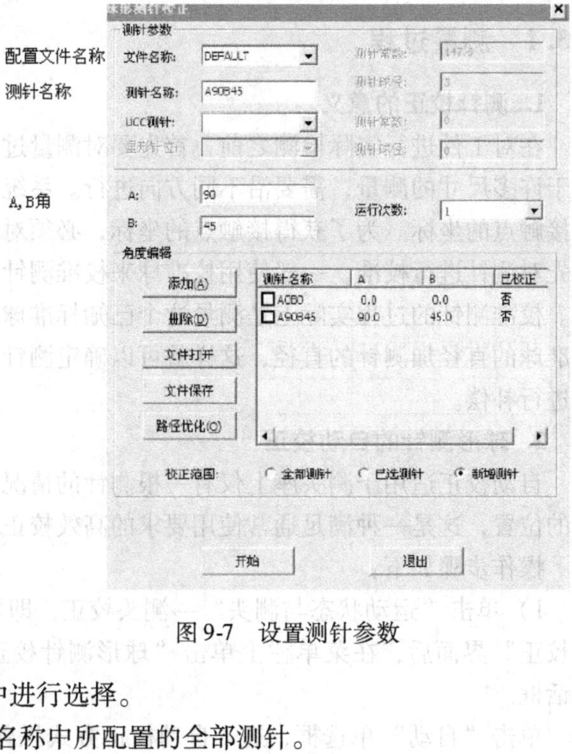

图9-7　设置测针参数

4）校正范围。校正范围用以确定此次运行将要校正的测针，在图9-10所示的单选框中进行选择。

“全部测针”表示当前文件名称中所配置的全部测针。

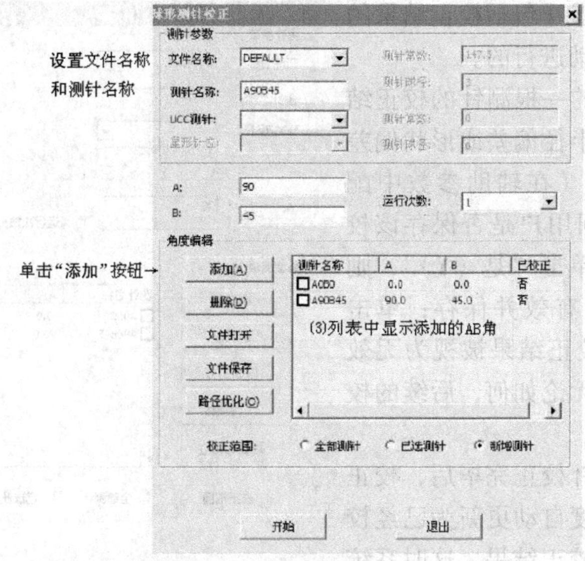

图 9-8　添加测针

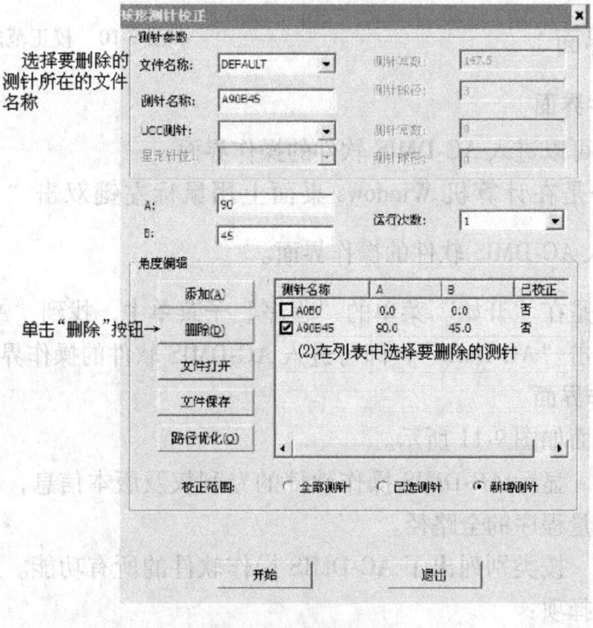

图 9-9　删除测针

“已选测针”表示当前文件名称中已选的测针。

“新增测针”表示当前文件名称中未经校准的测针，即测针列表框中“已校正”栏中标记为“否”的所有测针。

5）开始校正。对装有 RENISHAW 公司 PH9、PH10 系列自动旋转测头座的机器，整个校正过程（包括校正结果的保存）完全是自动进行的。

在已校正完的一根测针的校正结果中，如果测针半径偏差或形状偏差大于相应的公差（在辅助参数中配置），则弹出询问用户是否保存该校准值的对话框。单击“是（Y）”，则校正结果被视为有效并保存；单击“否（N）”，则校正结果被视为无效并不被保存。但无论如何，后续的校正都将继续下去。

当所需的测针校正完毕后，校正列表中相应的角度自动更新为已经校正成功的测针的校正结果。这时系统自动退出校正界面。

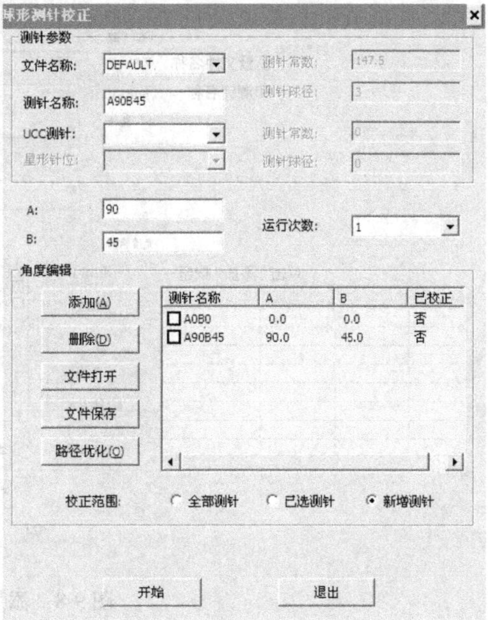

图 9-10 校正范围

9.3.2 测量界面

1. 进入软件界面

有两种方法可以进入 AC-DMIS 软件的操作界面。

第一种方法是在计算机 Windows 桌面上用鼠标左键双击“AC-DMIS”按钮

，即可进入 AC-DMIS 软件的操作界面。

第二种方法是在“开始”菜单的“程序”子菜单中，找到“AC-DMIS”软件，在其子菜单中单击“AC-DMIS”，即可进入 AC-DMIS 软件的操作界面。

2. 软件操作界面

软件操作界面如图 9-11 所示。

（1）标题栏　显示 AC-DMIS 操作软件的专利权及版本信息，在打开测量程序时，指示的是测量程序的全路径。

（2）菜单栏　按类别列出了 AC-DMIS 操作软件的所有功能。这些菜单中包含以下三种类型选择项：

第一类为状态选择项，其标志是名称前有一个表示某种状态有效的符号√，有的是一种状态的开与关的切换，有的是相邻两选项的切换，还有的是多项选择。

第二类为功能按钮，当单击鼠标左键时，立即执行某种操作或者打开一个数据输入窗口，当要求的数据输入完成后再执行某一操作，也可能打开另一层操作界面，指示用户进行特定的操作。

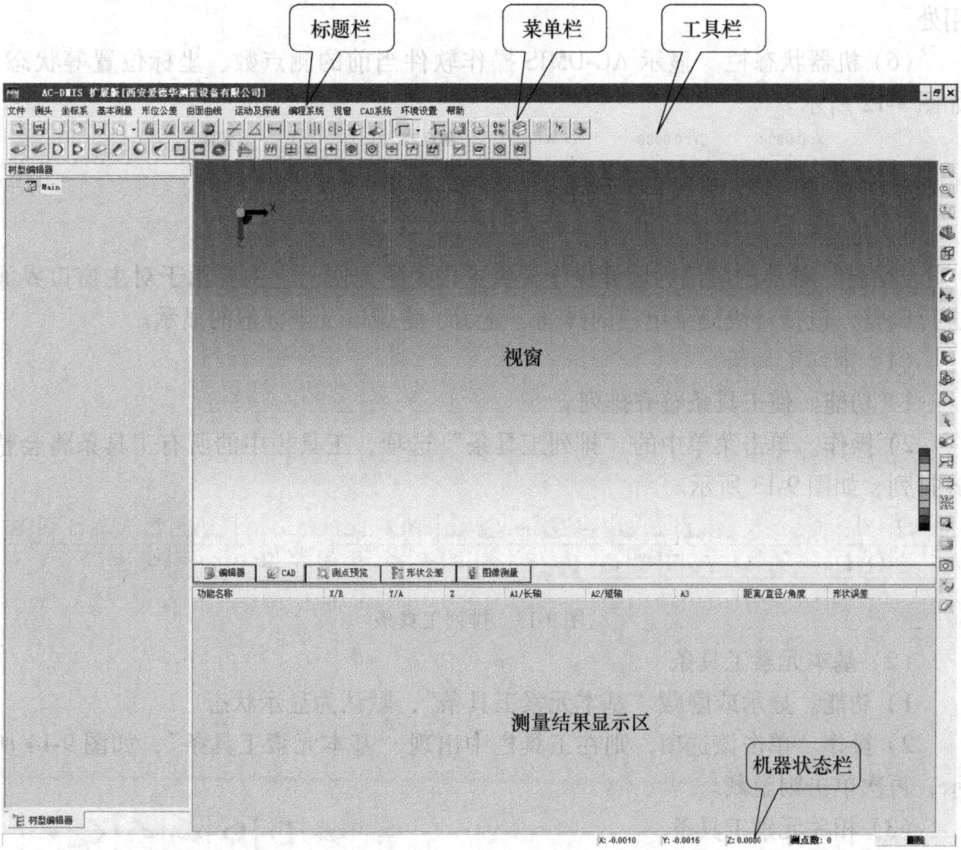

图 9-11　软件操作界面

第三类表示子菜单，其标志是符号 ▶，表示其下面还有子菜单。

（3）工具栏　将常用功能从菜单栏中提取出来。

（4）测量结果显示区　该区域有四个选项卡，分别代表了不同的含义。

1）“程序编辑器”标签页：该区为程序编辑/运行区域。在此可显示将要运行的测量程序或编辑将要被编辑的测量程序。

2）“形位公差”标签页：该区被置为测量结果显示窗口。其作用是对某些重要的操作做出提示性的显示，并对测量结果进行及时显示。

3）“测点预览”标签页：在此区域可直接对测得的点进行删除及编辑等操作。

4）“CAD”标签页：该区域可显示 CAD 模型、机器模型、测量结果图形及测量路径等，在此区域可通过 CAD 模型生产测量程序并进行特征测量、模拟测量和同步测量，可直接通过对测量结果的选择进行相关计算。

（5）“图像测量”选项　该区被置为图像测量显示窗口。该区域在影像测量时被用来显示被测要素的影像，并可在其上瞄准采点。该功能在接触式测量时则没有用处。

(6) 机器状态栏　显示 AC-DMIS 操作软件当前的测点数、坐标位置等状态，如图 9-12 所示。

图 9-12　机器状态栏

3. 工具条

“视窗”菜单的应用为软件操作提供了极大的方便，它主要用于对主窗口界面进行调整，包括对快捷菜单栏的排列、显示、隐藏以及坐标值的显示。

(1) 排列工具条

1) 功能。使工具条整齐排列。

2) 操作。单击菜单中的“排列工具条”选项，工具栏中的所有工具条将会整齐排列，如图 9-13 所示。

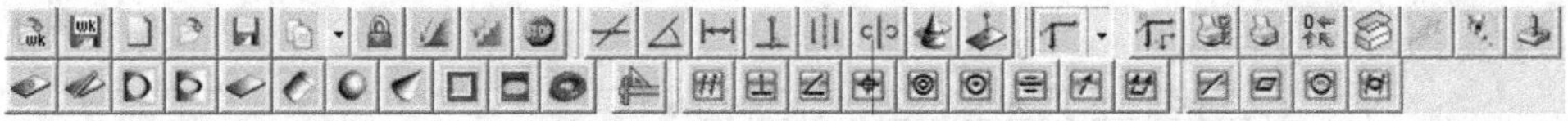

图 9-13　排列工具条

(2) 基本元素工具条

1) 功能。显示或隐藏“基本元素工具条”，默认为显示状态。

2) 操作。单击该选项，则在工具栏中出现“基本元素工具条”，如图 9-14 所示，再次单击则隐藏。

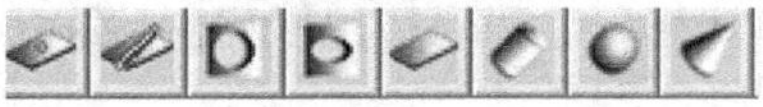

图 9-14　基本元素工具条

(3) 相关元素工具条

1) 功能。显示或隐藏“相关元素工具条”，默认为显示状态。

2) 操作。单击该选项，在工具栏中出现“相关元素工具条”，如图 9-15 所示，再次单击则隐藏。

(4) 形状公差工具条

1) 功能。显示或隐藏“形状公差工具条”，默认为显示状态。

2) 操作。单击该选项，在工具栏中出现“形状公差工具条”，如图 9-16 所示，再次单击则隐藏。

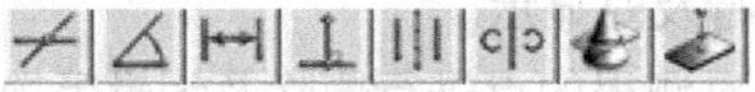

图 9-15　相关元素工具条

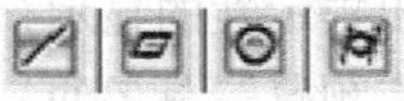

图 9-16　形状公差工具条

(5) 位置公差工具条

1) 功能。显示或隐藏“位置公差工具条”，默认为显示状态。

2) 操作。单击该选项，在工具栏中出现“位置公差工具条”，如图 9-17 所示，再次单击则隐藏。

（6）建立工具坐标系工具条

1）功能。显示或隐藏“建立工具坐标系工具条”，默认为显示状态。

2）操作。单击该选项，在工具栏中出现“建立工具坐标系工具条”，如图 9-18 所示，再次单击则隐藏。

图 9-17　位置公差工具条

图 9-18　建立工具坐标系工具条

（7）编辑窗口工具条

1）功能。显示或隐藏“编辑窗口工具条”，默认为显示状态。

2）操作。单击该选项，在工具栏中出现“编辑窗口工具条”，如图 9-19 所示，再次单击则隐藏。

图 9-19　编辑窗口工具条

（8）CAD 窗口工具条

1）功能。显示或隐藏“CAD 窗口工具条”，默认为显示状态。

2）操作。单击该选项，在工具栏中出现“CAD 窗口工具条”，如图 9-20 所示，再次单击则隐藏。

图 9-20　CAD 窗口工具条

（9）坐标值显示窗

1）功能。显示或隐藏测针当前位置的坐标值显示窗口，在进行远距离操作时显得尤为方便，默认为隐藏状态。

2）操作。单击该选项，在工具栏中出现“坐标值显示窗”，如图 9-21 所示，再次单击则隐藏。

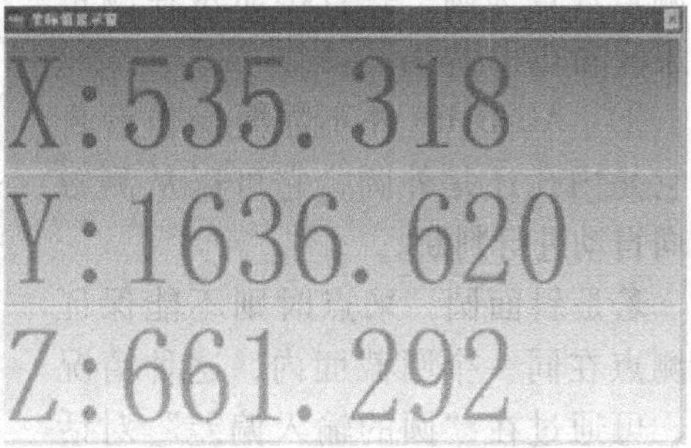

图 9-21　坐标值显示窗

9.4　测量

元素测量应遵循以下原则：

1）法向矢量方向触测原则。测量时，尽量沿着测点的法向矢量方向进行测量。

2）测点分布原则。测量时，最大包容被测元素的有效范围。

3）辅助平面原则。测量某些元素时，需要选择辅助平面。

9.4.1 基本几何元素的测量

在 AC-DMIS 中基本几何元素有八种：点、直线、平面、圆、椭圆、圆柱、圆锥和球。在此以圆及圆柱的测量为例介绍操作步骤。

1. 圆的测量

1）打开所有急停开关，用操作杆移动机器至欲测圆的第一点附近，然后低匀速使测头与工件表面接触采点，AC-DMIS 将把已测点的数据暂时储存起来，继续测量其他点。若测点有误，则用操作杆上的“Del”键或软件界面中的删除按钮删除该点，然后重新采点。为了提高测量精度，尽量将测点均匀分布。

2）采点时尽量使所有点在同一截面圆内。生成一个圆最少需要 3 个点，当所有点采集完毕后，单击工具条中按钮，或选择菜单栏（图 9-11）→数值计算→几何元素→圆，或按〈F3〉键，弹出图 9-22 所示的对话框。

3）在图 9-23 中，若需要通过指定矢量来确定点的测球补偿方向，则将指定“矢量”复选框选中，此时，可在矢量选择复选框中选择矢量元素，确定补偿方向，同时在 I、J、K 编辑框中自动将选中的矢量元素的矢量显示出来，单击“完成”按钮，软件将所有测点计算为圆，并直接显示在测量结果区和 CAD 界面。

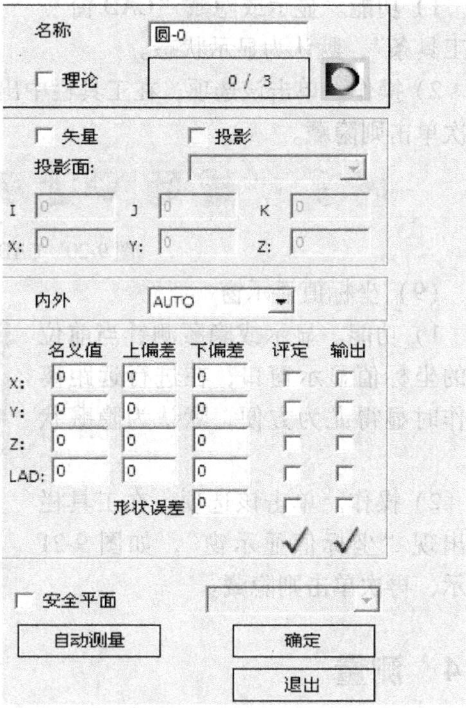

图 9-22 “几何元素”对话框

① AC-DMIS 并不需要操作者告诉它是内孔还是外圆，它可以从测触方向自动进行判断。

若是斜面圆，采点时则不能保证所测点在同一个圆截面内，这种情况下，可通过在“圆的输入偏差”对话框中选择圆平面矢量来对圆进行计算。

操作时先测量圆所在的工作面并生成平面，然后测量圆，在“圆的输入偏差”对话框中选择“圆平面矢量”，这时右边平面选择项的下拉菜单被激活，在列表中选择已测量的圆所在的平面，此时该平面的矢量值自动读入 I、J、K 编辑框中，单击“完成”按钮即可。或者在 I、J、K 编辑框中直接输入圆所在平面的矢量值，单击“完成”按钮。

② 当参与圆的计算的测点数大于 3 时，AC-DMIS 软件将按最小二乘法计算出实际圆的最佳拟合圆作为测得圆。

图 9-23　矢量选择

③ 作圆时，如果单击图标栏按钮，或单击菜单中的“圆”或按〈F3〉键，都是由软件识别内圆、外圆；若从菜单栏中单击“内圆/外圆”，软件则根据用户的选择进行相应的补偿计算。

④ 使用接触法测量时，根据测头补偿是否关闭，所测得的圆可能是测针球的中心坐标点的拟合圆或测针球与工件表面的实际接触点的拟合圆。

⑤ 结果的表示方式及各参数的含义如图 9-24 所示。

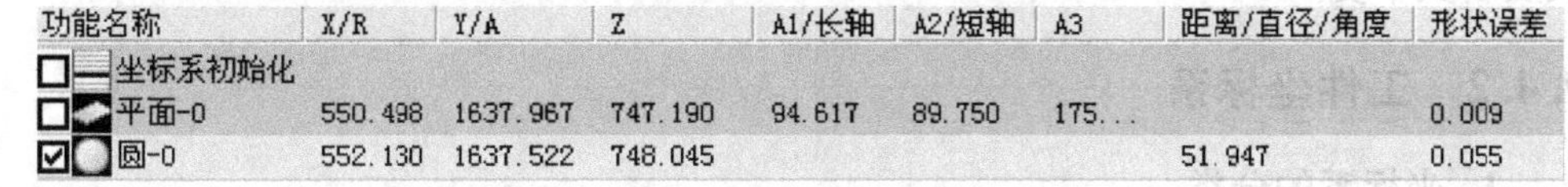

功能名称	X/R	Y/A	Z	A1/长轴	A2/短轴	A3	距离/直径/角度	形状误差
坐标系初始化								
平面-0	550.498	1637.967	747.190	94.617	89.750	175...		0.009
圆-0	552.130	1637.522	748.045				51.947	0.055

图 9-24　测量结果的表示方式及各参数含义（圆）

显示的结果中第三行是在直角坐标系下计算的圆，是用圆心点的坐标与直径值来描述的。“X/R”显示区域的值（552.130）是圆心点的 *X* 坐标值；“Y/A”显示区域的值（1637.522）是圆心点的 *Y* 坐标值；“Z”显示区域的值（748.045）是圆心点的 *Z* 坐标值。“距离/直径/角度”显示区域的值（51.947）是被测圆的直径，“形状误差”显示区域的值（0.055）是被测圆的圆度误差值。在极坐标系下，圆心点的表达方式变为极坐标形式，其参数的表达及含义不变。

2. 圆柱的测量

圆柱的测量步骤与圆基本相同，所不同的是圆柱至少要在两个垂直于圆柱轴线的截面圆上采点，确定圆柱至少需要六个点，采点完成后再单击圆柱图标作圆柱。

若只需要测量圆柱的参数，则测量时最少前三个点应在圆柱的同一个截面上采集，其余的采点位置不受限制；若该圆柱还需进行其他计算，则测量圆柱时应该按照截面采点，每个截面采集四个点且均匀分布。

1）圆柱矢量方向以其轴线作为判断元素，其判断规则与直线相同。

2）当可用测点数大于 6 时，AC-DMIS 软件将按最小二乘法计算出实际圆柱的最佳拟合圆柱作为测得圆柱。

3）接触法测量时，根据测头补偿是否关闭，AC-DMIS 软件给出的圆柱可能是测球中心的拟合圆柱或测球与表面接触点的拟合圆柱。

4）结果的表示方式及各参数的含义如图 9-25 所示。

显示的结果中第二行是在直角坐标系下计算的圆柱，圆柱用其特征点的坐标和其轴线与各轴的夹角及圆柱直径值来表示。其特征点为被测圆柱第一截面的中心点。“X/R”显示区域的值（539.437）是其特征点的 *X* 坐标值；“Y/A”显示区域的值（1628.326）是其特征点的 *Y* 坐标值；“Z”显示区域的值（745.964）是其

功能名称	X/R	Y/A	Z	A1/长轴	A2/短轴	A3	距离/直径/角度	形状误差
☐ 坐标系初始化								
☑ 圆柱-0	539.437	1628.326	745.964	89.576	90.087	0.433	52.014	0.005

图9-25　测量结果的表示方式及各参数的含义（圆柱）

特征点的 *Z* 坐标值。“A1/长轴”显示区域的值（89.576）是圆柱轴线与 *X* 轴的夹角；“A2/短轴”显示区域的值（90.087）是圆柱轴线与 *Y* 轴的夹角；“A3”显示区域的值（0.433）是圆柱轴线与 *Z* 轴的夹角；“距离/直径/角度”显示区域的值（52.014）是圆柱的直径值。“形状误差”显示区域的值（0.005）是圆柱的圆柱度误差值。在极坐标系下，其特征点的表示方式变为极坐标形式，其他参数的表示方式及含义不变。

9.4.2　工件坐标系

1. 坐标系的分类

（1）机械坐标系　机械坐标系是 AC-DMIS 软件在运行后，通过对原始坐标系做出一些修正，从而达到近似理想状态的坐标系。如果各轴没有重新清零，机械坐标系是不会改变的，且机械坐标系是其他坐标系的参考坐标系。

（2）工件坐标系　因为被测件在坐标测量范围内可任意摆放，所以每一个零件被测量元素的空间位置都是不确定的。例如工件上有一个孔，它在三坐标测量机中的坐标位置是一个随机的数据，但设计此孔时却有一个明确的坐标位置，为了让测量值与图样上的值统一，就需要建立一个与设计基准或加工基准一致的坐标系，该坐标系称为工件坐标系。

（3）当前坐标系　在测量过程中，因测量需要，既要用到机械坐标系，又要用到工件坐标系，且有时会有多个工件坐标系，在测量过程中坐标系可能会相互切换，那么切换到此时的坐标系即为这一时刻的当前坐标系。

（4）直角坐标系　由互相垂直的线性轴（如 *X* 轴、*Y* 轴、*Z* 轴）构成的坐标系称为直角坐标系。

（5）极（圆柱）坐标系　由两个线性轴（*H* 轴、*R* 轴）和一个旋转轴（*A* 轴）构成，其中一个轴（*H* 轴）垂直于另外两个轴（*R* 轴、*A* 轴）所构成的平面。

2. 坐标系的建立

（1）手动建立坐标系　单击“坐标系”菜单中的“工件位置找正”选项或工具条中的图标，将弹出图9-26所示的对话框。

建立工件坐标系一般分为以下三个步骤：

1）空间旋转。将所需的矢量元素（平面、直线、圆锥、圆柱）确定为第一轴（主轴）。

2）平面旋转。将所需的矢量元素（平面、直线、圆锥、圆柱）确定为第二轴

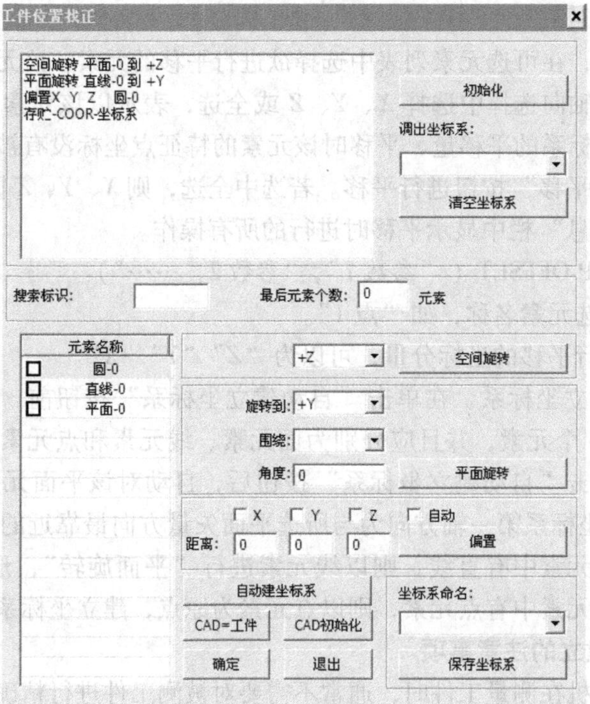

图 9-26 “工件位置找正”对话框

（副轴）。

3）平移。将所需的点元素（点、圆、椭圆、球）确定为坐标原点。

进行空间旋转时，在可选元素列表中选择欲进行空间旋转的基准元素，该元素类别可以是直线、平面、圆柱和圆锥，在空间旋转下拉列表中选择第一轴的轴向，单击“空间旋转”按钮，使坐标系第一轴方向为所选基准元素的方向。此时，在“操作步骤信息”栏中显示空间旋转时进行的所有操作。

编程指令：ALIGN-TO（“参数 1”，“参数 2”）。

参数 1：所选元素名称，如“平面 1”。

参数 2：基准元素所决定的坐标轴及方向，可以为“$+Z$”“$-Z$”“$+Y$”“$-Y$”“$+X$”“$-X$”。

进行平面旋转时，在可选元素列表中选择欲进行平面旋转的基准元素，该元素类别可以是直线、平面、圆柱和圆锥，在平面旋转下拉列表中选择第二轴的轴向，单击“平面旋转”按钮，使坐标系第二轴方向为所选基准元素的方向。此时，在“操作步骤信息”栏中显示平面旋转时进行的所有操作。

编程指令：ROTATION-TO（“参数 1”，“参数 2”）。

参数 1：所选元素名称，如“直线 1”。

参数 2：基准元素所决定的坐标轴及方向，可以为“$+Z$”“$-Z$”“$+Y$”

“-Y”“+X”“-X”。

进行平移时，在可选元素列表中选择欲进行平移的元素，该元素类别可以是任意元素，在平移轴向选择中选择 X、Y、Z 或全选，表示以该元素的特征点坐标的所选分量值为坐标系的平移量，平移时该元素的特征点坐标没有被选择的分量则平移为零，单击“平移”按钮进行平移。若选中全选，则 X、Y、Z 同时平移。此时，在“操作步骤信息”栏中显示平移时进行的所有操作。

编程指令：P-OFFSET（“参数1”，“参数2，……”）

参数1：所选元素名称，如“点1”。

参数2：进行平移的坐标分量，可以为“Z”“Y”“X”。

（2）自动建立坐标系　在单击“自动建立坐标系”按钮前，必须在可选列表中最多选择1~3个元素，并且应分别为面元素、线元素和点元素。如果所选元素中有平面，在单击“自动建立坐标系”按钮后，自动对该平面元素进行“空间旋转”，此时所建坐标系第一轴方向为与所选平面矢量方向最靠近的机器坐标轴的正方向；如果所选元素中有直线，则以线元素进行“平面旋转”，形成第二轴方向。同理，如果所选元素中有点元素，则以点元素为原点，建立坐标系。

3. 坐标系建立的注意事项

三坐标测量机在测量工件时，通常不需要对被测工件进行精确的调整定位，因为软件提供的功能可以让操作者根据工件上基准要素的实际方位来建立工件坐标系，即柔性定位。这样测量结果在很大程度上依赖于工件坐标系建立的合理性。为了做到能合理地建立工件坐标系，必须遵守如下原则：

1）选择测量基准时应按装配基准、设计基准、加工基准的顺序进行考虑。

2）当上述基准不能为测量所用时，可考虑采用等效的或效果接近的过渡基准作为测量基准。

3）选择面积或长度足够大的元素作为基准。

4）选择设计及加工精度高的元素作为基准。

5）注意基准的顺序及各基准在建立工件坐标系时所起的作用。

6）可采用基准目标或模拟基准。

7）注意减小因基准元素测量误差造成的工件坐标系偏差。

9.4.3 几何公差的测量

1. 形状公差

形状公差是指实际形状对理想形状的变动量。这个变动量就是实际得到的误差值。它是用来表示零件表面的一条线（直线或圆）或一个面（平面或圆柱面），加工后本身所产生的误差，是实际测得值。

图样上给出的几何形状叫做理想形状，它是根据机器的结构和性能要求确定的。零件加工后，实际所具有的形状叫做实际形状。由于加工过程中各种因素的影响，两者之间必然存在一定的误差，只要这个误差在给定的公差范围内，零件就为合格品。

在本软件中，形状公差的评价项目有直线度、平面度、圆度和圆柱度。

形状公差的界面如图 9-27 所示，其包括测得元素的形状误差图形、测点分布的直方图和频率数、各测点相对于理想元素的偏离量及评定结果的表头部分。

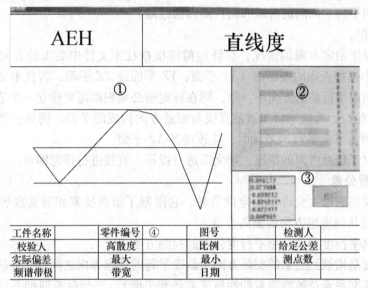

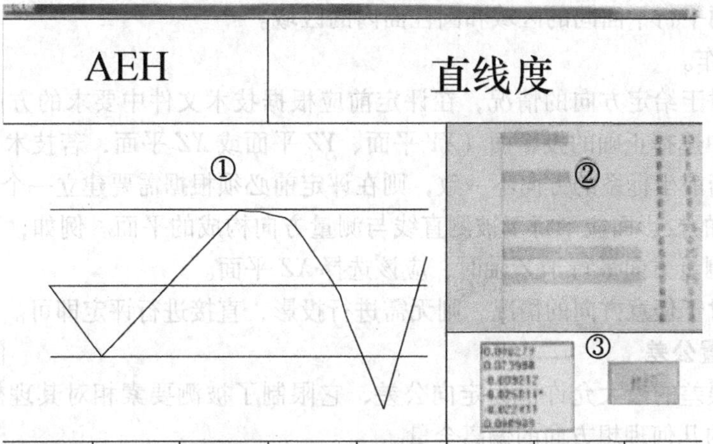

工件名称		零件编号	④	图号		检测人	
校验人		高散度		比例		给定公差	
实际偏差		最大		最小		测点数	
频谱带极		带宽		日期			

图 9-27　形状公差的界面

界面介绍：

“①区”为形状误差图形，其中红色线之间的区域为规定的公差带，蓝色线为理想因素，黄色的短线上远离理想元素的一端为实际测得点，位于理想元素上的一端为测得点在理想元素上的投影点。黄色线段的长度代表了每个测得点相对于理想元素的偏离量。

“②区”为测得点分布的统计结果，若测得要素上所有测点均在规定的公差带之内，则将整个公差带划分为 15 等份进行统计；若测得要素上测点的分布超出了公差带的范围，则将所有测点的分布区域划分为 15 等份进行统计。在该区的左侧绘出了直方图，在该区的右侧则给出了每一区间内包含的测点占测点总数的百分比。

“③区”数字窗口内给出了每一测点相对于理想要素的偏离量，其中的最大值点和最小值点用 * 号标记。

“④区”为评定结果的表头，给出了形状公差评定的数据及其图形的相关数据，其中“比例”表示图形上偏差的放大倍数，“给定公差”表示规定的形状公差值，“实际偏差”表示测得的形状误差的实际值，“最大”表示偏离量的最大值，“最小”表示偏离量的最小值，“频谱带数”表示统计计算的分区数，“带宽”表示B区中每条带的宽度，“测点数”表示该评价元素实际测得的点数。

直线度的测量如下：

1）功能。当被测直线上的采点数大于两个时，即可对其进行直线度评定。在AC-DMIS中，将直线度分为两种情况分别处理，即给定方向和任意方向，其公差带分别为两平行平面间的区域和圆柱面内的区域。

2）操作。

① 对于给定方向的情况，在评定前应根据技术文件中要求的方向在“选取投影面”中选择正确的投影面（*XY*平面、*YZ*平面或*XZ*平面，若技术文件中要求的方向与当前坐标系的方向不一致，则在评定前必须根据需要建立一个适当的坐标系）。所选的投影面应平行于被测直线与测量方向构成的平面。例如，当直线平行于*X*轴而测量方向平行于*Z*轴时，应该选择*XZ*平面。

② 对于任意方向的情况，则无需进行投影，直接进行评定即可。

2. 位置公差

定向误差的最大允许值为定向公差，它限制了被测要素相对其理想要素（线或表面）的几何理想方向的偏离全量。

下面以平行度为例介绍平行度公差的检测方法。

平行度是指被测要素的实际方向与基准平行的理想方向之间所允许的最大变动量。根据基准要素及被测要素的性质（直线或平面），平行度有四种不同情况：平面（基准）与平面（被测）、平面（基准）与直线（被测）、直线（基准）与平面（被测）、直线/轴线（基准）与直线/轴线（被测）。

说明：

1）前三种情况其公差带均为两平行平面之间的区域，不需要选择投影面，直接单击图标进行评定即可。

2）第四种情况的评定方法分为两种。一种是公差带为平行线之间的区域（其公差值前没 ϕ 标志），要选择一个平行于基准直线的坐标平面为投影面（所选择的投影面应平行于基准直线与评定方向构成的平面，若基准直线不与当前坐标系中的任何一个轴平行，则在评定之前首先应建立一个适当的坐标系）才可进行评定；另一种是公差带为一个轴线与基准平行的圆柱面内的区域，这种方法不需要选择投影面（其公差值前标有 ϕ）。

操作步骤：单击图标或选择主菜单栏（图9-11）→数值计算→位置公差→平行度，在弹出的对话框中进行如下参数设置，单击“完成”按钮即可。

① 名称。给出所求平行度名称（否则为系统默认名）。

② 基准元素。在其下拉列表中根据图样要求选择基准元素。

③　被测元素。在其下拉列表中根据图样要求选择被测元素。

④　公差。输入图样要求的平行度公差值。

⑤　输出。打印测量结果。

⑥　扩展公差评定。在测量长度不够长或图样对公差带有延伸要求时，可用该功能。当被测要素为直线时，可以进行延伸公差的评定。在此情况下，需要在弹出的对话框中勾选“扩展公差评定”项，并输入评定长度。评定长度由被测直线上的第一个测点（即起点）算起并向距此点最远的测点（即终点）方向延伸。在进行延伸公差带的评定时，只计算因被测要素偏离其几何理想方向而造成的定向误差。若不勾选该功能，则其实际评定长度为所测两个最远截面（两个最远点）间的距离。

⑦　其他项目均无需设置。

求图 9-28 中两圆柱轴线给定方向的平行度。

操作步骤如下：

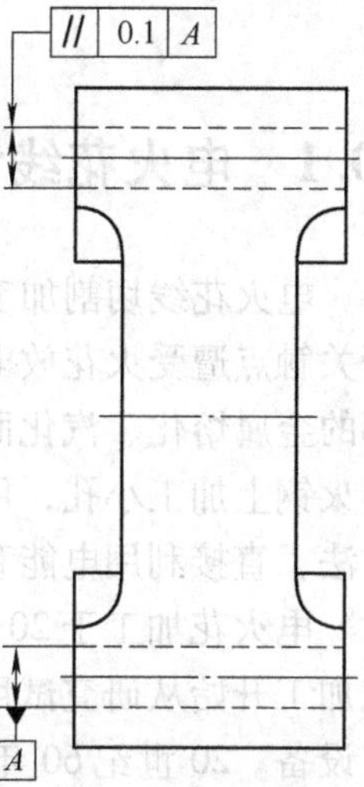

图 9-28　求两圆柱轴线给定方向的平行度

①　因基准和被测元素均为轴线，且要求评定的平行度为给定方向下的平行度，故应根据图样要求建立工件坐标系。

②　在基准圆柱上采点（尽量在圆柱轴线最大长度附近测量截面圆）作圆柱。

③　在被测圆柱上采点（尽量在圆柱轴线最大长度附近测量截面圆）作圆柱。

④　根据工件坐标系选择投影面。

⑤　单击图标，设置参数，单击“完成”按钮即可。

练　习　题

1. 简述三坐标测量机的发展历史及发展特点。
2. 试述三坐标测量机的测量原理。
3. 数控型三坐标测量机主要由哪几部分组成？各有何特点？
4. 常用的测头有哪些？各有何特点？
5. 元素测量应遵循的原则有哪些？
6. 在 AC-DMIS 中，基本几何元素有哪几种？试述圆柱的测量方法。
7. 什么是形状公差？在 AC-DMIS 中，形状公差的评价项目有哪些？

第 10 章　电火花线切割加工

10.1　电火花线切割加工概述

电火花线切割加工属电加工范畴。1943 年，当前苏联学者拉扎连柯夫妇研究开关触点遭受火花放电腐蚀损坏的现象和原因时，发现电火花的瞬时高温可以使局部的金属熔化、汽化而被腐蚀掉，从而开创和发明了电火花加工方法，即用铜丝在淬火钢上加工小孔，用软的工具加工任何硬度的金属材料，首次摆脱了传统的切削方法，直接利用电能和热能去除金属。

电火花加工于 20 世纪 50 年代初期传入我国，20 世纪 50 年代末期，我国电火花加工开始从研究试用阶段进入生产应用阶段，研制成了各种各样的电火花成形加工设备。20 世纪 60 年代初期我国研制成功靠模仿型电火花线切割加工设备，能够切割尺寸精小、形状复杂、材料特殊的冲模和零件。

20 世纪 60 年代中期，在电火花线切割加工中开始采用电子管式脉冲电源，加工速度较 RC 电源提高了 3 倍以上。1967 年，我国把光电跟踪控制技术成功地应用于电火花线切割加工中，用自动跟踪图线运动代替靠模仿型控制，进一步提高了加工精度。同时，高速走丝机构进一步完善和推广，并以乳化液代替煤油，使加工速度大大提高。20 世纪 60 年代末期，我国研制出数字程序控制电火花线切割加工设备，并进行批量生产。

20 世纪 70 年代中期，电火花线切割加工技术已经成为我国冲模和一些零件加工的极为有效的加工方法之一。带有间隙偏移、齿隙补偿、切割斜度等功能的设备多种多样，并不断完善。1970 年 9 月，第三机械工业部所属国营长风机械总厂研制成功数字程序自动控制线切割机床。1972 年第三机械工业部对工厂生产的 CKX 数控线切割机床进行技术鉴定，认为已经达到当时国内先进水平。1973 年第三机械工业部决定，编号为 CKX—1 的数控线切割机床开始投入批量生产。1981 年 9 月成功研制出具有锥度切割功能的 DK3220 型坐标数控机，产品的最大特点是具有 1.5°锥度切割功能，完成了线切割机床的重大技术改进。随着大锥度切割技术逐步完善，变锥度、上下异形的切割加工也取得了很大的进步。大厚度切割技术的突破，使横剖面及纵剖面精度有了较大提高，加工厚度可超过 1000mm。

进入 21 世纪，电火花加工技术更加迅猛发展，成为现代制造技术的重要组成部分。电火花加工的数控系统进一步采用人工神经网络技术、混沌理论、仿真技术，以进一步提高各项工艺指标、加工的可靠性和自动化程度。

10.2　电火花线切割机床简介

10.2.1　电火花线切割加工的基本原理

电火花线切割加工（Wire cut Electrical Discharge Machining，WEDM）是线电极电火花加工的简称，是电火花加工的一种，有时又称线切割。电火花线切割加工的基本原理是利用移动的电极丝（铜丝或钼丝）作为工具电极，靠脉冲火花放电对按预定轨迹进行运动的工件进行切割加工的一种方法。

图 10-1 所示为高速走丝电火花线切割加工原理图。被切割的工件作为工件电极，钼丝作为工具电极，脉冲电源发出一连串的脉冲电压，加到工件电极和工具电极上。钼丝与工件之间施加足够的具有一定绝缘性能的工作液。当钼丝与工件的距离小到一定程度时，在脉冲电压的作用下，工作液被击穿，在钼丝与工件之间形成瞬间放电通道，产生瞬时高温，使金属局部熔化甚至汽化而被蚀除下来。若工作台带动工件不断进给，就能切割出所需要的形状。工件的形状是由数控系统控制工作台相对于电极丝的运行轨迹决定的，因此不需制造专用的电极，就可以加工形状复杂的模具零件。由于储丝筒带动钼丝交替作正、反向的高速移动，所以钼丝基本上不被蚀除，可使用较长的时间。电火花线切割加工主要用于加工各种形状复杂和精密细小的工件，例如冲裁模的凸模、凹模、凸凹模、固定板、卸料板等，成形刀具，样板，电火花成形加工用的金属电极，各种微细孔槽、窄缝、任意曲线等，具有加工余量小、加工精度高、生产周期短、制造成本低等突出优点，已在生产中获得广泛的应用。目前国内外的电火花线切割机床已占电加工机床总数的 60% 以上。

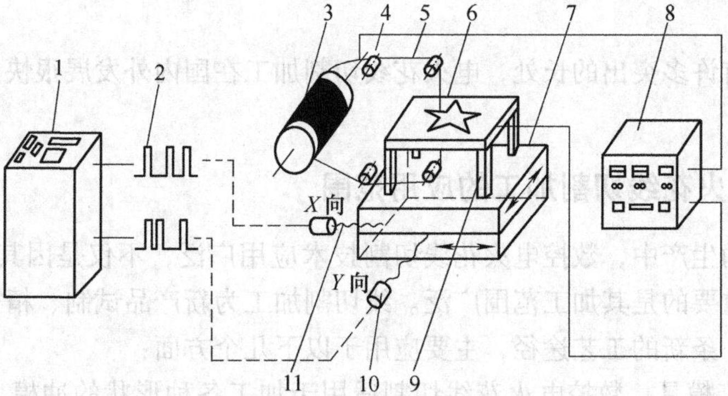

图 10-1　高速走丝电火花线切割加工原理图

1—数控装置　2—电脉冲信号　3—储丝筒　4—导轮　5—钼丝　6—工件　7—切割台
8—脉冲电源　9—绝缘块　10—步进电动机　11—丝杠

10.2.2 电火花线切割的加工特点

1）直接利用0.03～0.35mm金属线状的电极丝作为电极工具，可节约电极设计和制造费用，缩短了生产准备周期。

2）适合于机械加工方法难以加工或无法加工的微细异形孔、窄缝和形状复杂的工件，任何复杂形状的零件，只要能编制加工程序就可以进行加工，因而很适合小批零件和试制品的生产加工，应用灵活，成本低。

3）无论被加工工件的硬度如何，只要是导体或半导体的材料都能实现加工，如淬火钢、硬质合金、耐热合金等。

4）加工中电极丝不直接接触工件，故工件几乎不受切削力，适宜加工低刚度工件和细小零件。

5）直接利用电能加工，可以方便地对影响加工精度的参数（如脉冲宽度、间隔、电流等）进行调整，有利于加工精度的提高，自动化程度高，操作方便，加工周期短，便于实现加工过程中的自动化。

6）轮廓加工所需加工的余量少，材料和能量利用率都很高，能有效地节约贵重材料，尤其是对加工贵重金属有重要意义。

7）可方便地调整凸凹模具的配合间隙，依靠锥度切割功能，有可能实现凸凹模一次加工成形。

8）由于采用移动的长电极丝进行加工，单位长度电极丝的损耗少，对加工精度的影响小，可无视电极丝损耗，加工精度高。

9）采用乳化液或去离子水的工作液，不会引燃起火，容易实现安全无人运转。

10）被加工材料必须导电，加工对象主要是平面形状，无法加工台阶不通孔型零件。

正因为有许多突出的长处，电火花线切割加工在国内外发展很快，已得到了广泛的应用。

10.2.3 电火花线切割加工的应用范围

在目前的生产中，数控电火花线切割技术应用广泛，不仅是因其加工效率高，精度高，更重要的是其加工范围广泛。线切割加工为新产品试制、精密零件及模具制造开辟了一条新的工艺途径，主要应用于以下几个方面：

（1）加工模具　数控电火花线切割适用于加工各种形状的冲模，通过调整不同的间隙补偿量，只需一次编程就可以切割凸模、凸模固定板、凹模及卸料板等，模具配合间隙、加工精度通常都能达到要求。此外，还可以加工挤压模、粉末冶金模、弯曲模、塑压模等带锥度的模具。由于电火花线切割加工速度和精度提高迅速，目前已达到可与坐标磨床相竞争的程度。例如中小型冲模，材料为模具钢，过去用分开模和曲线磨削的方法加工，现在改用电火花线切割整体加工的方法，制造周期可缩短 3/4 ~ 4/5，成本降低 2/3 ~ 3/4，配合精度高，不需要熟练的操作工人。因此，一些工业发达国家的精密冲磨削等工序，已被电火花线切割加工所代替。

（2）加工电火花成形加工用的电极　一般穿孔加工的电极以及带锥度型腔加工的电极，对于铜钨、银钨合金之类的材料，用线切割加工特别经济，同时也适用于加工微细复杂形状的电极。

（3）加工零件　线切割能加工各种高硬度、高强度、高韧性和高脆性的导电材料，如淬火钢、硬质合金等。加工时，钼丝与工件始终不接触，有约 0.01mm 的间隙，几乎不存在切削力；能加工各种外形复杂的精密零件及窄缝等；尺寸精度可达 0.02 ~ 0.01mm，表面粗糙度值 *Ra* 可达 1.6μm。

在试制新产品时，用线切割在板料上直接割出零件，例如切割特殊微电机硅钢片定转子铁心，由于不需另行制造模具，可大大缩短制造周期、降低成本。另外，修改设计、变更加工程序比较方便，加工薄件时还可以多片叠在一起进行加工。在零件制造方面，可用于加工品种多、数量少的零件，以及特殊难加工材料的零件，材料试验样件，各种型孔、凸轮、样板、成形刀具等，同时还可以进行微细加工和异形槽的加工。

10.2.4　电火花线切割机床分类

1）按加工特点不同，电火花线切割机床可分为大、中、小型，普通直壁切割型与锥度切割型线切割机床。

2）按脉冲电源形式不同，电火花线切割机床可分为 RC 电源、晶体管电源、分组脉冲电源及自适应控制电源线切割机床。

3）按控制方式不同，电火花线切割机床可分为靠模仿型控制、光电跟踪控制、数字程序控制及微机控制等。

4）按走丝速度不同，电火花线切割机床可分为高速走丝电火花线切割机床和低速走丝电火花线切割机床。高速走丝电火花线切割机床的电极丝作高速往复运动，一般走丝速度为 8 ~ 10m/s，电极丝可重复使用，加工速度较高，但高速走丝容易造成电极丝抖动和反向时停顿，使加工质量下降，是我国生产和使用的主要机种，也是我国独创的电火花线切割加工模式；低速走丝电火花线切割机床的电极丝作低速单向运动，一般走丝速度低于 0.2m/s，电极丝放电后不再使用，工作平稳、均匀、抖动小，加工质量较好，但加工速度较低，是国外生产和使用的主要机种。

10.2.5　电火花线切割机床的组成

电火花线切割机床主要由机床本体、脉冲电源、控制系统、工作液循环系统和机床附件等几部分组成。本节主要讲述高速走丝电火花线切割机床，如图 10-2 所示。

(1) 机床本体 机床本体主要由床身、坐标工作台、运丝机构、丝架、工作液箱和夹具等几部分组成。

1) 床身部分。床身一般为铸件，是坐标工作台、走丝机构及丝架支撑和固定的基础，因此，要求床身应有足够的强度和刚度，通常采用箱式结构。床身里面安装有机床电气、工作液循环系统元器件，也有安装脉冲电源的。由于床身的体积大，设计者都比较注意它的造型，以使机床外形美观。

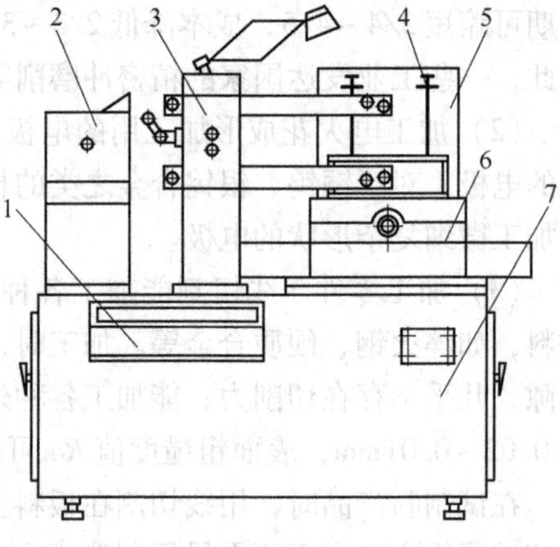

图 10-2 高速走丝电火花线切割机床

1—操纵盒 2—运丝机构 3—丝架 4—夹具 5—防水罩 6—坐标工作台 7—床身

2) 坐标工作台。电火花线切割机床最终都是通过坐标工作台与电极丝的相对运动来完成零件加工的，因此坐标工作台应具有很高的坐标精度和运动精度，而且要求运动灵敏、轻巧，一般都采用十字滑板、滚柱导轨，传动丝杠和螺母之间必须消除间隙，以保证滑板的运动精度和灵敏度。

3) 运丝机构。运丝机构用来控制电极丝与工件之间产生相对运动，使电极丝以一定的速度运动并保持一定的张力。在高速走丝机床上，电极丝平整地卷绕在储丝筒上，并由储丝筒做周期性的正反旋转，从而使电极丝高速往返运动。走丝速度等于储丝筒周边的线速度，通常为 8～10m/s。在运动过程中，丝架对电极丝起支撑作用，并依靠导轮保持电极丝与工作台垂直，或在锥度切割时倾斜一定的几何角度。

(2) 脉冲电源 脉冲电源又称高频电源，是电火花线切割机床的主要组成部分，是影响线切割加工工艺指标的主要因素之一，其作用是把普通的 50Hz 交流电转换成高频率的单向脉冲电压，以产生脉冲式的火花放电，从而对工件进行电腐蚀，以实现切割加工。加工时，工具电极（钼丝或铜丝）接脉冲电源负极，工件接正极。

(3) 控制系统 控制系统是进行电火花线切割加工的重要组成部分，控制系统的主要作用是：按加工要求自动控制电极丝相对工件的运动轨迹，同时自动控制伺服进给速度，从而实现对工件形状和尺寸的加工。控制系统的可靠性、稳定性、控制精度及自动化程度都直接影响到加工精度、加工效率和工人的劳动强度。

(4) 工作液循环系统 工作液循环系统由工作液、工作液箱、工作液泵和循环导管组成。工作液起绝缘、排屑、冷却的作用。每次脉冲放电后，工件与工具电极之间必须迅速恢复绝缘状态，否则脉冲放电就会转变为稳定持续的电弧放电，影响加工质量。在加工过程中，工作液可把加工过程中产生的金属颗粒迅速从电极之间冲走，使加工顺利进行。工作液还可冷却受热的电极和工件，防止工件变形。

在电火花线切割加工中，工作液对加工工艺指标的影响很大，如对切割速度、表面粗糙度、加工精度等都有影响。因此，对工作液的要求是：要有一定的介电能力，较好的消电离能力和灭弧能力，渗透性好，生产效率高，稳定性好，对电极丝寿命的影响小，还应有较好的洗涤性能、防腐蚀性能、润滑性能，对人体无害，价格便宜，使用安全等。

10.3　电火花线切割加工工艺基础

10.3.1　线切割加工的主要工艺指标

电火花线切割加工工艺指标主要包括切割速度、表面粗糙度、加工精度等，此外，放电间隙、电极丝损耗量和加工表面层变化也是反映加工效果的重要指标。

（1）切割速度　在保持一定的表面粗糙度的切割过程中，单位时间内电极丝中心线在工件上切过的面积总和称为切割速度，单位为 mm^2/min，其与加工电流大小有关。最高切割速度是指在不计切割方向和表面粗糙度等条件下，所能达到的切割速度。为了对不同脉冲电源在不同加工电流下比较切割速度，引入了切割效率的概念，即每安培电流的切割速度，一般切割效率为 $20mm^2/(min \cdot A)$。

（2）表面粗糙度　表面粗糙度是指加工后表面微不平度的程度，一般用微观轮廓平面度的平均算术偏差值 *Ra*（单位：μm）来表示。高速电火花线切割一般的表面粗糙度值为 *Ra*2.5～5μm，最佳有 *Ra*1μm。低速电火花线切割一般可达 *Ra*1.25μm，最佳可达 *Ra* 0.2μm。

（3）电极丝损耗量　对于高速走丝电火花线切割加工，电极丝损耗量用切割 $1000mm^2$ 面积后电极丝的减少量来表示。一般长 100m 的钼丝，每切割 $10000mm^2$ 后，钼丝直径减小量不应大于 0.01mm。

（4）加工精度　加工精度是指所加工工件的尺寸精度、形状精度（如直线度、平面度、圆度等）和位置精度（如平行度、垂直度、倾斜度等）的总称。高速走丝线切割的可控加工精度为 0.01～0.02mm，低速走丝线切割的可控加工精度可达 0.002～0.005mm。

10.3.2　影响加工工艺指标的因素

影响线切割工艺指标的因素很多，也很复杂，主要包括以下几个方面：

1. 电参数对工艺指标的影响

（1）脉冲宽度 t_w　t_w 增大时，单个脉冲能量增多，切割速度提高，表面粗糙度数值变大，放电间隙增大，加工精度有所下降。粗加工时取较大的脉冲宽度，精加工时取较小的脉冲宽度，切割厚大工件时取较大的脉冲宽度。

（2）脉冲间隔 t_0　t_0 增大，单个脉冲能量降低，切割速度降低，表面粗糙度数值有所增大，粗加工及切割厚大工件时脉冲间隔取宽些，而精加工时取窄些。t_0 减小时，平均电流增大，切割速度加快，但 t_0 不能过小，以避免引起电弧和断丝，一般取 $t_0 =（4 \sim 8）t_w$，基本上能适应各种加工条件。

（3）开路电压 u_0　开路电压 u_0 增大时，放电间隙增大，有利于放电产物的排除和消电离，提高了切割速度和加工稳定性，但易造成电极丝振动，工件表面质量变差，加工精度有所降低，同时会使电极丝损耗加大。通常精加工时取的开路电压比粗加工低，切割厚大工件时取较高的开路电压。一般 $u_0 = 60 \sim 150V$。

（4）放电峰值电流 i_p　放电峰值电流是决定单脉冲能量的主要因素之一。i_p 增大，单个脉冲能量增多，切割速度迅速提高，表面粗糙度值增大，电极丝损耗加大，甚至容易断丝，加工精度有所下降。粗加工及切割厚件时应取较大的放电峰值电流，精加工时取较小的放电峰值电流。

（5）放电波形　电火花线切割加工的脉冲电源主要有晶体管矩形波脉冲电源和高频分组脉冲电源。在相同的工艺条件下，高频分组脉冲能获得较好的加工效果。电压波形前沿上升较缓时，电极丝损耗较小，但这时不利于脉冲宽度变窄，波形不易形成。矩形波脉冲电源在提高切割速度和降低表面粗糙度值之间存在矛盾，二者不能兼顾，只适用于一般精度和表面粗糙度的加工。高频分组脉冲电源是解决这个矛盾比较有效的电源形式，得到了越来越广泛的应用。

2. 非电参数对工艺指标的影响

（1）电极丝材料和直径　高速走丝用的电极丝材料应具有良好的导电性、较大的抗拉强度和良好的耐电腐蚀性能，且电极丝的质量应该均匀，不能有弯折和打结现象。钼丝韧性好，放电后不易变脆，不易断丝，因而应用广泛。黄铜丝加工稳定，切割速度高，但电极丝损耗大。

电极丝的直径决定了切缝宽度和允许的峰值电流。电极丝直径对切割速度的影响较大，若电极丝直径过小，则承受电流小，切缝也窄，不利于排屑和稳定加工，不能获得理想的切割速度。因此，在一定范围内，加大电极丝的直径是对切割速度有利的。但是，电极丝的直径超过一定程度，造成切缝过大，反而影响了切割速度的提高，因此电极丝的直径又不宜过大。电极丝直径一般为 0.12 ~ 0.18mm。

（2）电极丝的松紧程度　电极丝张力过松，则电极丝的抖动较大，影响工件的加工质量和切割速度；电极丝张力过紧，其振动的振幅较小，放电效率相对提高，可提高切割速度，但容易断丝。当电极丝张力适中时，切割速度最大。

（3）电极丝走丝速度　对于高速走丝线切割机床，在一定的范围内，随着走丝速度的提高，有利于电极丝把工作液带入较大厚度的工件放电间隙中，有利于放电通道的消电离和电蚀产物的排除，保持放电加工的稳定，从而提高切割速度；但走丝速度过高，将加大机械振动，降低加工精度和切割速度，表面质量也将恶化，并且易断丝。

低速走丝时由于电极丝张力均匀，振动较小，电极丝直径较小，因而加工稳定性、表面质量及加工精度等均很好。

（4）工件材料及厚度　工件材料不同，其熔点、汽化点和热导率等都不一样，因而加工效率也不同。在采用高速走丝方式和乳化液介质的情况下，通常切割铜、铝及淬火钢等材料比较稳定，切割速度也快。而切割不锈钢、磁钢、硬质合金等材料时，加工不太稳定，切割速度也慢。

工件厚度对加工效果有影响，当工件薄时，工件容易进入并充满放电间隙，对排屑和消电离十分有利，加工稳定性好。但工件太薄，电极丝容易抖动，对切割精度和表面粗糙度都有影响。工件太厚，则工件也难以进入加工间隙，对排屑不利，但电极丝不易产生抖动，因此切割精度较高，表面粗糙度值较小。

此外，机械部分精度（如导轨、轴承、导轮等磨损、传动误差）和工作液（如种类、浓度及其脏污程度等）都会对加工效果产生相当的影响。导轮、轴承偏摆，工作液上、下冲水不均匀，会使加工表面产生上下凹凸相间的条纹，恶化工艺指标。

10.3.3　电火花线切割加工工艺分析

有好的机床设备也不一定能加工出合乎要求的工件，还必须重视线切割加工时的加工工艺分析，只有工艺合理，才能高效率地加工出质量好的零件。

1. 零件图样的分析与方案确定

分析图样对保证工件加工质量和工件的综合技术指标具有重要意义。

在分析图样时，首先要确定不能或不宜用电火花线切割加工的工件图样。大致有以下几种：

1）表面粗糙度和尺寸精度要求很高，切割后无法进行手工研磨的工件。

2）窄缝小于电极丝直径加放电间隙的工件，或图形内拐角处不允许带有电极丝半径加放电间隙所形成的圆角工件。

3）非导电材料。

4）厚度超过丝架跨距的工件。

5）加工场地超过滑板的有效行程长度，且精度要求较高的工件。

6）在符合切割加工的工艺条件下，应着重在表面粗糙度、尺寸精度、工件厚度、工件材料、尺寸大小、配合间隙和冲制厚度等方面仔细考虑。

2. 编制加工程序

要使数控电火花线切割机床按照预定的要求，自动完成切割加工，就应把被加工零件的切割顺序、切割方向、切割尺寸等一系列加工信息，按数控系统要求的格式编制成加工程序，以实现加工。数控电火花线切割机床的编程，主要采用以下三种格式编写：3B 格式编制程序、ISO 代码编制程序和计算机自动编制程序。目前高速走丝线切割一般采用 3B 格式，而低速走丝线切割机床通常采用国际上通用的 ISO 或 EIA 格式。本书主要介绍我国高速走丝线切割机床应用较广的 3B 程序的编程要点。

常见的图形都是由直线或圆弧组成的，任何复杂的图形，只要分解为直线和圆弧，就可依次分别编程。编程时需要用的参数有五个：切割的起点或终点坐标 X、Y 值；切割时的计数长度 J（切割长度在 X 轴或 Y 轴上的投影长度）；切割时的计数方向 G；切割轨迹的类型，称为加工指令 Z。

（1）程序格式：BXBYBJGZ。

说明：

1）B——分隔符号。用它来区分、隔离 X、Y、J 数值，这种程序格式称为“3B 格式”。B 后面的数值若为 0，则 0 可不写，但分隔符号 B 不能省略。

2）X、Y——坐标系和坐标值 X、Y 的确定。平面坐标系是这样规定的：面对机床操作台，工作台平面为坐标平面，左右方向为 X 轴，且右方为正；前后方向为 Y 轴，且前方为正。

X、Y 为直线的终点或圆弧起点的坐标值，编程时均取绝对值，单位为 μm。

当加工与 X、Y 轴不重合的斜线时，取加工的起点为切割坐标系的原点，X、Y 值为终点坐标值，允许将 X、Y 值按相同比例放大和缩小。当加工圆弧时，坐标原点取在圆心，X、Y 为圆弧起点的坐标值。

3）J——计数长度。计数长度是指被加工图形在计数方向上的投影长度（绝对值）的总和，单位为 μm。有些数控线切割机床规定应写满六位数，如计数长度为 7234μm，应写为 007234μm，有些数控线切割机床编程不必用 0 填满六位数，如计数长度为 7234μm。

4）G——计数方向。计数方向可按 X 轴方向或 Y 轴方向计数，分为 GX、GY。它确定在加工直线或圆弧时按哪一坐标轴方向取计数长度值。对于直线，其终点的坐标值在哪一坐标轴方向上的数值大，就取该坐标轴方向为计数方向，即 $|X| > |Y|$ 时取 GX，$|X| < |Y|$ 时取 GY，当 $|X| = |Y|$ 时，第一、三象限直线取 GY，第二、四象限直线取 GX，如图 10-3a 所示。圆弧的规定与直线相反，圆弧终点坐标中绝对值较小的轴向为计数方向，即 $|X| > |Y|$ 时取 GY，$|X| < |Y|$ 时取 GX，当 $|X| = |Y|$ 时，取 GX 或 GY 都可以，如图 10-3b 所示。

5）Z——加工指令。加工直线时有四种加工指令：L1、L2、L3、L4。如图 10-

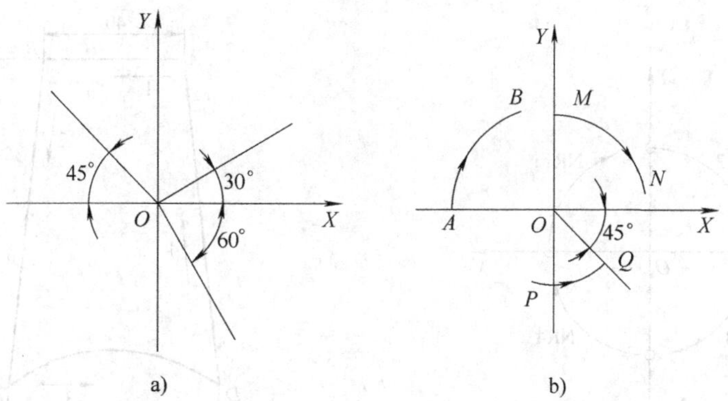

图 10-3　计数方向
a）直线计数方向的确定　b）圆弧计数方向的确定

4 所示，当直线处于第Ⅰ象限（包括 X 轴而不包括 Y 轴）时，加工指令记作 L1；当处于第Ⅱ象限（包括 Y 轴而不包括 X 轴）时，记作 L2；L3、L4 依次类推。

加工顺圆弧时有四种加工指令：SR1、SR2、SR3、SR4。如图 10-5 所示，当圆弧的起点在第Ⅰ象限（包括 Y 轴而不包括 X 轴）时，加工指令记作 SR1；当起点在第Ⅱ象限（包括 X 轴而不包括 Y 轴）时，记作 SR2；SR3、SR4 依次类推。

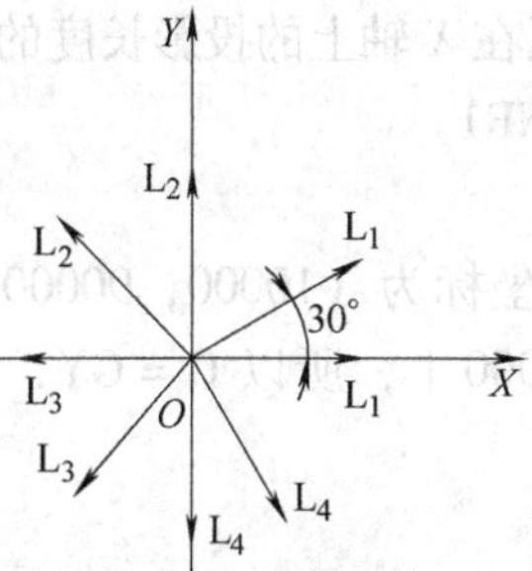

图 10-4　直线终点在象限内和坐标轴上的加工指令

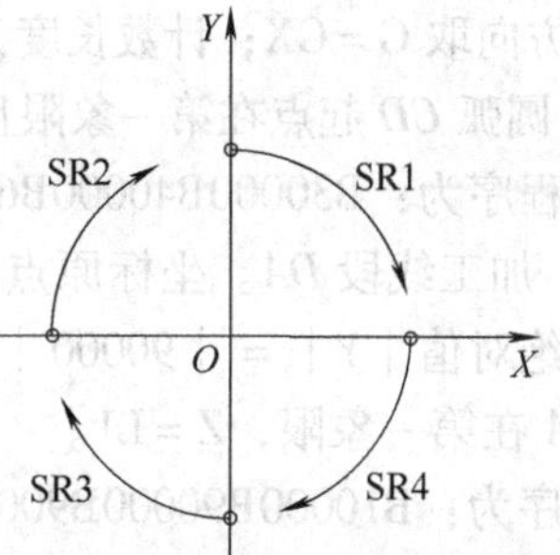

图 10-5　顺时针加工圆弧

加工逆圆弧时有四种加工指令：NR1、NR2、NR3、NR4。如图 10-6 所示，当圆弧的起点在第Ⅰ象限（包括 X 轴而不包括 Y 轴）时，加工指令记作 NR1；当起点在第Ⅱ象限（包括 Y 轴而不包括 X 轴）时，记作 NR2；NR3、NR4 依次类推。

（2）编程举例　试用3B 格式编写图 10-7 所示轨迹的程序，切割路线为：A→B→C→D→A，不考虑切入路线的程序。

编制程序如下：

1）线段 AB。坐标原点为 A，B 点坐标为（40000，0）。因 AB 与 X 轴重合，故 G = GX，J = 40000，Z = L1。

程序为：B40000BB40000GXL1。

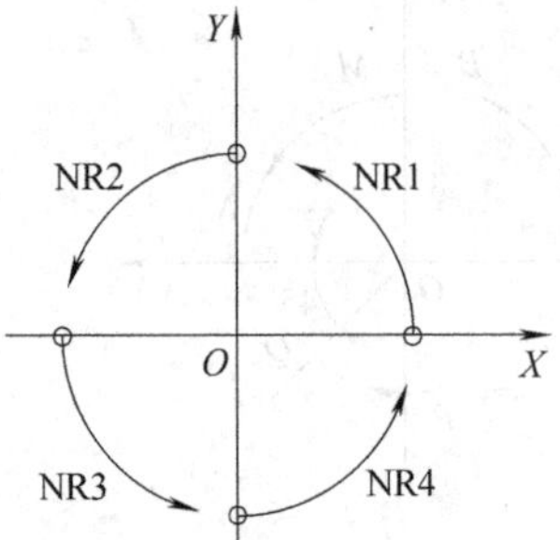

图 10-6 逆时针加工圆弧

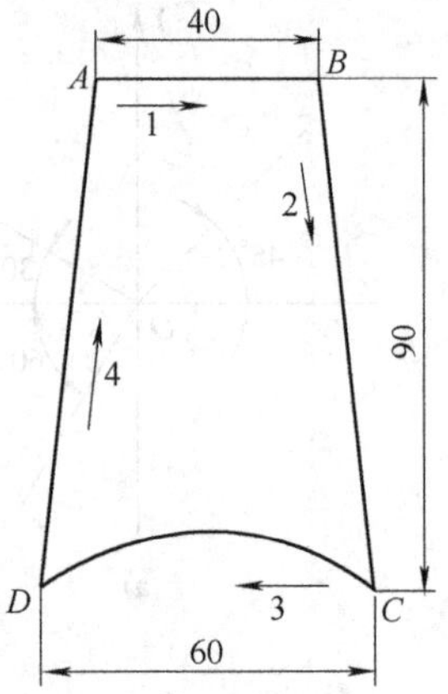

图 10-7 编程举例

2）线段 BC。坐标原点为 B，C 点坐标为（10000，−90000）。因 C 点坐标绝对值 $|Y|>|X|$，故 G = GY，J = 90000；BC 在第四象限，Z = L4。

程序为：B10000B90000B90000GYL4

3）加工圆弧 CD。坐标原点在圆心 O，起点 C 的坐标为（30000，40000）。因为圆弧的终点靠近 Y 轴，D 点坐标绝对值 $|Y|=|40000|>|X|=|-30000|$，所以计数方向取 G = GX；计数长度为各象限中的圆弧在 X 轴上的投影长度的总和，J = 60000；圆弧 CD 起点在第一象限且为逆圆弧，Z = NR1。

故程序为：B30000B40000B60000GXNR1

4）加工线段 DA。坐标原点为 D，终点 A 的坐标为（10000，90000）。因为 A 点坐标绝对值 $|Y|=|90000|>|X|=|10000|$，所以 G = GY，J = 90000，线段 DA 在第一象限，Z = L1。

程序为：B10000B90000B90000GYL1

实际线切割加工和编程时，要考虑钼丝半径 r 和单面放电间隙 S 的影响。对于切割孔和凹体，应将编程轨迹偏移减小 $r+S$，对于凸体，则应将偏移增大 $r+S$。

10.3.4 工艺准备

工艺准备主要包括工件材料的选择、电极丝的选择和调整、工件的装夹和调整、工作液的选配、加工参数的选择等。

1. 工件材料的选择

工件材料的选择是在图样设计时确定的。作为模具加工，在加工前毛坯需经锻打和热处理。锻打后的材料在锻打方向与其垂直方向会有不同的残余应力；淬火后也会出现残余应力。加工过程中残余应力的释放会使工件变形，从而达不到加工尺寸精度要求，淬火不当的工件还会在加工过程中出现裂纹，因此，工件需经两次以上回火或高温回火。另外，加工前还要进行消磁处理及去除表面氧化皮和锈斑等。

模具零件一般采用锻造毛坯，其线切割加工常在淬火与回火后进行。受材料淬透性的影响，当大面积去除金属和切断加工时，会使材料内部残余应力的相对平衡状态遭到破坏而产生变形，影响加工精度，甚至在切割过程中造成材料突然开裂。为减少这种影响，除在设计时应选用锻造性能好、淬透性好、热处理变形小的合金工具钢（如Cr12、Cr12MoV、CrWMn）作模具材料外，对模具毛坯锻造及热处理工艺也应正确进行。

2. 电极丝的选择和调整

（1）电极丝的选择　电极丝应具有良好的导电性和抗电蚀性，抗拉强度高，材质均匀。常用电极丝有钼丝、钨丝、黄铜丝和包芯丝等。钨丝抗拉强度高，直径在0.03~0.1mm，一般用于各种窄缝的精加工，但价格昂贵。黄铜丝适合于慢速加工，加工表面质量和平直度较好，蚀屑附着少，但抗拉强度差，损耗大，直径在0.1~0.3mm，一般用于慢速单向走丝加工。钼丝抗拉强度高，适于高速走丝加工，所以我国高速走丝机床大都选用钼丝作电极丝，直径在0.08~0.2mm。

电极丝直径的选择应根据切缝宽窄、工件厚度和拐角尺寸大小来选择。若加工带尖角、窄缝的小型模具，宜选用较细的电极丝；若加工厚大工件或大电流切割时，应选较粗的电极丝。

（2）穿丝孔和电极丝切入位置的选择　穿丝孔是电极丝相对工件运动的起点，同时也是程序执行的起点，一般选在工件的基准点处。为缩短开始切割时的切入长度，穿丝孔也可选在距离型孔边缘2~5mm处。加工凸模时，为减小变形，电极丝切割时的运动轨迹与边缘的距离应大于5mm。

（3）电极丝位置的调整　线切割加工之前，应将电极丝调整到切割的起始坐标位置上，其调整方法有目测法、火花法和自动找中心。对于加工要求较低的工件，在确定电极丝与工件基准间的相对位置时，可以直接利用目测法或借助2~8倍的放大镜来进行观察。火花法是移动工作台使工件的基准面逐渐靠近电极丝，在出现火花的瞬时，记下工作台的相应坐标值，再根据放电间隙推算电极丝中心的坐标。自动找中心就是让电极丝在工件孔的中心自动定位。此法是根据线电极与工件的短路信号来确定电极丝的中心位置的。数控功能较强的线切割机床常用这种方法。

3. 工件的装夹和调整

（1）工件的装夹　装夹工件前，先校正电极丝与工作台的垂直度；装夹工件时，必须保证工件的切割部位位于机床工作台纵向、横向进给的行程允许范围之内，避免超出极限。同时应考虑切割时电极丝运动空间。选择合适的夹具将工件固定在工作台上，夹具应尽可能选择通用（或标准）件，所选夹具应便于装夹，便于协调工件和机床的尺寸关系。在加工大型模具时，要特别注意工件的定位方式，尤其在加工快结束时，工件的变形、重力的作用会使电极丝被夹紧，影响加工。装夹的方式有悬臂式装夹、两端支撑方式装夹、桥式支撑方式装夹、板式支撑方式装夹等。

（2）工件的调整 工件装夹方式确定后，还必须配合找正法进行调整，方能使工件的定位基准面分别与机床的工作台面和工作台的进给方向（X 向或 Y 向）保持平行，以保证所切割的表面与基准面之间的相对位置精度。同时，调整好机床线架高度，切割时，保证工件和夹具不会碰到线架的任何部分。常用的找正方法有百分表找正、划线法找正等。

4. 工作液的选配

数控线切割加工中，工作液是脉冲放电的介质，对加工工艺指标的影响很大，对切割速度、表面粗糙度和加工精度也有影响。应根据线切割机床的类型和加工对象，选择工作液的种类、浓度及电导率等。常用的工作液主要有乳化液和去离子水。低速走丝线切割加工目前普遍使用去离子水。为了提高切割速度，在加工时还要加入有利于提高切割速度的导电液，以增加工作液的电阻率。加工淬火钢，电阻率在 $2\times10^4\Omega\cdot cm$ 左右；加工硬质合金，电阻率在 $30\times10^4\Omega\cdot cm$ 左右。对于高速走丝线切割加工，目前最常用的是乳化液。乳化液是由乳化油和工作介质配制（浓度为5%～10%）而成的。工作介质可用自来水，也可用蒸馏水、高纯水和磁化水。

5. 加工参数的选择

线切割加工一般都采用晶体管高频脉冲电源，用单个脉冲能量小、脉冲宽度窄、频率高的脉冲参数进行正极性加工。加工时，可改变的脉冲参数主要有电流峰值、脉冲宽度、脉冲间隔、空载电压、放电电流。要求获得较好的表面质量时，所选用的电参数要小；若要求获得较高的切割速度，脉冲参数要选大一些，但加工电流的增大受排屑条件及电极丝截面积的限制，过大的电流易引起断丝。此外，应保持稳定的电源电压，电源电压不稳定会造成电极与工件两端不稳定，引起击穿放电过程不稳定，从而影响工件加工质量，所以要选择合理的加工参数。

10.4 线切割机床安全生产和注意事项

1. 机床操作步骤

1）合上机床主机上电源开关。

2）合上机床控制柜上电源开关，启动计算机，双击计算机桌面上 YH 图标，进入线切割控制系统。

3）解除机床主机上的急停按钮。

4）按机床润滑要求加注润滑油。

5）开启机床空载运行 2min，检查其工作状态是否正常。

6）按所加工零件的尺寸、精度、工艺等要求，在线切割机床自动编程系统中编制线切割加工程序，并送控制台；或手工编制加工程序，并通过软驱读入控制系统。

7）在控制台上对程序进行模拟加工，以确认程序准确无误。

8）装夹工件，开启储丝筒、切削液。

9）选择合理的电加工参数。

10）手动或自动对刀。

11）单击控制台上的“加工”键，开始自动加工。

12）加工完毕后，按〈Ctrl + Q〉键退出控制系统，并关闭控制柜电源。

13）拆下工件，清理机床。

14）关闭机床主机电源。

2. 机床安全操作规程

1）学生初次操作机床，须仔细阅读线切割机床实训指导书或机床操作说明书，并在指导人员的指导下进行操作，未经允许，不得单独操作线切割机床。

2）操作前，必须穿戴好工作服及防护用品，防止衣服、头发等物品被电极丝卷住。开机前，检查机床的润滑油以及去离子水工作液的液面高度是否达到要求。

3）手动或自动移动工作台时，必须注意钼丝位置，避免钼丝与工件或工装产生干涉而造成断丝。

4）用机床控制系统的自动定位功能进行自动找正时，必须关闭高频，否则会烧丝。

5）关闭储丝筒时，必须停在两个极限位置（左或右）。

6）装夹工件时，必须考虑本机床的工作行程，加工区域必须在机床行程范围之内。

7）工件及装夹工件的夹具高度必须低于机床丝架高度，否则，加工过程中会发生工件或夹具撞上丝架而损坏机床的情况。

8）支撑工件的工装位置必须在工件加工区域之外，否则，加工时会连同工件一起割掉。

9）机器在运行（运丝）状态时，严禁用手触及电极丝，以防止触电、伤手。

10）机器运行过程中操作者必须坚守岗位，随时观察加工过程，如发生意外情况，应采取下列措施：

①　单击“暂停”（或键入“P”暂停），排除故障后，再进行加工。

②　或按下机床上的红色“急停”按钮，停机检查。

11）切割加工时要协调进给速度和电蚀速度，不得出现欠跟踪或过跟踪的情况。欠跟踪使加工经常处于开路状态，电流不稳定，容易造成断丝；过跟踪则容易造成短路。

12）在加工过程中，不应改变电规准，否则会造成加工表面粗糙度不一致。必要时，必须切断高频脉冲输出，再改变电规准。

13）技术参数已由制造厂家设定，不得随意变动，否则将使机床无法正常运行。

14）工件加工完毕，必须随时关闭高频。

15）经常检查导轮、排丝轮、轴承、钼丝、切割液等易损、易耗件（品），若发现损坏，应及时更换。

练　习　题

1. 简述线切割加工的工作原理。
2. 数控电火花线切割加工的主要特点有哪些？
3. 线切割加工的主要工艺指标有哪些？

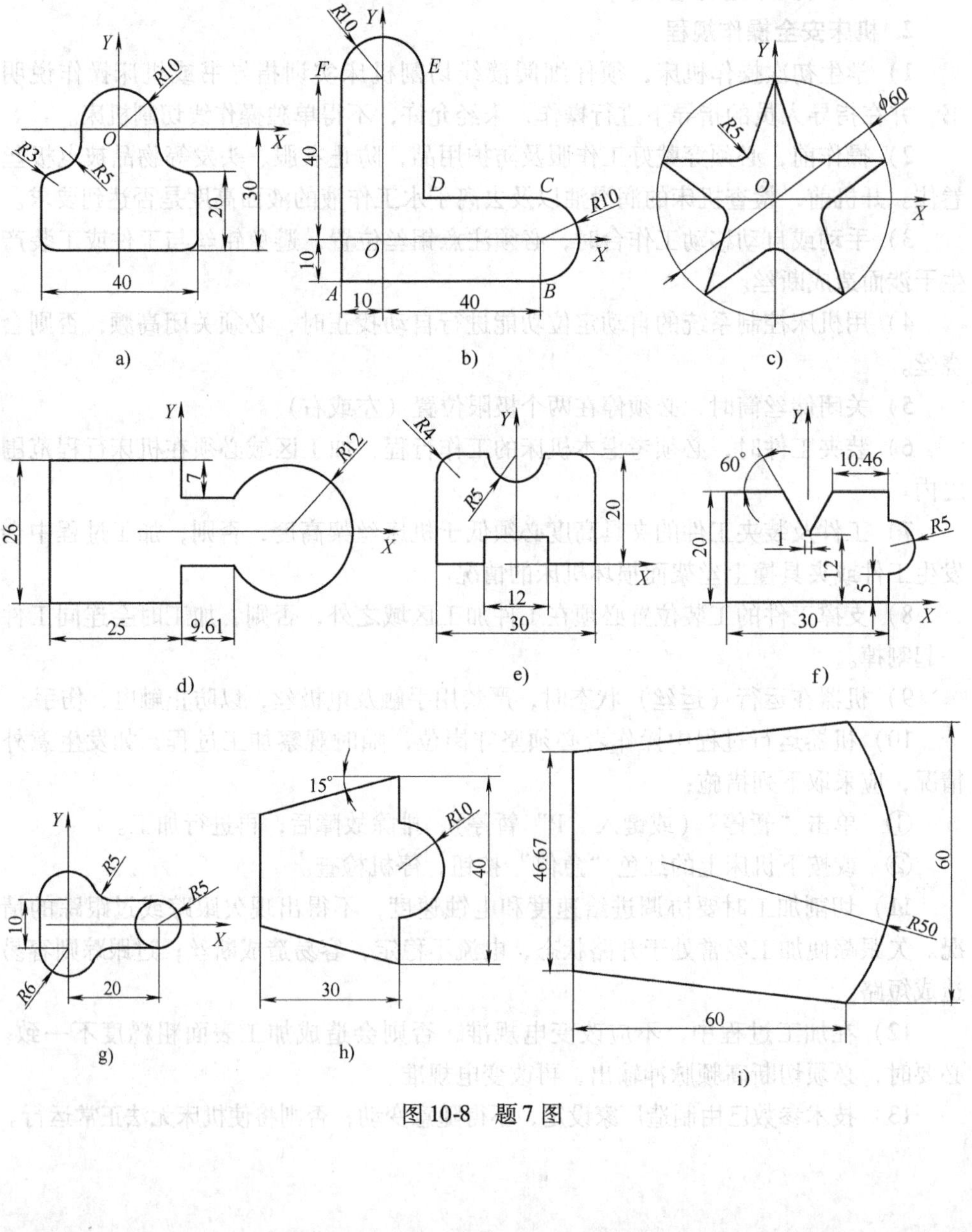

图 10-8　题 7 图

4. 高速与低速走丝线切割机床的主要区别有哪些?
5. 简述数控电火花线切割的应用范围。
6. 数控电火花线切割操作的注意事项有哪些?
7. 试编写图 10-8 中各图高速走丝线切割的 3B 格式程序。

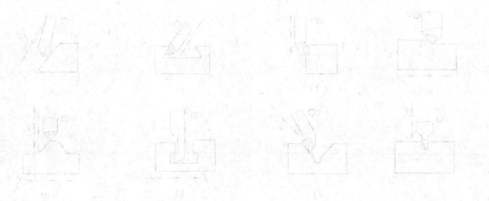

第 11 章　刨削及磨削

11.1　刨削

刨削在单件、小批量生产和修配工作中得到广泛的应用。刨削主要用于加工各种平面（水平面、垂直面和斜面）、各种沟槽（直槽、T 形槽、燕尾槽等）和成形面等，如图 11-1 所示。

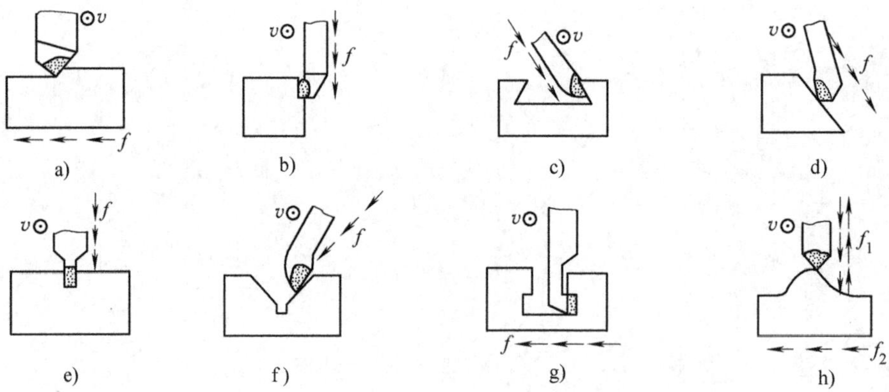

图 11-1　刨削加工的主要应用

a）平面刨刀刨平面　b）偏刀刨垂直面　c）角度偏刀刨燕尾槽　d）偏刀刨斜面
e）切刀切断　f）偏刀刨 V 形槽　g）弯切刀刨 T 形槽　h）成形刨刀刨成形面

11.1.1　刨床简介

1. 牛头刨床

（1）牛头刨床的特点　牛头刨床是刨床中应用较广的一种。牛头刨床由滑枕带着刀架作直线往复运动，适用于刨削长度不超过 650mm 的中小型零件。牛头刨床的特点是调整方便，但由于是单刃切削，而且切削速度低，回程时不工作，所以生产效率低，适用于单件小批量生产。刨削公差等级一般为 IT7 ~ IT9，表面粗糙度值 Ra 为 3.1 ~ 6.3μm。

（2）牛头刨床的组成部分及作用　B6065 型牛头刨床的结构如图 11-2 所示，一般由床身、滑枕、底座、横梁、工作台和刀架等部件组成。

1）床身。床身主要用来支撑和连接机床各部件。其顶面的燕尾形导轨供滑枕作往复运动；床身内部有齿轮变速机构和摆杆机构，可用于改变滑枕的往复运动速度和行程长短。

2）滑枕。滑枕主要用来带动刨刀作往复直线运动（即主运动），前端装有刀架。其内部装有丝杠螺母传动装置，可用于改变滑枕的往复行程位置。

3）刀架。刀架主要用来夹持刨刀，如图 11-3 所示。松开刀架上的手柄，滑板可以沿转盘上的导轨带动刨刀作上下移动；松开转盘上两端的螺母，扳转一定的角度，可以加工斜面以及燕尾形零件。抬刀板可以绕刀座的轴转动，使刨刀回程时，可绕轴自由上抬，减少刀具与工件的摩擦。

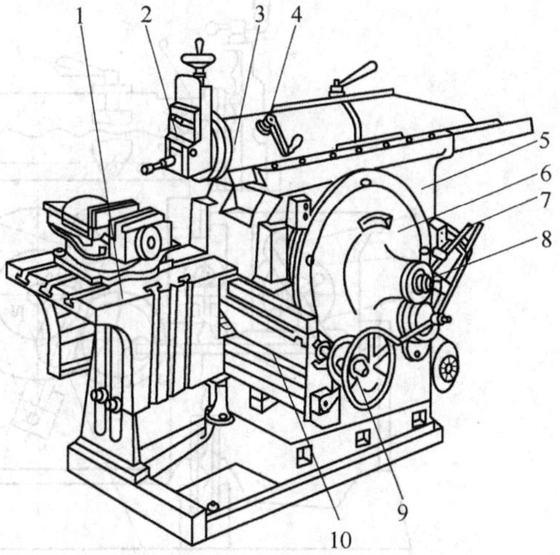

图 11-2　B6065 型牛头刨床

1—工作台　2—刀架　3—滑枕　4—行程位置调整手柄　5—床身　6—摆杆机构　7—变速机构　8—行程长度调整方榫　9—进刀机构　10—横梁

4）工作台和横梁。横梁安装在床身前部的垂直导轨上，能够上下移动。工作台安装在横梁的水平导轨上，能够水平移动。工作台主要用来安装工件。台面上有 T 形槽，可穿入螺栓头装夹工件或夹具。工作台可随横梁上下调整，也可随横梁作横向间歇移动，这个移动称为进给运动。

(3）牛头刨床的传动系统　B6065 型牛头刨床的传动系统如图 11-4 所示，其中包括以下几部分：

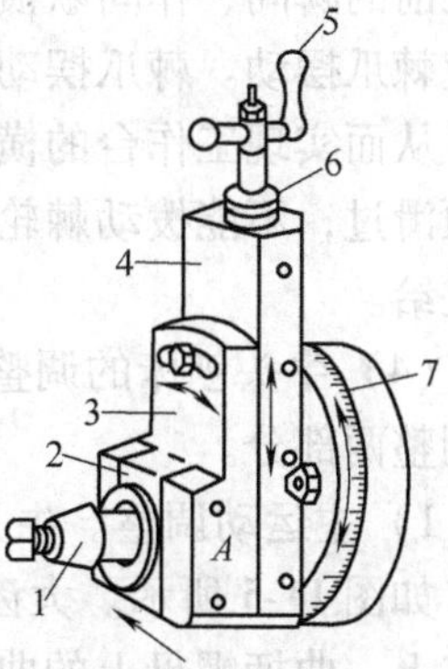

图 11-3　刀架

1—刀夹　2—抬刀板　3—刀座　4—滑板　5—刀架进给手柄　6—刻度盘　7—转盘

1）摆杆机构。摆杆机构的作用是把摇杆齿轮的旋转运动转变为滑枕的往复直线运动，其工作原理如图 11-4 所示。摇杆齿轮每转动一周，滑枕就往复运动一次。工作行程时间大于回程时间，但工作行程和回程的长度相等，因此回程速度比工作速度快（即慢进快回）。另外，无论在工作行程还是在回程，滑枕的运动速度是不等的，每时每刻都是变化的。

2）变速机构。变速机构的作用是把电动机的旋转运动以不同的速度传给摇杆齿轮，轴和轴上分别装有两组滑动齿轮，轴Ⅲ有 3 ×2 =6 种转速传给摇杆齿轮。

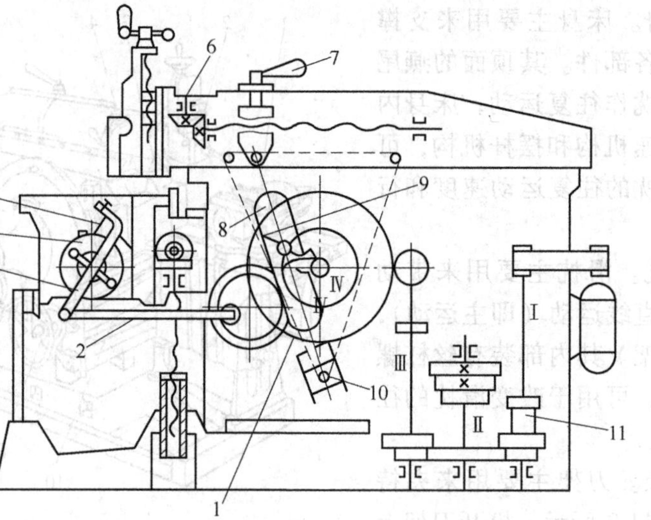

图 11-4 B6065 型牛头刨床传动系统

1—摆杆机构 2—连杆 3—摇杆 4—棘轮 5—棘爪 6—行程位置调整方榫 7—滑枕锁紧手柄 8—摆杆 9—滑块 10—下支点 11—变速机构

3）进给机构。进给机构的作用是使工作台在滑枕回程结束与刨刀再次切入工件之前的瞬间，作间歇横向进给，其结构如图 11-4 所示。摇杆齿轮转动，通过连杆使棘爪摆动。棘爪摆动时，拨动棘轮，带动工作台横向进给丝杠作一定角度的转动，从而实现工作台的横向进给。棘爪返回时，由于其后面为一斜面，只能从棘轮齿顶滑过，不能拨动棘轮，所以工作台静止不动。这样，就实现了工作台的间歇横向进给。

（4）牛头刨床的调整 牛头刨床的调整包括主运动调整和工作台横向进给运动调整两部分。

1）主运动调整。牛头刨床的主运动是滑枕的往复运动，是通过摆杆机构实现的，如图 11-5 所示。大齿轮与摆杆通过曲柄螺母与滑块等相连，曲柄螺母套在小丝杠上，曲柄螺母上的曲柄销插在滑块内，滑块可在摆杆槽内滑动。当大齿轮旋转时，便带动曲柄螺母、小丝杠及滑块一起旋转，滑块在摆杆槽内滑动并带动摆杆绕下支点摆动。摆杆下端与滑枕相连，使滑枕获得直线往复运动。大齿轮转动一圈，滑枕往复一次。

滑枕往复运动的调整包括以下三方面：

① 滑枕行程长度的调整。滑枕行程长度一般比工件加工长度长 30 ~ 40mm。调整时，松开调整方榫 8（见图 11-2）端部的滚花螺母，然后用曲柄转动方榫 8，可改变滑块在大齿轮端面上的位置，使摆杆的摆动幅度随之改变，从而改变滑枕行程长度。顺时针转动时，滑枕行程增长，逆时针转动则行程缩短。

② 滑枕行程位置的调整。当行程长度调整好后，还应调整滑枕的行程位置。

调整时，松开滑枕锁紧手柄（图11-4），转动行程位置方榫，通过锥齿轮传动使丝杠旋转，由于螺母固定不动，所以丝杠带动滑枕移动，即可调整滑枕的行程位置，顺时针转动时，滑枕起始位置向后移动；反之，滑枕向前移动。

③　滑枕往复运动速度的调整。滑枕往复运动速度是由滑枕每分钟往复次数和行程长度确定的。它的调整是通过扳动变速手柄、改变滑动齿轮的位置来实现的，可使滑枕得到六种不同的每分钟往复次数。

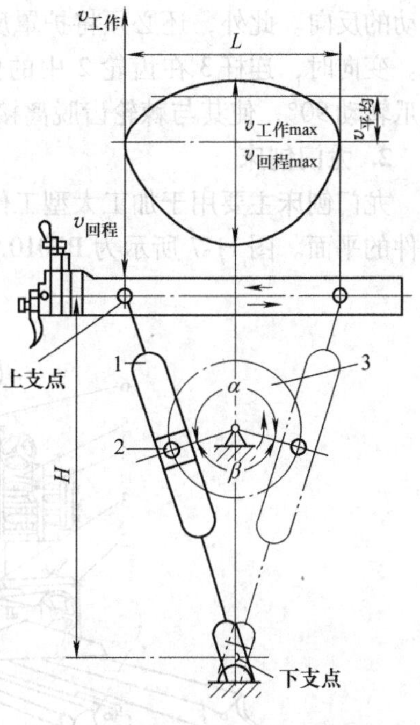

图11-5　摆杆机构及其工作原理
1—摆杆　2—滑块　3—大齿轮

2）工作台横向进给运动调整。工作台横向进给运动是间歇运动，通过棘轮机构来实现的，棘轮机构如图11-6所示。进给运动的调整包括以下两方面。

①　横向进给量的调整。当大齿轮带动一对齿数相等的齿轮1、2转动时，通过连杆3使棘爪4摆动，并拨动固定在进给丝杠上的棘轮5转动。棘爪每摆动一次，便拨动棘轮和丝杠转动一定角度，使工作台实现一次横向进给。由于棘爪背面是斜面，当它朝反方向摆动时，爪内弹簧被压缩，棘爪从棘轮齿顶滑过，不带动棘轮转动，所以工作台的横向进给是间歇的。进给量的大小取决于滑枕每往复一次时棘爪所能拨动的棘轮齿数 k，因此调整横向进给量，实际是调整棘轮护罩缺口的位置，从而改变 k 值，调整范围为 $k=1\sim10$。

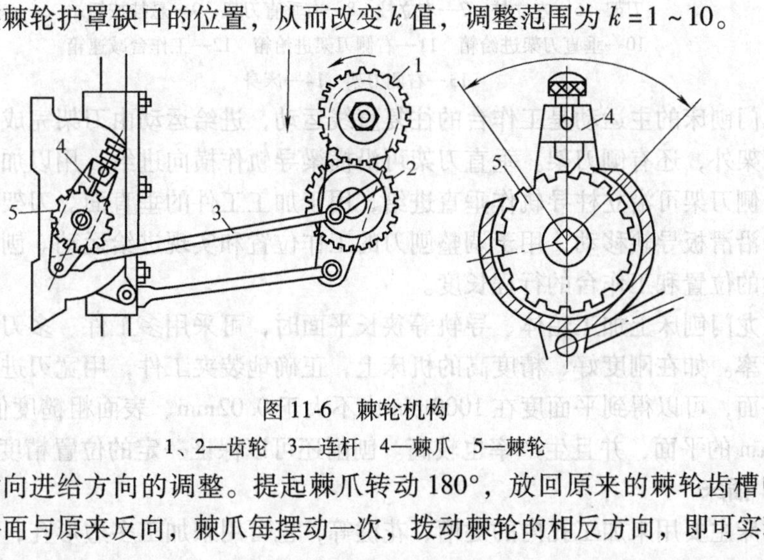

图11-6　棘轮机构
1、2—齿轮　3—连杆　4—棘爪　5—棘轮

②　横向进给方向的调整。提起棘爪转动180°，放回原来的棘轮齿槽中，此时棘爪的斜面与原来反向，棘爪每摆动一次，拨动棘轮的相反方向，即可实现进给

运动的反向。此外，还必须将护罩反向转动，使另一边露出棘轮的齿，以便棘爪拨动。变向时，连杆 3 在齿轮 2 中的位置应调整 180°，以便刨刀后退时进给。提起棘爪转动 90°，使其与棘轮齿脱离接触，则停止自动进给。

2. 龙门刨床

龙门刨床主要用于加工大型工件上长而窄的平面、大平面或同时加工多个小型工件的平面。图 11-7 所示为 B2010A 型龙门刨床。

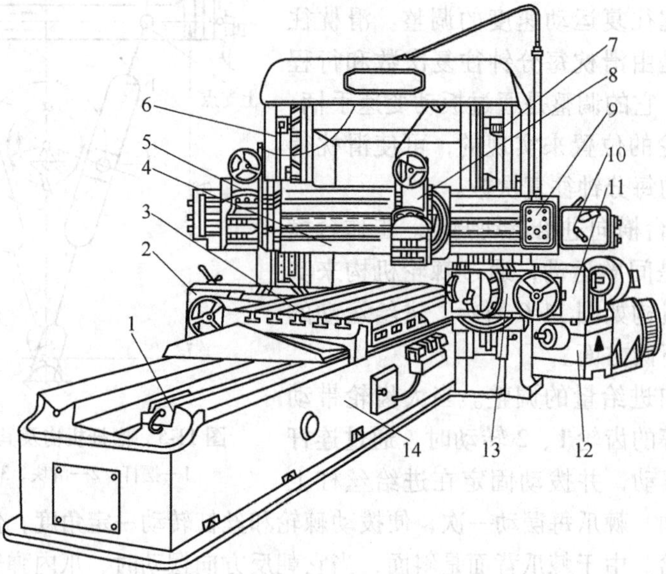

图 11-7　B2010A 型龙门刨床

1—液压安全器　2—左侧刀架进给箱　3—工作台　4—横梁　5—左垂直刀架　6—左立柱　7—右立柱　8—右垂直刀架　9—悬挂按钮站　10—垂直刀架进给箱　11—右侧刀架进给箱　12—工作台减速箱　13—右侧刀架　14—床身

龙门刨床的主运动是工作台的往复直线运动，进给运动由刀架完成。刀架除有垂直刀架外，还有侧刀架。垂直刀架可沿横梁导轨作横向进给，用以加工工件的水平面；侧刀架可沿立柱导轨作垂直进给，用于加工工件的垂直面。刀架也可绕转盘旋转和沿滑板导轨移动，用于调整刨刀的工作位置和实现进给运动。刨削时要调整好横梁的位置和工作台的行程长度。

在龙门刨床上加工箱体、导轨等狭长平面时，可采用多工件、多刀刨削，以提高生产率。如在刚度好、精度高的机床上，正确地装夹工件，用宽刃进行小进给量精刨平面，可以得到平面度在 1000mm 内不大于 0.02mm、表面粗糙度值 *Ra* 为 0.8 ~1.6μm 的平面，并且生产率也较高。刨削还可以保证一定的位置精度。

3. 插床

插床主要用来加工孔内的键槽、花键等，也可用来加工多边形孔，利用划线还可加工盘形凸轮等特殊型面。图 11-8 所示为 B5020 型插床。

插床的结构原理与牛头刨床属同一类型。不同的是，主运动为滑枕在垂直方向的上下往复运动。工作台由下滑座、上滑座和圆工作台等部分组成。下滑座可作横向进给，上滑座可作纵向进给，圆工作台的回转可作圆周进给和圆周分度。

插削精度（如平面的平面度、侧面对基面的垂直度及加工面间的垂直度）可达 0.025mm/300mm，表面粗糙度值 Ra 为 1.6 ~6.3μm。

插削加工生产率低，一般多用于工具车间、机修车间和单件小批量生产。

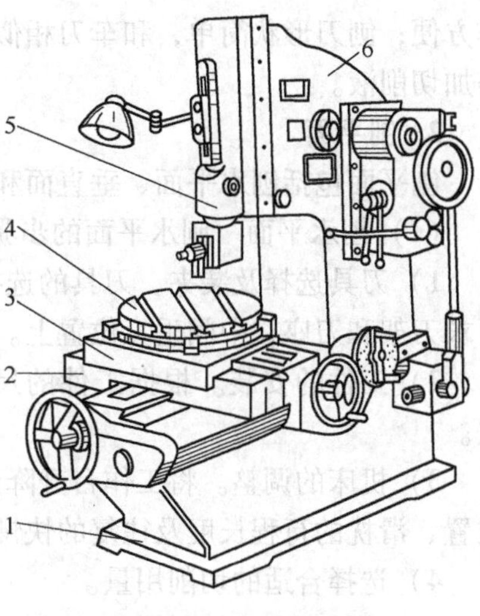

图 11-8 B5020 型插床

1—床身 2—下滑座 3—上滑座 4—圆工作台 5—滑枕 6—立柱

11.1.2 刨床安全生产和注意事项

刨削加工应遵循机加工的一般操作规程，同时还应注意下述事项。

1）工作时，禁止站在工作台前面，以防切屑与工件落下伤人。

2）严禁在工作台上、机用虎钳上和横梁导轨上敲击和校正工件，也不准在工作台上堆放工具、量具和工件。

3）开动机床时要前后照顾，避免机床碰伤人或损坏工件和设备。开动机床后，绝不允许擅自离开机床。

4）工作结束后，应将牛头刨床的工作台移到横梁的中间位置，并紧固工作台前端下面的支承柱，使滑枕停在床身的中部；应将龙门刨床的工作台移动到床身的中间，将刀架移动到横梁两侧与立柱相应的位置上；刨床的手柄应放在空挡，在规定的位置上加注润滑油；最后关闭电源。

11.1.3 刨削基本操作

1. 刨削加工的特点

1）刨削是不连续的切削过程，刀具切入、切出时切削力有突变，将引起冲击和振动，限制了刨削速度。此外，单刃刨刀实际参加切削的长度有限，一个表面往往要经过多次行程才能加工出来，刨刀返回行程时不工作。由于以上原因，刨削生产率一般低于铣削，但对于狭长表面（如导轨面）的加工，以及在龙门刨床上进行多刀、多件加工，其生产率可能高于铣削。

2）刨削加工通用性好，适应性强，刨床结构较车床、铣床等简单，调整和操作方便；刨刀形状简单，和车刀相似，制造、刃磨和安装都较方便；刨削时一般不需加切削液。

2. 刨平面

刨平面包括刨水平面、垂直面和斜面。

（1）刨水平面　刨水平面的步骤如下。

1）刀具选择及装夹。刀具的选择主要考虑工件的材质和加工要求。刀具装夹要求刀架和刀座在中间垂直位置上。

2）工件的安装。根据工件的尺寸、形状、装夹精度要求选择适当的装夹方法。

3）机床的调整。将工作台升降到工件接近刀具的适当位置，调整滑枕的起始位置、滑枕的行程长度及往复的快慢。

4）选择合适的切削用量。

5）试切。开动机床用手动进给方式进行试切，确定合适的切削深度，再用自动进给方式，进行正式刨削平面工作。

6）刨削完毕后停车进行检验，尺寸合格后再卸下工件。

（2）刨垂直面　刨垂直面时应采用偏刀，用刀架垂直走刀来加工平面。刨垂直面的工作顺序与刨水平面相似，安装工件时，应保证待加工表面与工作台垂直，并与切削方向平行。安装偏刀时，偏刀伸出长度要大于垂直面高度或台阶的深度 15 ~ 20mm，以防刀架与工件相碰。

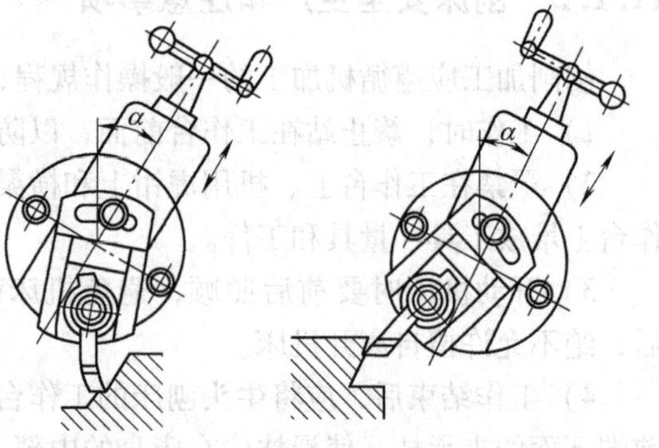

图 11-9　正夹斜刨法刨斜面

（3）刨斜面　在刨床上加工斜面，常用的方法有正夹斜刨法、斜夹正刨法和样板刀刨削法。

图 11-9 所示为正夹斜刨法刨斜面，刨削时刀架转盘不是对准零刻线，而是必须转一定角度。刀架的倾斜角度等于工件待加工斜面与机床纵向铅垂面的夹角。该法使用的刨刀为偏刀。

3. 刨沟槽

刨沟槽包括刨直角槽、T 形槽、V 形槽、燕尾槽等，下面主要介绍刨直角槽和燕尾槽。

（1）刨直角槽　刨直角槽需要用切刀，以垂直进给的方法进给。

（2）刨燕尾槽　燕尾槽的关键组成为两个对称的内斜面。刨燕尾槽所用刀具为左、右偏刀。刨削方法是刨直角槽和斜面的组合，刨削步骤如图 11-10 所示。

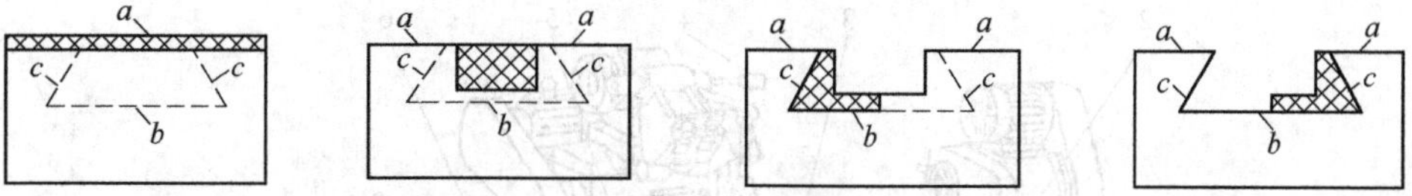

图 11-10　刨燕尾槽

1）先用平面刨刀刨顶面，再用切刀刨直角槽。槽宽小于燕尾槽槽口宽度，槽底需要留出加工余量。

2）用左偏刀刨左侧斜面及槽底面左边部分。

3）用右偏刀刨右侧斜面及槽底面右边部分。

4）在燕尾槽的内角、外角的夹角处切槽和倒角。

11.2　磨削

磨床是以砂轮作切削刀具的机床。磨床的种类很多，常用的有外圆磨床、内圆磨床、平面磨床、无心磨床、工具磨床和各种专门化磨床。

11.2.1　外圆磨床

外圆磨床主要用于磨削圆柱形和圆锥形外表面，其中，万能外圆磨床还可以磨削内孔和内锥面。下面以 M1432A 型万能外圆磨床为例进行介绍。

M1432A 型万能外圆磨床的外形如图 11-11 所示，其主要组成如下。

（1）床身　床身主要用来支持磨床的各个部件，上部装有工作台和砂轮架。床身上有两组导轨，可供工作台和砂轮架作纵向和横向移动。床身内部装有液压传动系统。

（2）工作台　工作台由上、下两层组成，安装在床身和纵向导轨上，可沿导轨作往复直线运动，以带动工件作纵向进给。工作台面上装有头架和尾架。

（3）砂轮架　砂轮架安装在床身的横向导轨上，用来安装砂轮。砂轮架可由液压传动系统实现沿床身横向导轨的移动，移动方式有自动间歇进给、快速进退，还可实现手动径向进给。砂轮座还可绕垂直轴线偏转一定角度，以便磨削圆锥面。砂轮由单独的电动机作动力源，经变速机构变速后实现高速旋转。

（4）头架和尾架　头架的主轴端部可以安装顶尖、拨盘或卡盘，以便装夹工件。头架主轴由单独的电动机通过带传动及变速机构，使工件获得不同转速。头架可以在水平面内偏转一定角度，以便磨削圆锥面。尾架的套筒内装有顶尖，用来支撑较长工件。扳动尾架上的杠杆，顶尖套筒可缩进或伸出，并利用弹簧的压力顶住工件。

（5）内圆磨头　内圆磨头的主轴上可安装磨削内圆的砂轮，用来磨削内圆柱面和内圆锥面。它可绕砂轮架上的销轴翻转，在使用时翻转到工作位置，不使用时

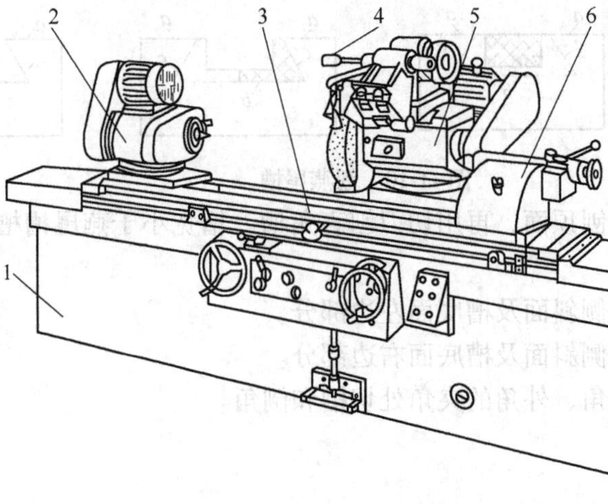

图 11-11　M1432A 型万能外圆磨床

1—床身　2—头架　3—工作台　4—内磨装置　5—砂轮架　6—尾架

翻向砂轮架上方。

11.2.2　平面磨床

平面磨床为磨削工件平面或成形表面的一类磨床，图 11-12 所示为 M7120A 平面磨床。

（1）主要组成部分及其作用　M7120A 平面磨床由床身、工作台、立柱、磨头及砂轮修整器等部件组成。

1）工作台 8 装在床身 10 的导轨上，由液压驱动作往复运动，也可用手轮 1 操纵，以进行必要的调整；工作台上装有电磁吸盘或其他夹具，用来装夹工件。

2）磨头 2 沿滑板 3 的水平导轨可作横向进给运动，也可由液压驱动或手轮 1 操纵。滑板 3 可沿立柱 6 的导轨作垂直移动，这一运动是通过转动手轮 1 来实现的。砂轮由装在磨头 2 壳体内的电动机直接驱动旋转。

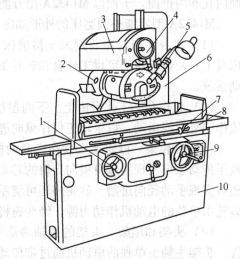

图 11-12　M7120A 平面磨床

1—手轮　2—磨头　3—滑板　4—横向进给手轮　5—砂轮修整器　6—立柱　7—行程挡块　8—工作台　9—垂直进给手轮　10—床身

（2）平面磨床的磨削运动　平面磨床主要用于磨削工件上的平面。平面磨削的方式通常可分为周磨与端磨两种。周磨为用砂轮的圆周面磨削平面，这时需要以下几个运动：

1）砂轮的调整旋转，即主运动。

2）工件的纵向往复运动或圆周运动，即纵向进给运动。

3）砂轮周期性横向移动，即横向进给运动。

4）砂轮对工件作定期垂直移动，即垂直进给运动。

端磨是用砂轮的端面磨削平面。这时需要下列运动：砂轮高速旋转即主运动，工作台作纵向往复进给或周进给，砂轮轴向垂直进给。

11.2.3　内圆磨床

内圆磨床主要用于磨削圆柱孔（通孔、不通孔、阶梯孔和断续表面的孔等）、圆锥孔及孔的端面等。内圆磨床的主要参数是最大磨削孔径。图 11-13 所示为 M2120 内圆磨床，由床身、工作台、头架、磨具架、砂轮修整器等部件组成。

头架通过底板固定在工作台左端。头架主轴的前端装有卡盘或其他夹具，用以夹持并带动工件旋转，实现圆周进给运动。头架可相对于底板绕垂直轴线转动一定角度，以便磨削圆锥孔。底板可沿着工作台台面上的纵向导轨调整位置，以适应磨削各种不同的工件。切削时，工作台由液压传动带动，沿床身纵向导轨作直线往复运动（由撞块实现自动换向），使工件实现纵向进给运动。装卸工件或磨削过程中测量工件尺寸时，工作台需向左退出较大距离。为了缩短辅助时间，当工件退离砂轮一段距离后，安装在工作台前侧的挡铁可自动控制油路转换为快速行程，使工作台很快地退至左边极限位置。重新开始工作时，工作台先是快速向右，而后自动转换为进给速度。另外，工作台也可用手轮 8 传动。

内圆磨具砂轮安装在磨具架 5 上，磨具架 5 固定在工作台 6 右端的拖板上，后者可沿固定于床身桥板上的导轨移动，使砂轮实现横向进给运动。砂轮的横向进给有手动进给和自动进给两种，手动由手轮 7 实现，自动进给由固定在工作台上的撞块操纵。

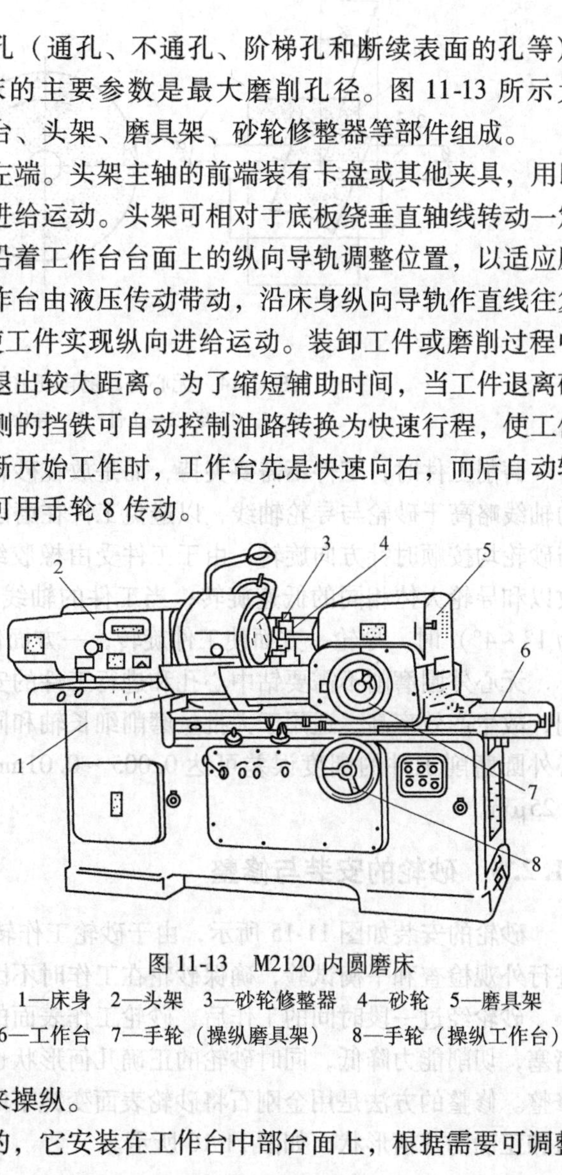

图 11-13　M2120 内圆磨床

1—床身　2—头架　3—砂轮修整器　4—砂轮　5—磨具架　6—工作台　7—手轮（操纵磨具架）　8—手轮（操纵工作台）

磨具架 5 安放在工作台 6 上，工作台由液压传动作往复运动，每往复一次能使磨具作微量横向进给一次。工作台及磨具架的移动也可由手轮 8 和 7 来操纵。

砂轮修整器 3 是修整砂轮用的，它安装在工作台中部台面上，根据需要可调整其纵向和横向位置。修整器上的金刚石杆可随着修整器的回旋头上下翻转，修整砂轮时放下，磨削时翻起。

11.2.4 无心外圆磨床简介

无心外圆磨床的结构和加工原理完全不同于一般的外圆磨床，图 11-14 所示为无心外圆磨削工作原理示意图。

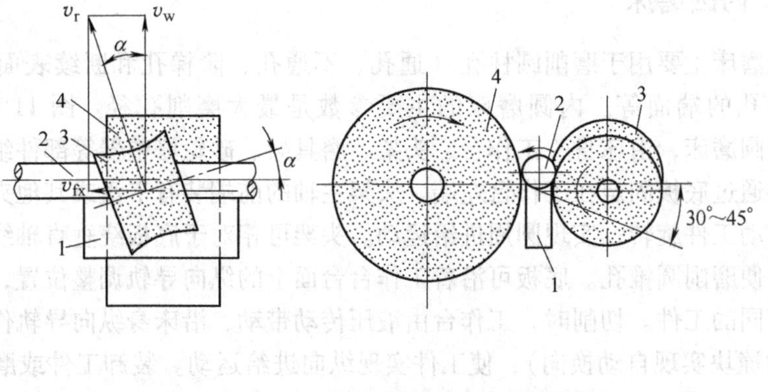

图 11-14 无心外圆磨削工作原理示意图

1—托板 2—工件 3—导轮 4—砂轮

磨削工件时，工件不需要夹持，而是放在砂轮和导轨之间，由托板支承，工件的轴线略高于砂轮与导轮轴线，以避免工件在磨削时产生圆度误差；磨削中，导轮与砂轮均按顺时针方向旋转，由于工件受由橡胶结合剂制成的导轮的摩擦力较大，故以和导轮大体相同的低速旋转；当工件的轴线与导轮的轴线成一定角度（一般为 1°~4°）时，导轮一方面使工件旋转，一方面使工件作轴向进给运动。

无心外圆磨削不需要钻中心孔和进行工件的安装夹紧，易实现高速和宽砂轮磨削，故生产效率高，适用于大批量磨削细长轴和同轴度要求较高的薄壁孔磨削。无心外圆磨削工件的圆度误差可达 0.005~0.01mm，表面粗糙度值 Ra 可达 0.1~0.25μm。

11.2.5 砂轮的安装与修整

砂轮的安装如图 11-15 所示，由于砂轮工作转速较高，在安装砂轮前应对砂轮进行外观检查和平衡试验，确保砂轮在工作时不因有裂纹而分裂或工作不平稳。

砂轮经过一段时间的工作后，砂轮工作表面的磨料会逐渐变钝，表面的孔隙被堵塞，切削能力降低，同时砂轮的正确几何形状也被破坏，这时就必须对砂轮进行修整。修整的方法是用金刚石将砂轮表面变钝了的磨粒切去，以恢复砂轮的切削能力和正确的几何形状，如图 11-16 所示。

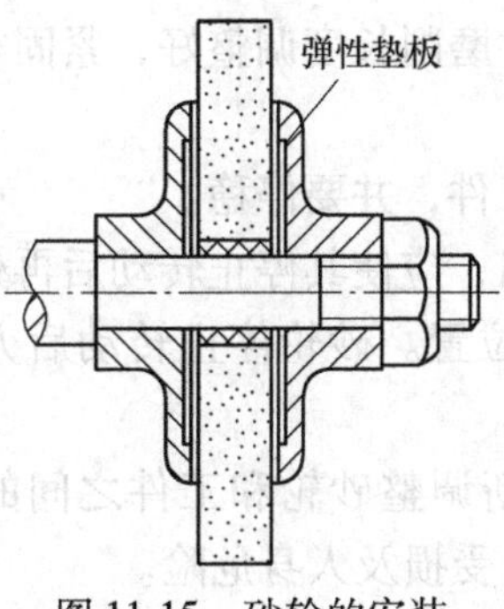

图 11-15 砂轮的安装

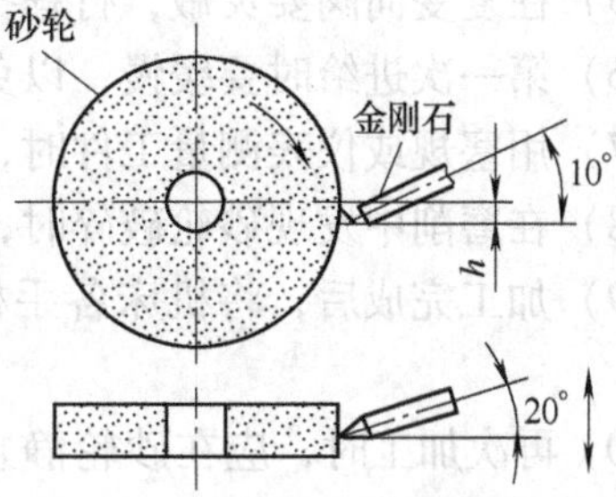

图 11-16 砂轮的修整

11.2.6 磨床安全生产和注意事项

1）穿好工作服，扎紧袖口，女生长发必须戴上工作帽，不准穿凉鞋进入工作场地；在工具磨（干磨）工作时应戴上口罩。

2）检查机床各个部位是否正常，电磁工作台是否有效。

3）按润滑部位或图表加油，打开总开关，使机床空转 3 ~ 5min，使机床各导轨充分润滑，并检查机床各种运动及声音是否正常，同时检查砂轮是否有损坏，待正常后才可进行工作。

4）检查防护罩是否完好牢固。

5）加工过程中不得离开机床，应密切注意加工情况，精力要集中，不准离开工作岗位，必须离开时，要停车关电源，工具、量具应放在安全的位置。

6）工件要夹牢，进给速度不要太快，自动进给时，工作台进程要先按工件长短调整好。

7）不准在工作台上堆放各种用品，不准戴手套操作，机床各部位扳动角度后，必须紧固好。

8）装卸工件，测量尺寸，调整撞块，擦洗机床时必须停机。

9）操作磨床时，应避免正对砂轮和工件的旋转方向，以免发生意外。

10）换砂轮时要检查新砂轮质量，用木榔头轻轻敲打砂轮侧面，检查有无裂纹，并需反复多次平衡。有裂纹和未经平衡的砂轮严禁使用。

11）安装砂轮时要注意砂轮孔与法兰盘的配合，不得强行压入，在法兰盘与砂轮间安放软垫，螺母应拧紧。

12）砂轮安装好后，要进行约 10min 的空转，经检查正常后才能使用。

13）修整砂轮时，应使工作台处于中间位置；磨内圆禁止用手拿金刚刀打砂轮。

14）加工过程中要选择合适的切削用量和进给速度，在保证砂轮锋利的同时要加注充足的切削液，以免工件受力、受热过大而出现危险。

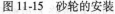

15）往复变向阀要灵敏，行程挡铁要根据工件磨削长度调整好，紧固牢靠。

16）第一次进给时要缓慢，以免撞碎砂轮。

17）用塞规或仪表测量工件时，砂轮要退出工件，并要停稳。

18）在磨削中发现砂轮破碎时，不要马上退出，应使其停止转动后再处理。

19）加工完成后，将机床各手柄停放在正确位置。砂轮停止转动后方可取下工件。

20）再次加工时，应在砂轮静止的状态下重新调整砂轮和工件之间的相对位置，以免因砂轮和工件距离不当，造成工件和砂轮受损及人身危险。

21）机床发生故障时，立即停机，自己排除不了的应报维修人员修理。

22）及时清理磨下的铁屑，擦干切削液，以免机床被腐蚀，并将机床电闸关闭。

23）清扫工作场地，将工具、夹具、量具擦净摆放整齐。

11.2.7 磨削基本操作

1. 平面磨削

(1) 工件的装夹　磨削平面时，一般是以一个平面为基准磨削另一个平面。若两个平面都要磨削且要求平行时，则可互为基准，反复磨削。磨削中小型工件的平面，常采用电磁吸盘工作台吸住工件，电磁吸盘工作台的工作原理如图 11-17 所示。在钢制吸盘体 1 的中部凸起的芯体 *A* 上绕有线圈 2，钢制盖板 3 被绝缘层 4 隔成一些小块。当在线圈 2 中通直流电时，芯体 *A* 被磁化，磁力线由芯体 *A* 经过盖板 3—工件—盖板 3—吸盘体 1—芯体 *A* 而闭合（图 11-17 中用虚线表示），工件被吸住。绝缘层 4 由铅、铜或巴氏合金等非磁性材料制成，它的作用是使绝大部分磁力线都能通过工件再回到吸盘体，而不能通过盖板 3 直接回去，这样才能保证工件被牢固地吸在工作台上。

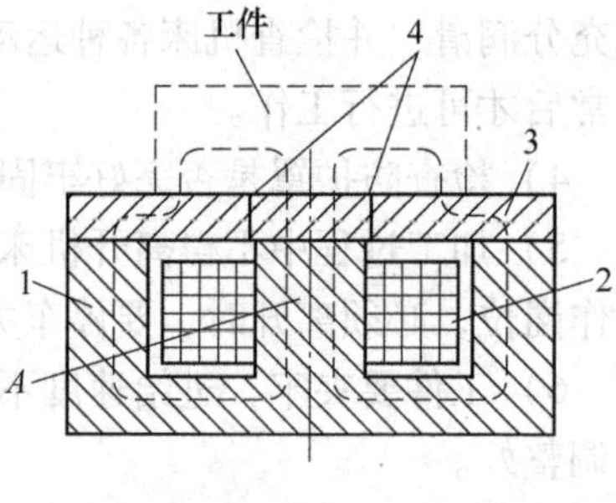

图 11-17　电磁吸盘工作台的工作原理

1—吸盘体　2—线圈　3—盖板

4—绝缘层　*A*—芯体

(2) 磨削平面　磨削平面的方法通常有周磨法和端磨法两种。在卧轴矩台平面磨床上磨削平面，由于采用砂轮的周边进行磨削，通常称为周磨法，如图 11-18a 所示；在立轴圆台平面磨床上采用砂轮端面进行磨削的方法，称为端磨法，如图 11-18b 所示。

磨削平面时，因砂轮与工件的接触面积比磨外圆时要大，因而发热多并容易堵塞砂轮，故要尽可能使用磨削液进行加工。特别是对于精密磨削加工，这点尤其重要。

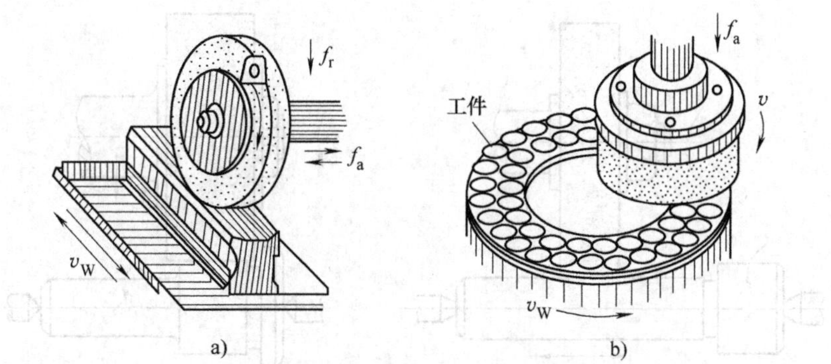

图11-18　周磨法和端磨法示意图

a）周磨法　b）端磨法

2. 外圆磨削

（1）工件的安装　磨削外圆时，最常见的安装方法是用两个顶尖将工件支承起来，或者工件被装夹在卡盘上。磨床上使用的顶尖都是固定顶尖，以减少安装误差，提高加工精度，如图11-19所示。顶尖安装适用于有中心孔的轴类零件。无中心孔的圆柱形零件多采用自定心卡盘装夹，不对称的或形状不规则的工件则采用单动卡盘或花盘装夹。此外，空心工件常安装在心轴上磨削外圆。

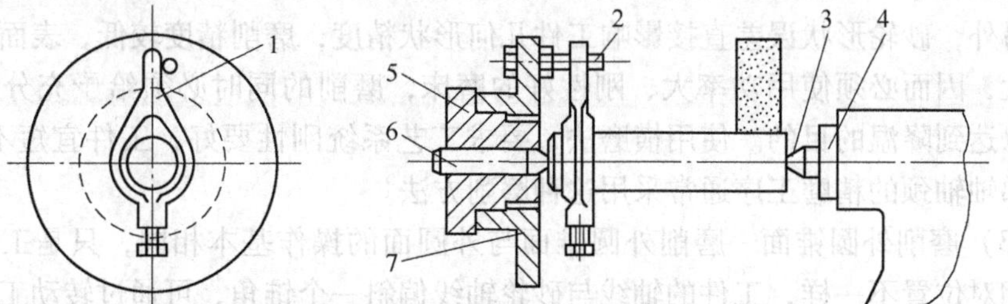

图11-19　外圆磨削时工件的装夹

1—夹头　2—拨杆　3—后顶尖　4—尾架套筒　5—头架主轴　6—前顶尖　7—拨盘

（2）磨削外圆　工件的外圆一般在普通外圆磨床或万能外圆磨床上磨削。外圆磨削一般有纵磨和横磨两种方式。

①　纵磨法。纵磨法磨削外圆时，砂轮的高速旋转为主运动，工件作圆周进给运动的同时，还随工作台做纵向往复运动，实现沿工件轴向进给每单次行程或每往复行程终了时，砂轮做周期性的横向移动，实现沿工件径向的进给，从而逐渐磨去工件径向的全部留磨余量，如图11-20a所示。磨削到尺寸后，进行无横向进给的光磨过程，直至火花消失为止。由于纵磨法每次的径向进给量少，磨削力小，散热条件好，充分提高了工件的磨削精度和表面质量，能满足较高的加工质量要求，但磨削效率较低。纵磨法磨削外圆适合磨削较大的工件，是单件、小批量生产的常用方法。

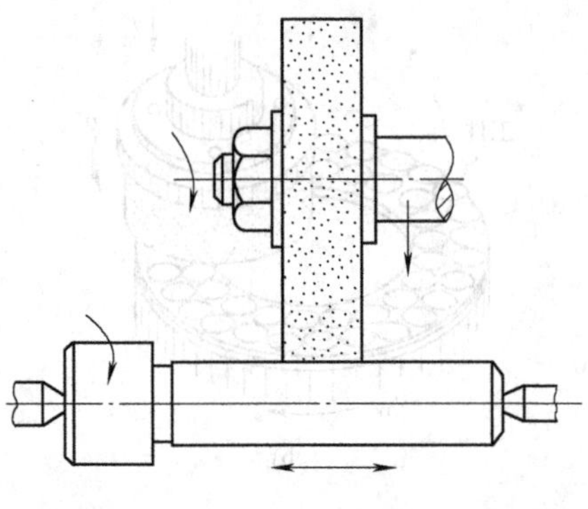

a) b)

图 11-20 外圆磨削方法

a）纵磨法 b）横磨法

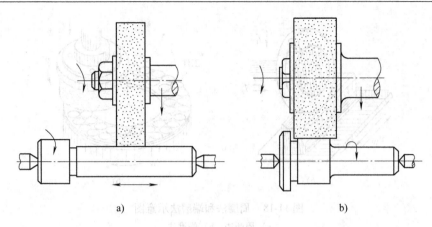

② 横磨法。采用横磨法磨削外圆时，砂轮宽度比工件的磨削宽度大，工件不需作纵向（工件轴向）进给运动，砂轮以缓慢的速度连续地或断续地作横向进给运动，实现对工件的径向进给，直至磨削达到尺寸要求，如图 11-20b 所示。其特点是：充分发挥了砂轮的切削能力，磨削效率高，同时也适用于成形磨削。然而，在磨削过程中，砂轮与工件接触面积大，使得磨削力增大，工件易发生变形和烧伤。另外，砂轮形状误差直接影响工件几何形状精度，磨削精度较低，表面粗糙度值较大，因而必须使用功率大、刚性好的磨床，磨削的同时必须给予充分的切削液，以达到降温的目的。使用横磨法，要求工艺系统刚性要好，工件宜短不宜长。短阶梯轴轴颈的精磨工序通常采用这种磨削方法。

（3）磨削外圆锥面 磨削外圆锥面与外圆面的操作基本相同，只是工件和砂轮的相对位置不一样，工件的轴线与砂轮轴线偏斜一个锥角，可通过转动工作台或头架形成，如图 11-21a 所示。

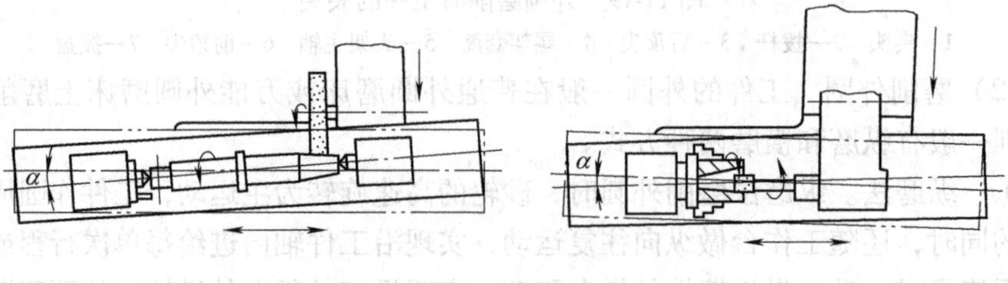

a) b)

图 11-21 磨锥面方法

a）转动工作台磨外圆锥面 b）转动工作台磨内圆锥面

3. 内孔磨削

利用外圆磨床的内圆磨具可磨削工件的内圆。磨削内圆时，工件大多数是以外圆或端面作为定位基准，装夹在卡盘上进行磨削，如图 11-22 所示。磨削内圆锥面时，只需将内圆磨具偏转一个圆周角即可，如图 11-21b 所示。

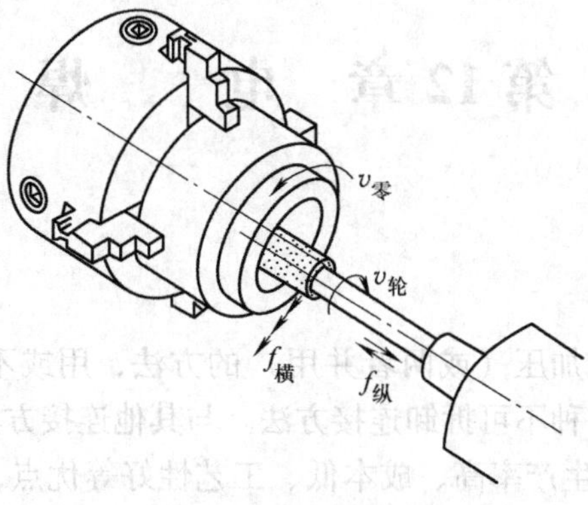

图 11-22　内孔的磨削

与外圆磨削不同，内圆磨削时，砂轮的直径受到工件孔径的限制一般较小，故砂轮磨削较快，需经常修整和更换。内圆磨削使用的砂轮要比外圆磨削使用的砂轮软些，这是因为内圆磨削时砂轮和工件接触的面积较大。另外，砂轮轴直径比较小，悬伸长度较长，刚性很差，故磨削深度不能大，从而降低了生产率。

练　习　题

1. 牛头刨床主要由哪几部分组成？各部分有何作用？
2. 试述摆杆机构的主要作用。
3. 刨床的主运动和进给运动是什么？刨削运动有何特点？
4. 牛头刨床、龙门刨床和插床在应用方面有何不同？
5. 磨削可以加工的表面主要有哪些？
6. 磨削过程的实质是什么？
7. 试述万能外圆磨床的主要部件及作用。
8. 磨外圆的方法有哪几种？具体过程有何不同？
9. 试述平面磨床的运动特点。
10. 说明磨削的工艺特点。
11. 磨削时磨削液起什么作用？

第12章　电　　焊

12.1　焊接概述

焊接是通过加热或加压（或两者并用）的方法，用或不用填充材料，使焊件达到原子之间结合的一种不可拆卸连接方法。与其他连接方法相比，焊接具有质量可靠（如气密性好）、生产率高、成本低、工艺性好等优点，广泛应用于机械、建筑结构、船舶、压力容器等领域。

焊接方法种类繁多，按焊接过程特点不同可分为：熔化焊、压焊、钎焊三大类，其中以熔化焊中的电弧焊应用最为广泛。

熔化焊是指在焊接过程中将焊件接头加热至熔化状态，不施加压力形成焊接接头的焊接方法。常见的气焊、电弧焊、电渣焊、气体保护电弧焊、等离子弧焊等均属于熔化焊的范畴。

压焊是指焊接时向金属施加一定压力而完成焊接的方法。这类焊接有两种形式，一是将被焊金属的焊接部分加热至塑性状态或局部熔化状态，然后施加一定压力，以使金属原子间相互结合形成牢固的焊接接头，如电阻焊、摩擦焊等。二是不进行加热，仅在被焊金属接触面上施加足够大的压力，借助于压力所引起的塑性变形，使原子间相互接近而获得牢固的压挤接头，如冷压焊、爆炸焊等。

钎焊是指将熔点低的钎料加热至熔化状态，将液体钎料注入被焊金属的焊缝中，使原子间相互结合，并形成焊接接头。常见的钎焊方法有烙铁钎焊、火焰钎焊、感应钎焊等。

12.2　焊接安全生产和注意事项

1. 焊条电弧焊

1）工作前应首先检查电焊机及焊台是否可靠接地；工作时要穿绝缘鞋和干燥的工作服，戴绝缘手套。

2）必须将电焊机平稳地安放在通风良好、干燥的地方，不准靠近高热及易燃易爆危险的环境。

3）电焊钳必须有良好的绝缘性与隔热能力，手柄要有良好的绝缘层。

4）焊接时必须使用防护面罩，眼睛不能直接注视电弧，以防强烈的弧光刺伤眼睛。

5）焊接时，手不能同时接触两个电极，以免发生触电危险。工作时，若电焊机及焊钳发热，应稍休息再工作。焊后的工件和焊条头不能乱丢，不用手摸热件。

6）用敲渣锤敲除焊渣时，不得朝向面部，以防飞出的焊渣烫伤眼睛和面部。

7）实习完毕后要认真清理现场，清除火星和燃烧火种，打扫场地，整理焊件及用品。

2. 气焊和气割

1）作业场所应有良好的自然通风和充足的照明，物料摆放整齐，并留有必要的通道，配备足够数量的有效灭火器材。

2）各种气瓶均应竖立稳固或装在专用胶轮车上使用。气焊设备严禁沾染油污和搭架各种电缆，气瓶不得剧烈振动及受阳光暴晒，开启气瓶时，必须使用专用扳手。

3）冬季使用氧气瓶、乙炔气瓶发现有冻结现象时，氧气可用热水或蒸汽解冻，乙炔可用温水解冻，严禁用明火烘烤。

4）气焊或气割盛装过煤气、乙炔或氧气等易燃物品的容器时，必须认真清洗并经蒸汽或压缩空气吹净，容器上的进、出口必须打开连通大气，否则严禁气焊或气割，以防爆炸伤人。

5）氧气瓶要远离明火和热源，且与明火保持10m以上的距离，与乙炔瓶保持3m以上的距离。

6）电焊和气焊在同一场所作业时，氧气瓶必须采取绝缘措施，乙炔气瓶要有接地措施。

7）严禁非实习人员在工作场地停留，更不允许随便碰触焊炬与割炬。

8）气焊与气割实习必须把安全放在首位。学生必须在指导老师的指导下进行实习操作，并严格遵守操作规程。指导老师必须在现场关注学生的操作情况，防止事故的发生并保护学生的人身安全。

9）工作完毕要认真清理现场，清除火星和燃烧火种，打扫场地，整理工件、工具及用品。

12.3 焊条电弧焊

12.3.1 电弧焊原理和过程

利用电弧作为焊接热源的熔化焊方法，称为电弧焊。用手工操纵焊条进行焊接的电弧焊方法，称为焊条电弧焊，焊条电弧焊的工作原理和典型的装置如图 12-1 所示。

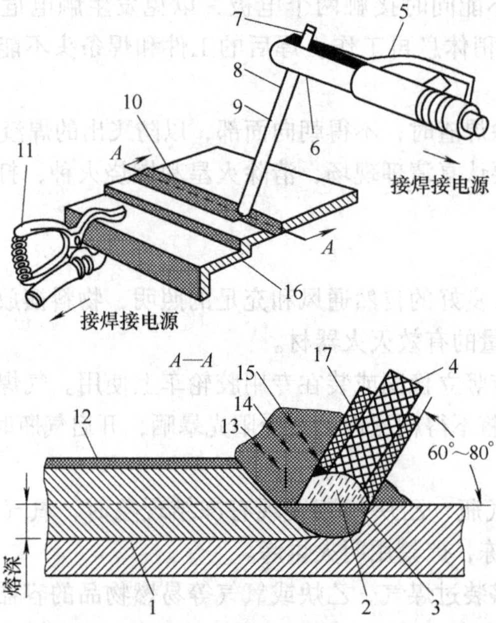

图 12-1 焊条电弧焊的工作原理和典型的装置

1—热影响区 2—弧坑 3—焊缝弧坑 4—焊芯 5—绝缘手把 6—焊钳 7—焊条导电部分 8—药皮 9—焊条 10—焊缝 11—地线夹头 12—渣防护层 13—熔池 14—气体保护 15—焊条端部形成的套筒 16—焊件 17—药皮

焊条电弧焊所需设备简单，操作方便、灵活，适应性强，适用于厚度在2mm以上的各种金属材料和形状结构的焊接，特别适用于结构复杂、焊缝短小、弯曲和各种空间位置的焊接，是目前生产中应用最多、最普遍的金属焊接方法。

焊条电弧焊的主要缺点是生产率较低，焊接质量不够稳定，对操作人员的技术水平要求较高。

12.3.2 焊条电弧焊设备

电焊机是焊接电弧的电源，可分为交流弧焊机和直流弧焊机两类。

交流弧焊机又称为弧焊变压器（图 12-2），其实际上是一种特殊降压变压器，为了适应焊接电弧的特殊需要，保证焊接过程的稳定，电焊机应具有自动降压的特性。它在未起弧时空载电压为60~90V，起弧后自动降到20~30V，以满足电弧正常燃烧的需要。它能自动限制短路电流，不必担心起弧时焊条与工件的接触短路。电焊机还能根据焊接时的需要提供从几十安到几百安的电流。电流调节分粗调和细调两级，粗调通过改变输出线头的接法来进行大范围调节，细调通过摇动调节手柄改变电焊机内可动铁心或可动线圈的位置来进行小范围调节。交流弧焊机结构简单，价格便宜，适应性强，使用可靠，维修方便。但电弧稳定性较差，有些种类的焊条使用受到限制。在我国交流弧焊机使用非常广泛。直流弧焊机常用的有旋转式(发电机式)、整流式和逆变式等。

旋转式直流弧焊机又称为弧焊发电机，如图12-3所示。它由一台三相感应电动机和一台直流弧焊发电机组成。可获得稳定的直流焊接电流，引弧容易、电弧稳定，焊接质量较好，能适应各种焊条，但结构复杂。

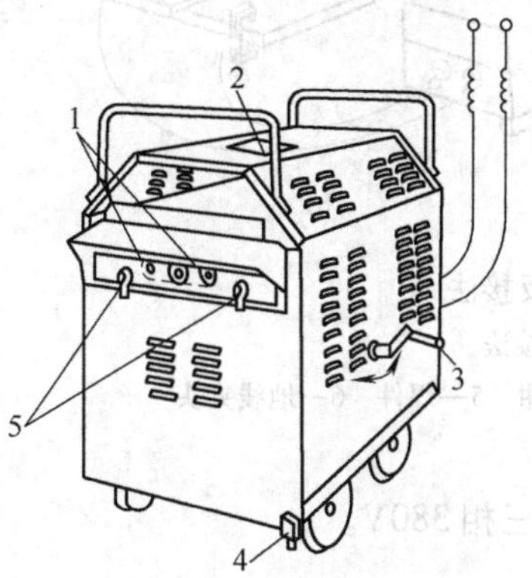

图12-2 弧焊变压器

1—线圈抽头 2—电流指示表 3—调节手柄 4—地线接头 5—焊机输出两极

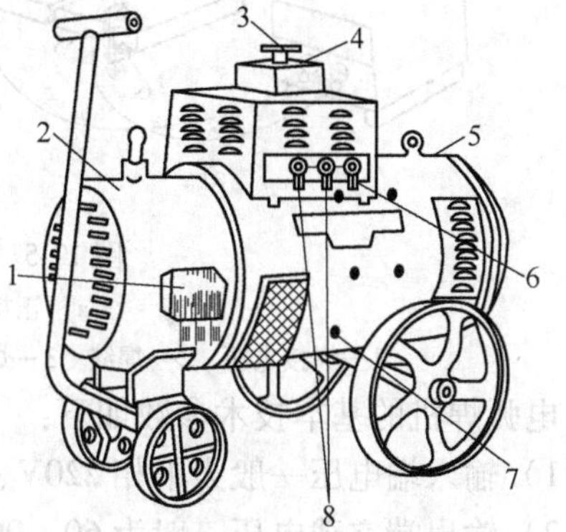

图12-3 弧焊发电机

1—外接电源 2—三相感应电动机 3—调节手柄 4—电流指示盘 5—直流弧焊发电机 6—正极抽头 7—接地螺钉 8—焊接电源两极

整流式直流弧焊机又称为弧焊整流器，如图12-4所示，它使用大功率硅整流器件组成整流器，将交流电转变为直流电供焊接使用。它结构简单，电弧稳定性好，焊缝质量较好，噪声很小，维修简单，目前应用较广泛。

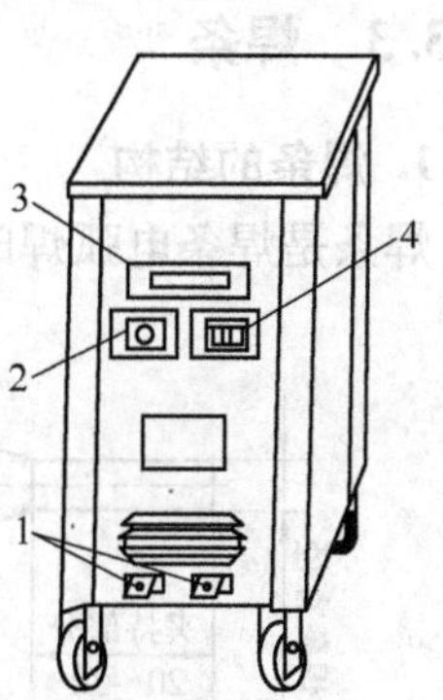

图12-4 弧焊整流器

1—输出接头 2—电流调节 3—电流指示表 4—电源开关

逆变式直流弧焊机又称为逆变弧焊机，它是将三相50Hz交流电先整流为高电压直流电，再经过功率晶体管开关器件组成的功率逆变器将直流电转变为高频电压方波，最后经变压器将高频电压方波转变为高频低压方波供焊接使用。它具有体积小、重量轻、控制精度高、效率高、起弧性能好、工作稳定性好、成本低等优点。

直流弧焊机输出端有正极与负极，电弧有固定的正负极，正极的温度和热量都比负极高。弧焊机正负两极与焊条、工件有两种不同的接法（图12-5）：正接法，又称为正极性，是将工件接到电焊机的正极，焊条接电焊机的负极；反接法，又称为负极性，与正极性相反，工件接电焊机的负极，焊条接电焊机的正极。正接时电弧中的大部分热量集中在焊件上，可加速焊件的熔化，获得较大的熔深，因而多用于焊接较厚的焊件。而反接法用于薄板及有色合金、不锈钢、铸铁等件的焊接。

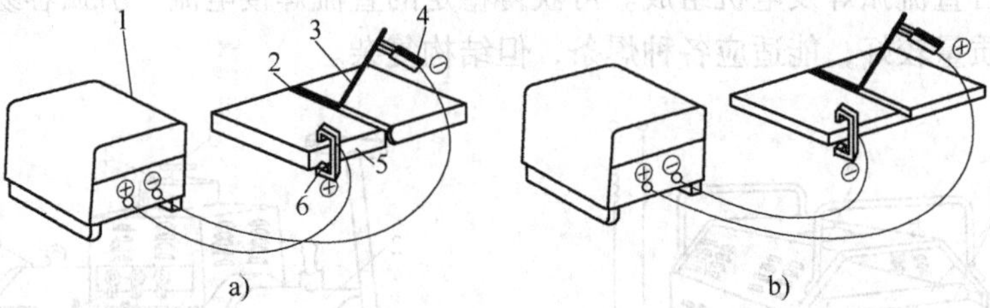

图 12-5 正接法和反接法

a）正接法 b）反接法

1—焊接电源 2—焊缝 3—焊条 4—焊钳 5—焊件 6—地线夹头

电弧焊机的基本技术参数如下：

1）输入端电压一般为单相 220V、380V 或三相 380V。

2）输出端空载电压一般为 60 ~ 90V。

3）工作电压一般为 20 ~ 40V。

4）电流调节范围即可调的最小至最大焊接电流范围。

5）负载持续率，指 5min 内有工作电流的时间所占的百分比。

12.3.3 焊条

1. 焊条的结构

焊条是焊条电弧焊时用的焊接材料，由焊芯和药皮组成，如图 12-6 所示。

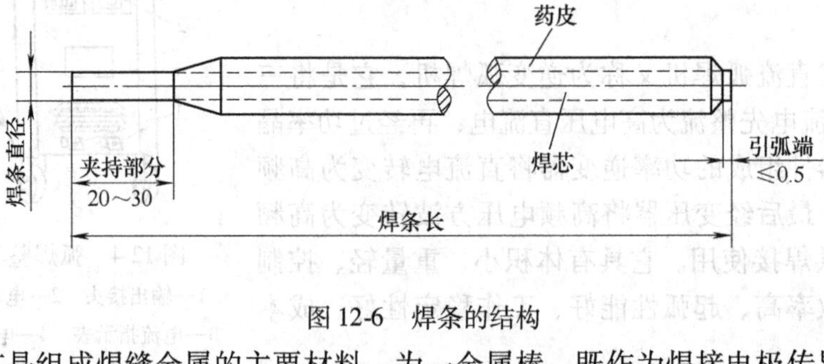

图 12-6 焊条的结构

焊芯是组成焊缝金属的主要材料，为一金属棒，既作为焊接电极传导电流，产生电弧，又作为填充焊缝的金属，熔化后填充焊缝。焊芯的直径称为焊条直径，最小为 1.6mm，最大为 8mm；焊芯的长度即为焊条的长度。常用焊条的直径及长度规格见表 12-1。

表12-1　常用焊条的直径及长度规格

焊条直径 d/mm	2.0~2.5	3.1~4.0	5.0~5.8
焊条长度 L/mm	250~300	350~400	400~450

药皮是涂压在焊芯表面的涂料层，由矿物质、有机物、合金粉末和粘结剂等原料按一定比例配制而成，其作用是保证焊接电弧的稳定燃烧，保护熔池内的金属不被氧化，弥补烧损的合金元素以提高焊缝的力学性能。

2. 焊条的种类和型号

按药皮焊渣的性质不同，焊条可分为两类：酸性焊条和碱性焊条。药皮中含有大量酸性氧化物（如 SiO_2、TiO_2 及 Fe_2O_3 等）的焊条，称为酸性焊条，常用的酸性焊条为钛钙型焊条。药皮中含有大量碱性氧化物（如 CaO、MnO、FeO、Na_2O 及 MgO 等）的焊条，称为碱性焊条，常用的碱性焊条是药皮以碳酸盐和萤石为主的低氢型焊条。酸性焊条适用于交、直流焊机，焊接工艺性能较好，但焊缝的力学性能，尤其是冲击韧度较低，适用于一般的低碳钢和强度不高的低合金钢结构的焊接。碱性焊条主要适用于直流焊机，引弧困难，电弧不够稳定，但焊缝的力学性能和抗裂性能良好，适用于低碳合金钢、合金钢以及承受动载荷的低碳钢制造的重要结构的焊接。

按被焊金属的不同，焊条还可分为碳钢焊条、铸铁焊条、不锈钢焊条、铝及其合金焊条、铜及其合金焊条等。

根据GB/T 5117—2012《非合金钢及细晶粒钢焊条》的规定，碳钢焊条的型号由五部分组成：

a. 第一部分用字母“E”表示焊条。

b. 第二部分为字母“E”后面紧邻两位数字，表示焊缝金属的最低抗拉强度值。

c. 第三部分为字母“E”后面的第三和第四位数字，表示药皮类型、焊接位置和电流类型。

d. 第四部分为熔敷金属的化学成分分类代号，可为“无标记”或短划“-”后面的字母、数字或字母数字的组合。

e. 第五部分为熔敷金属的化学成分代号之后的焊后状态代号，其中“无标记”表示焊态，“P”表示热处理状态，“AP”表示焊态和热处理两种状态均可。

12.3.4　焊条电弧焊的焊接规范

焊接规范是焊接过程中的焊接参数值。要获得质量优良的焊接接头，就必须合理地选择焊接参数，包括焊条直径、焊接电流、焊接速度、电弧长度、焊接层数等。

1. 焊条直径

焊条直径根据工件厚度、接头形式及焊缝位置选择。为提高生产率，应尽量选择直径较大的焊条。对于多层焊，第一层应采用直径较小的焊条施焊。

2. 焊接电流

应根据焊条直径选择焊接电流。平焊低碳钢，电流值为焊条直径的30~55倍。电流过大会使焊芯过热，药皮过早脱落，增加飞溅烧损，降低燃弧稳定性，成形困难，易出现咬边、烧穿等缺陷；电流过小，造成熔深不够、焊不透和熔化不良，易出现夹渣、气孔等缺陷。

3. 焊接速度

焊接速度指焊条沿焊接方向移动的速度。在保证焊透和焊缝质量前提下，应尽量快速施焊。工件越薄，焊速应越高。

4. 电弧长度

电弧长度指焊芯端部与熔池之间的距离。焊接时应尽量采用短电弧。电弧过长会引起燃烧不稳定、金属飞溅及产生气孔等缺陷。一般电弧长度不超过焊条直径。

12.3.5 焊接接头与坡口形式

1. 接头形式

焊接接头常见的有：对接接头、搭接接头、角接接头和T形接头，如图12-7所示。其中对接接头受力均匀，应力集中较小，强度较高，易保证焊接质量，应用最广。其他接头受力复杂，有的产生附加弯矩，易产生焊接缺陷。

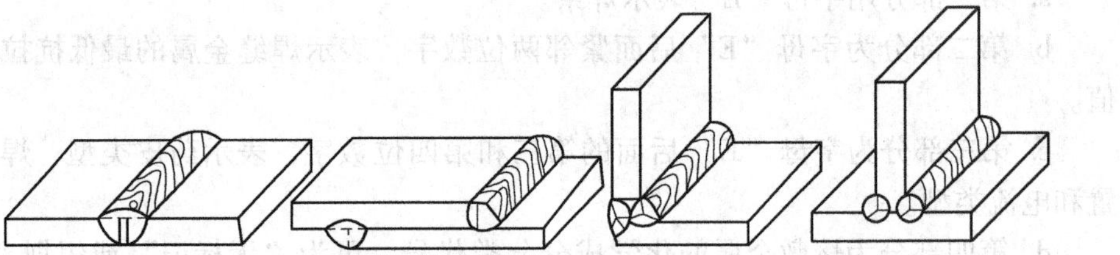

图12-7 常见的焊接接头形式

2. 坡口形式

根据设计或工艺需要，在焊件的待焊部位加工一定几何形状的沟槽，称为坡口。制出坡口是为了使接头处能焊透。当焊接薄工件时，在接头处留出一定间隙，即能保证焊透，这种坡口称为I形坡口；对于厚度大于6mm的工件，为了保证焊透，则需要把待焊的接口加工成V形、U形、双Y形、双U形等几何形状的坡口。对接接头的坡口形式如图12-8所示。

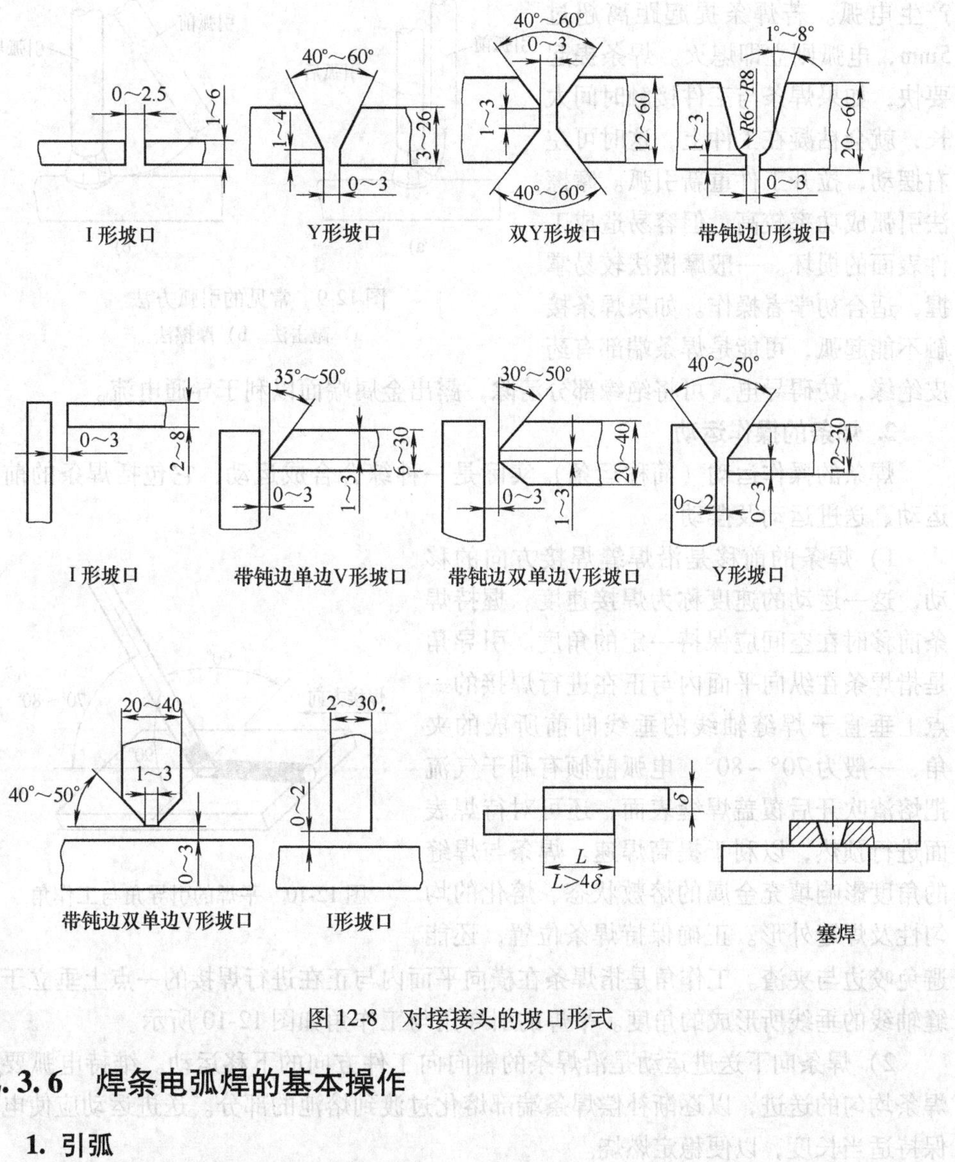

图 12-8 对接接头的坡口形式

12.3.6 焊条电弧焊的基本操作

1. 引弧

引弧即利用焊条触及焊件后迅速拉起至正常弧长所引起的电弧。焊接前，应把接头表面清理干净，并使焊芯的端部金属外露，以便短路引弧。常用的引弧方法有敲击法（垂直法）和摩擦法（划擦法），如图 12-9 所示。引弧时，应先接通电源，把电焊机调至所需的焊接电流。

敲击法引弧时，焊条垂直碰击焊件，然后迅速离开焊件表面 2～4mm，便产生电弧，这种方法不会损坏工件表面，但引弧成功率低，多用于操作不方便处。摩擦法引弧时，焊条像擦火柴一样划过焊件表面，随即提起距离工件表面 2～4mm，便

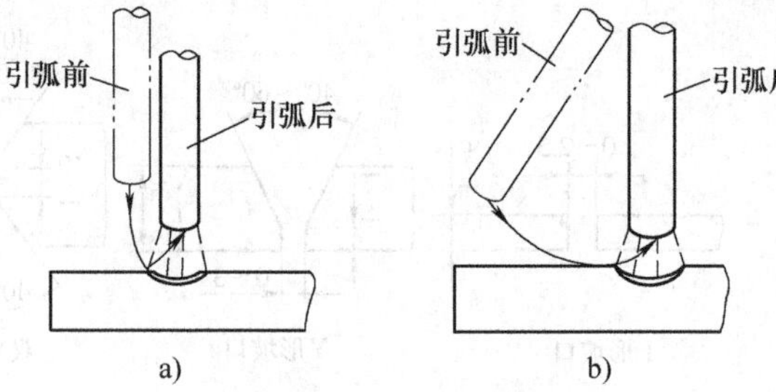

图 12-9 常见的引弧方法
a）敲击法 b）摩擦法

产生电弧。若焊条提起距离超过5mm，电弧则立即熄灭。焊条提起要快，如果焊条与工件接触时间太长，就会粘凝在工件上，这时可左右摆动，拉开工件重新引弧。摩擦法引弧成功率较高，但容易造成工件表面的损坏。一般摩擦法较易掌握，适合初学者操作。如果焊条接触不能起弧，可能是焊条端部有药皮绝缘，妨碍导电，可将绝缘部分清除，露出金属端面以利于导通电流。

2. 焊条的操作运动

焊条的操作运动（简称运条）实际是一种综合合成运动，它包括焊条的前移运动、送进运动及摆动。

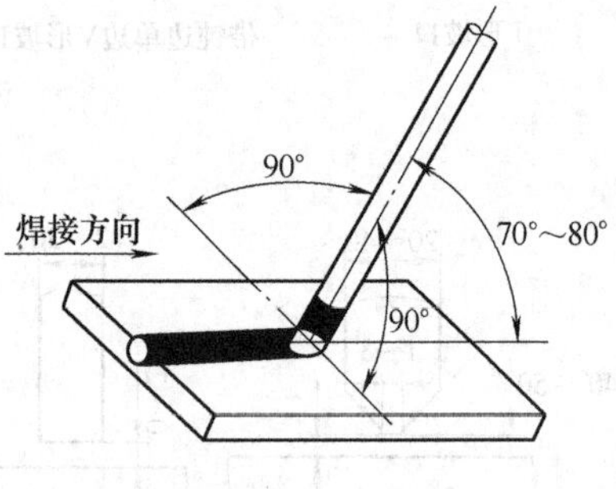

图 12-10 平焊的引导角与工作角

1）焊条的前移是沿焊缝焊接方向的移动，这一运动的速度称为焊接速度。握持焊条前移时在空间应保持一定的角度。引导角是指焊条在纵向平面内与正在进行焊接的一点上垂直于焊缝轴线的垂线向前所成的夹角，一般为70°～80°。电弧前倾有利于气流把熔渣吹开后覆盖焊缝表面；还可对待焊表面进行预热，以利于提高焊速。焊条与焊缝的角度影响填充金属的熔敷状态、熔化的均匀性及焊缝外形。正确保持焊条位置，还能避免咬边与夹渣。工作角是指焊条在横向平面内与正在进行焊接的一点上垂立于焊缝轴线的垂线所形成的角度。平焊的引导角与工作角如图 12-10 所示。

2）焊条向下送进运动是沿焊条的轴向向工件方向的下移运动。维持电弧要靠焊条均匀的送进，以逐渐补偿焊条端部熔化过渡到熔池的部分。送进运动应使电弧保持适当长度，以便稳定燃烧。

3）焊条的摆动是指焊条在焊缝宽度方向的横向运动，目的是加宽焊缝，并使接头达到足够的熔深，摆动幅度越大，焊缝越宽。焊接薄板时，不必过大摆动甚至直线运动即可，这时的焊缝宽度为焊条直径的0.8～1.5倍。焊接较厚的工件时，需摆动运条，焊缝宽度可达直径的3～5倍。常用的横向摆动运条方法如图 12-11 所示。

3. 焊缝的收尾

收尾时将焊条端部逐渐向坡口边斜角方向拉，同时逐渐抬高电弧，以缩小熔池，减小金属量及热量，使灭弧处不致产生裂纹、气孔等。灭弧时焊接处堆高弧坑的液态金属会使熔池饱满过度，因此焊好后应锉去或铲去多余部分。

常用的收尾操作方法有多种：一是画圈收尾法，手腕进行圆周运动，直到弧坑填满后再拉断电弧；二是反复断弧收尾法，在弧坑处反复地熄弧和引弧，直到填满弧坑为止；三是回焊收尾法，到达收尾处后停止焊条移动，但不熄弧，待填满弧坑后拉起来灭弧。焊缝的收尾运条方法示意图如图12-12所示。

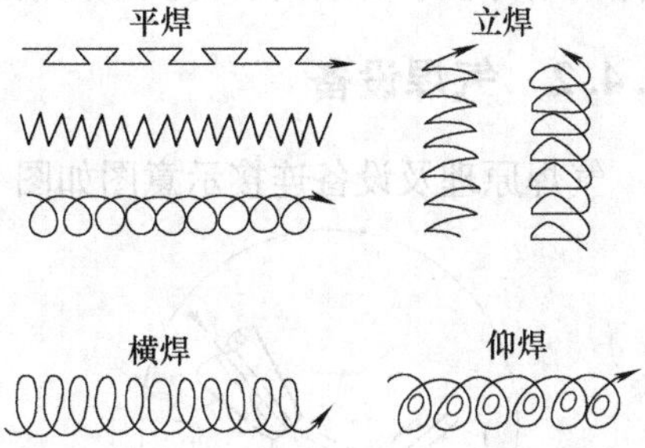

图12-11　常用的横向摆动运条方法

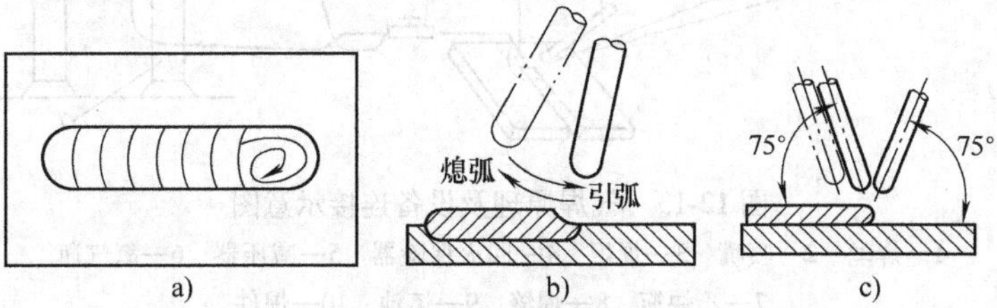

图12-12　焊缝的收尾运条方法示意图

a）画圈收尾法　b）反复断弧收尾法　c）回焊收尾法

12.4　气焊

12.4.1　概述

气焊是利用气体火焰作为热源的焊接方法。它应用可燃气体加助燃气体，通过特制的焊炬，使其发生剧烈的氧化燃烧，产生的热量熔化工件接头处的金属和焊条，冷却凝固后使工件获得牢固的接头。这是利用化学能转变成热能的一种熔化焊接方法。

气焊所用可燃气体很多，有乙炔、氢气、液化石油气、煤气等，而最常用的是乙炔气。乙炔气的发热量大，燃烧温度高，制取方便，使用安全，焊接时火焰对金属的影响最小，焊接质量好。

氧气作为助燃气体，其纯度越高，焊缝质量也越高，耗气越少。一般要求氧气纯度不低于98.5%（体积分数）。

气焊的特点是火焰温度易于控制，设备简单，移动方便，操作易掌握，焊炬尺寸小，不需要电源。但是气焊热源温度较低，加热缓慢，生产率低；热量分散，热影响区大，工件变形大；因液态金属易氧化，接头质量不高；设备较复杂庞大，占用生产面积大；不易焊厚件，不易自动化。

气焊适用于各种位置的焊接，特别适宜焊接薄件，例如焊接厚度在3mm以下的低碳钢薄板、高碳钢、铸铁以及铜、铝等有色金属及其合金。

12.4.2 气焊设备

气焊原理及设备连接示意图如图12-13所示。

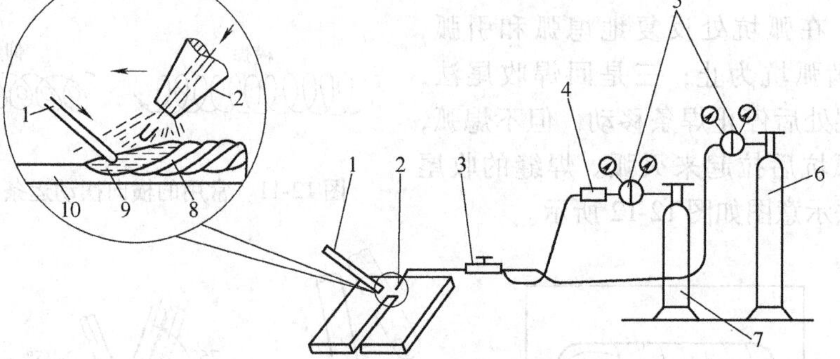

图12-13 气焊原理及设备连接示意图

1—焊丝 2—喷嘴 3—焊炬 4—回火保险器 5—减压器 6—氧气瓶
7—乙炔瓶 8—焊缝 9—熔池 10—焊件

1. 焊炬

焊炬是气焊时用于控制氧气和乙炔气体混合比、流量及火焰性质并进行焊接的工具。焊炬由进气管、氧气阀门、乙炔阀门、手柄、混合管、喷嘴等部分组成，如图12-14所示。焊接时，乙炔和氧气在焊炬内混合，由喷嘴喷出，点火燃烧。

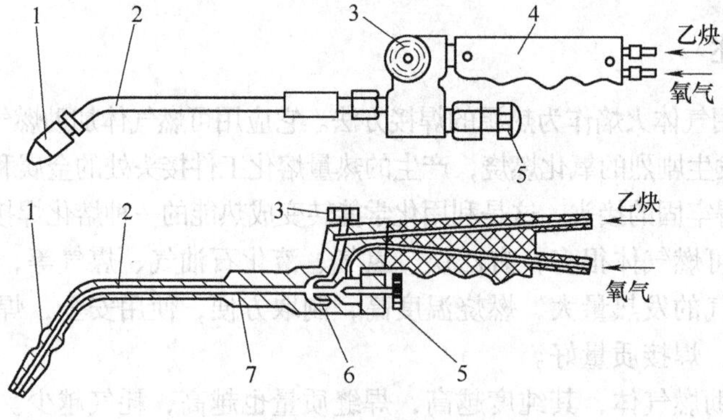

图12-14 焊炬结构

1—喷嘴 2—混合管 3—乙炔阀门 4—手柄 5—氧气阀门 6—喷嘴 7—射吸管

2. 乙炔供气设备

乙炔气可由乙炔发生器内电石与水反应提供，或由瓶装乙炔气提供。乙炔瓶由圆柱形无缝钢管制成，一般灌注压力为1.5MPa。乙炔瓶外表涂白色用红色写“乙炔”字样，输送乙炔采用红色胶管。

3. 氧气供气设备

氧气由圆柱形无缝钢管制成的氧气瓶储存供给。氧气瓶容积为40L，瓶内储存最大压力为1.47×10^7Pa的高压氧，瓶口装有开闭阀门。并套有保护瓶阀的瓶帽，氧气瓶为天蓝色，用黑漆标明“氧气”字样，输送氧气采用天蓝色胶管。

12.4.3　气焊火焰

改变乙炔和氧气的体积比，可获得性质不同的碳化焰、还原焰、中性焰和氧化焰的气焊火焰（图12-15）。焰芯是火焰中靠近焊炬（或割炬）喷嘴孔呈锥状而发亮的部分。内焰是火焰中含碳气体过剩时，在焰心周围明显可见的富碳区，只在碳化焰中有内焰。外焰是火焰中围绕焰心或内焰燃烧的火焰。火焰燃烧要求稳定性好，以发生回火与脱火（火焰在离开喷嘴一定距离处燃烧）的容易程度来衡量。

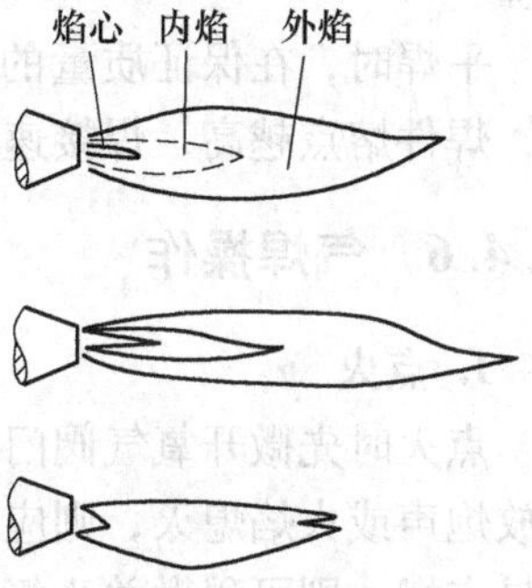

图12-15　气焊火焰

碳化焰氧气与乙炔气体积之比小于1.1，最高温度为2700～3000℃，用于气焊镍、高碳钢、高速工具钢、硬质合金、铝青铜、碳化钨、合金铸铁以及铸铁焊后保温等。

还原焰氧气与乙炔气体积之比为1～1.1，最高温度为2930～3040℃，用于气焊低碳钢、低合金钢、灰铸铁、铝及合金、低合金钢、可锻铸铁等。

中性焰氧气与乙炔气体积之比为1.1～1.2，最高温度为3050～3150℃，用于气焊低碳钢、低合金钢、高碳钢、不锈钢、纯铜、灰铸铁、锡青铜、铝及合金、铅锡、镁合金等。

氧化焰氧气与乙炔气体积之比大于1.2，最高温度为3100～3300℃，用于气焊黄铜、锰黄铜、镀锌薄钢板等。

12.4.4　气焊的焊丝与焊剂

气焊所用的焊丝只作为填充金属，其表面不涂药皮，成分与工件基本相同，原则上要求焊缝与工件等强度。所以选用与母材同样成分或强度稍高的金属材料作为焊丝，气焊低碳钢一般用H08A焊丝。焊丝的直径由焊件的厚度决定，厚度小于3mm的工件，焊丝的直径与工件的厚度基本相等；厚度较大的工件，焊丝的直径可小于工件厚度，直径不超过6mm。焊丝表面不应有锈蚀、油垢等污物。

焊剂又称为焊粉或焊药，其作用是焊接过程中避免形成高熔点稳定氧化物（特别是有色金属或优质合金钢等），防止夹渣。另外也可消除已形成的氧化物，焊剂可与这类氧化物结成低熔点的熔渣，浮出熔池。

12.4.5 气焊工艺与焊接规范

气焊的接头形式和焊接空间位置等工艺问题的考虑与焊条电弧焊基本相同。气焊尽可能用对接接头，厚度大于5mm 的焊件需要开坡口，以便焊透。焊前接头处应清除铁锈、油污、水分等。

气焊的焊接规范主要需要确定焊丝直径、喷嘴大小、焊接速度等。

喷嘴大小影响生产率。导热性好、熔点高的焊件在保证质量的前下应选较大号喷嘴。

平焊时，在保证质量的前提下，应尽可能提高焊速，以提高生产率。焊件越厚，焊件熔点越高，焊接速度应越慢。

12.4.6 气焊操作

1. 点火

点火时先微开氧气阀门，后开启乙炔阀门，然后将喷嘴靠近明火点燃火焰。若有放炮声或火焰熄灭，则应立即减少氧气或放掉不纯的乙炔，而后再点火。若火焰不易点燃，则可稍微关小氧气阀门。点燃喷嘴时不能对着人。

2. 调节火焰

刚点火的火焰是碳化焰，然后逐渐开大氧气阀门，改变氧气和乙炔的比例，根据被焊材料性质的要求，调到所需火焰。

3. 焊接方向

气焊操作是右手拿焊炬，左手拿焊丝，可以向右焊，也可以向左焊，如图 12-16 所示。右焊法焊炬在前，焊丝在后，优点是火焰指向焊缝，焊池的热量集中，坡口角度可以开小些。坡口角度小可节省金属；坡口小，收缩量小，可减少变形；能很好地保护金属，防止它受到周围空气的影响，使焊缝缓慢冷却。火焰对着焊缝，起到焊后回火的作用，使冷却迟缓，组织细密，减少缺陷。由于热量集中，可减少乙炔、氧气的消耗量10% ~15%，提高焊速 10% ~20%。故右焊法的焊接质量较好，但技术较难掌握，焊丝挡住视线，操作不便。左焊法焊丝在前，焊炬在后，火焰吹向待焊部分的接头表面，有预热作用，焊接速度较快，操作方便。一般多采用左焊法。

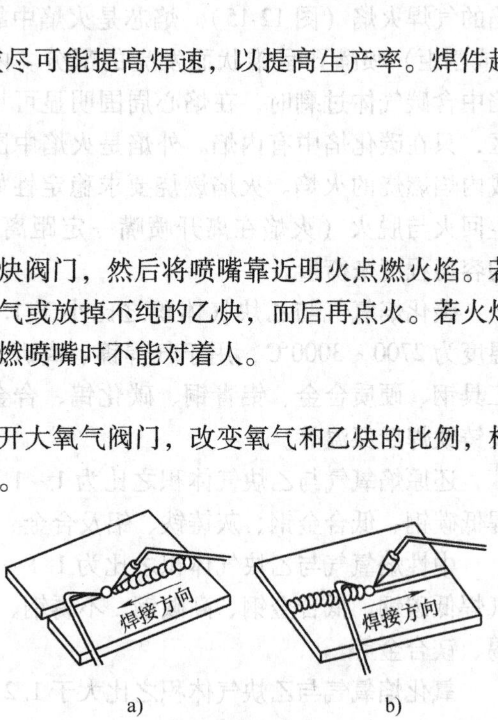

图 12-16 焊接方向

a）左焊 b）右焊

4. 焊炬倾角

施焊时，要使喷嘴轴线的投影与焊缝重合，同时要掌握好焊炬与工件的倾角，如图 12-17 所示。工件越厚，倾角越大；金属的熔点越高，导热性越大，倾角就越大。在开始焊接时，工件温度较低，为了较快地加热工件和迅速形成熔池，倾角应该大一些，为 80°~90°，喷嘴与工件近于垂直，使火焰的热量集中，尽快使接头表面熔化。正常焊接时，一般保持倾角为 40°~50°。焊接结束时，倾角减至 20°，并使焊炬上下摆动，以便断续地对焊丝和熔池加热，这样能更好地填满焊缝和避免烧塌工件的边缘。

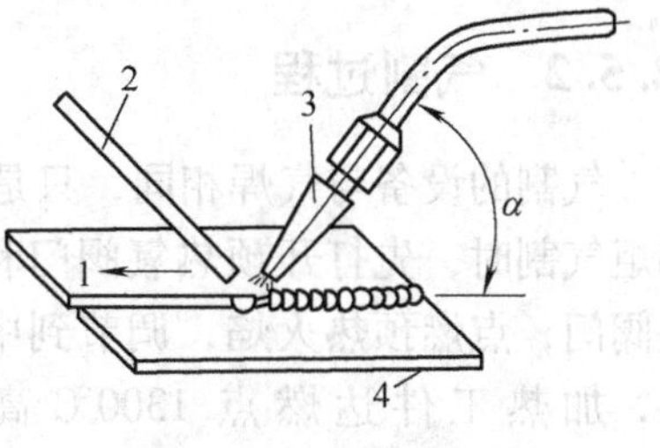

图 12-17　焊炬倾角

1—焊接方向　2—焊丝

3—焊炬　4—工件

焊接时，还应注意送进焊丝的方法。焊接开始时，焊丝端部放在焰心附近预热，待接头形成熔池后，才把焊丝端部浸入熔池。焊丝熔化一定数量后，应退出熔池，焊炬随即向前移动，形成新的熔池。注意焊丝不能经常处在火焰前面，以免阻碍工件受热；也不能使焊丝在熔池上面熔化后滴入熔池；更不能在接头表面尚未熔化时就送入焊丝。焊接时，火焰内层焰心的尖端要距离熔池表面 2~4mm，形成的熔池要尽量保持瓜子形、扁圆形或椭圆形。

5. 熄火

焊接结束时应熄火，首先关乙炔阀门，再关氧气阀门，否则会引起回火。

12.5　气割

12.5.1　气割的原理与特点

气割是利用某些金属在氧气中能够剧烈氧化燃烧的性质，使用气体火焰将工件切割处加热到一定温度后，喷出高速切割氧流，使其燃烧并放出热量，再用高压氧气射流把液态的氧化物吹掉，随着割炬连续不断地移动，形成一条狭小而又整齐的割缝，实现切割金属的一种热加工方法，如图 12-18 所示。

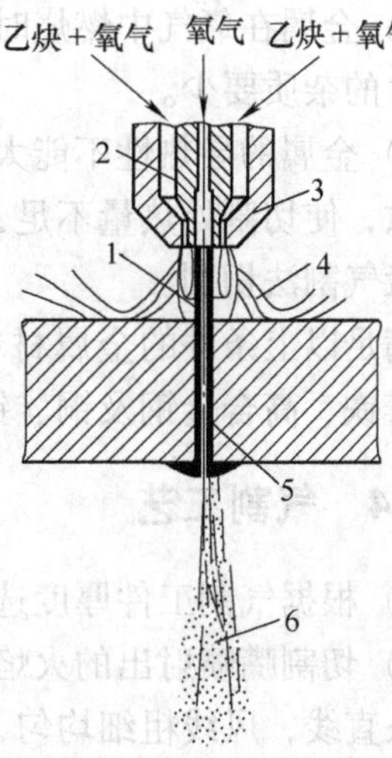

图 12-18　气割示意图

1—切割氧　2—切割嘴　3—预热嘴

4—预热焰　5—切口　6—氧化渣

气割的特点是灵活方便，适应性强，可在任意位置和任意方向切割任意形状和厚度的工件，生产率高，操作方便，切割质量好，可采用自动或半自动切割，运行平稳，切割误差在 ±0.5mm 以内，表面粗糙度与刨削加工相近，气割的设备也很简单。气割存在的问题是切割材料有限制，通常只适于一般钢材的切割。

12.5.2 气割过程

气割的设备与气焊相同，只是割炬的结构与焊炬不同，如图12-19所示。使用割炬气割时，先打开预热氧阀门和乙炔阀门，点燃预热火焰，调节到中性焰，加热工件达燃点1300℃高温（呈橘红至亮黄色），然后打开切割氧阀门，使已预热部分的金属激烈氧化而燃烧，再用高压氧流吹走氧化物液体，被切金属从表面烧到深层以至穿透，随割炬向前移动，形成切割面而分离工件。

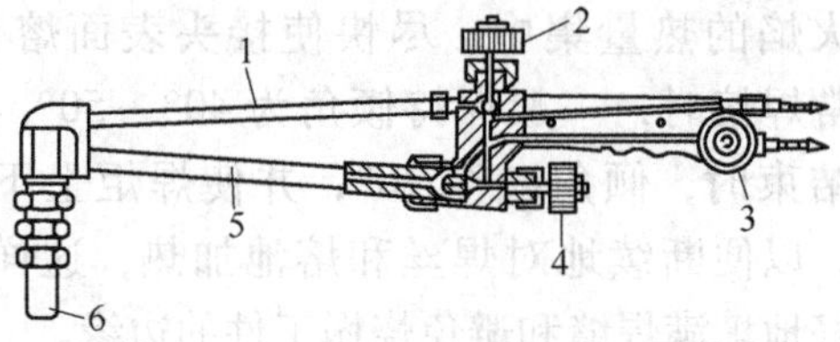

图12-19 割炬结构

1—切割氧气管道 2—切割氧阀门 3—乙炔阀门 4—预热氧阀门 5—氧气乙炔气混合管道 6—切割嘴

12.5.3 气割的材质条件

气割的金属材料必须满足下列条件：

1）金属的熔点应高于燃点。在铁碳合金中，碳的含量对燃点有很大影响，随着含碳量的增加，合金的熔点降低而燃点提高，所以含碳量越大，气割越困难。燃点高于熔点时，不宜气割。

2）氧化物的熔点应低于金属本身的熔点，且流动性好。否则形成高熔点的氧化物会阻碍下层金属与氧气流接触，使气割困难。

3）金属在氧气中燃烧时应能放出大量的热量，足以预热周围的金属，且金属中所含的杂质要少。

4）金属的导热性不能太高，否则预热火焰的热量和切割中所放出的热量会迅速扩散，使切割处热量不足，切割困难。例如铜、铝及铝合金由于导热性高而不能用一般气割法切割。

满足以上条件的金属材料有纯铁、低碳钢、中碳钢和低合金结构钢。而高碳钢、铸铁、高合金钢及铜、铝等有色金属及其合金均难以气割。

12.5.4 气割工艺

1）根据气割工件厚度选择切割嘴型号及氧气工作压力。

2）切割嘴喷射出的火焰应形状整齐，喷射出的纯氧气流风线应是笔直而清晰的一条直线，风线粗细均匀，火焰中心没有歪斜和交叉现象，这样可使割口整齐，断面光洁。

3）气割必须从工件的边缘开始。如果要在工件中部切割内腔，则应在开始气割处先钻一个大于5mm的孔，以便气割时排出氧化物，并使氧气流能吹到工件的整个厚度上。

4）开始气割时需将始点加热到燃点温度以上再打开切割氧阀门进行切割。预热火焰的焰心前端应离工件表面2～4mm。

5）气割时割炬的倾斜角度与工件厚度有关，当气割5～30mm厚的钢板时，割炬应垂直于工件。

6）气割速度与工件厚度有关。工件越薄，气割的速度越快，反之则越慢。

12.6　其他常用焊接方法简介

12.6.1　埋弧焊

埋弧焊是一种电弧在焊剂层下进行焊接的焊接方法。它以连续送进的焊丝代替焊条电弧焊的焊芯，以焊剂代替焊条的药皮。利用焊件和焊丝之间形成的电弧热进行焊接，电弧被一层颗粒状可熔的焊剂保护，焊剂覆盖着熔化的焊缝金属及近缝区的母材，保护熔化的焊缝金属免受大气污染。图12-20所示为埋弧焊示意图。

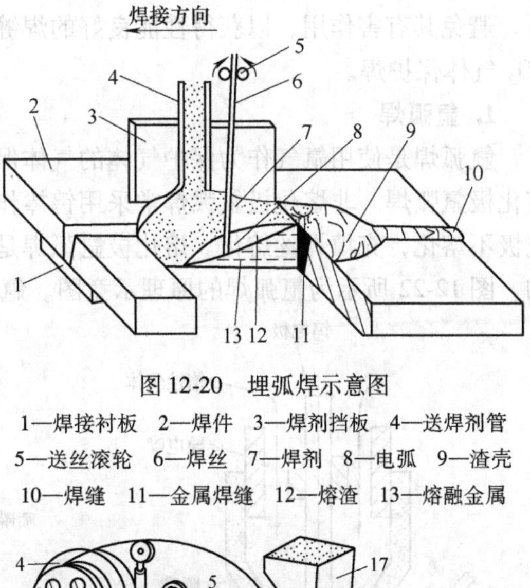

图12-20　埋弧焊示意图

1—焊接衬板　2—焊件　3—焊剂挡板　4—送焊剂管　5—送丝滚轮　6—焊丝　7—焊剂　8—电弧　9—渣壳　10—焊缝　11—金属焊缝　12—熔渣　13—熔融金属

图12-21所示为埋弧焊的设备，主要包括以下部分：

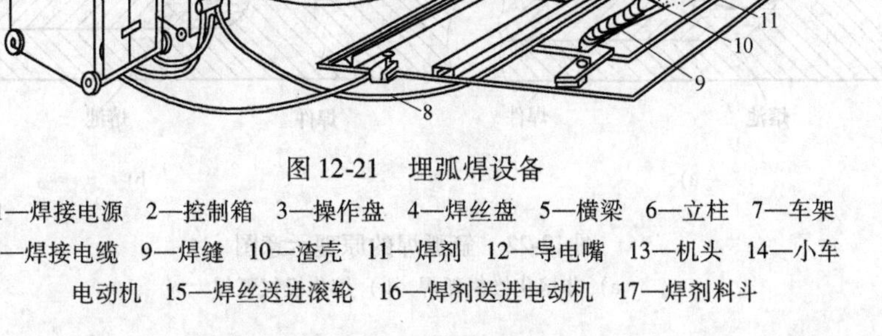

图12-21　埋弧焊设备

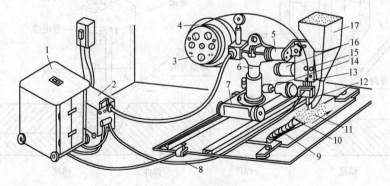

1—焊接电源　2—控制箱　3—操作盘　4—焊丝盘　5—横梁　6—立柱　7—车架　8—焊接电缆　9—焊缝　10—渣壳　11—焊剂　12—导电嘴　13—机头　14—小车电动机　15—焊丝送进滚轮　16—焊剂送进电动机　17—焊剂料斗

1）焊接电源。可采用交流或直流电源进行焊接，一般用输出电流比焊条电焊机更大的弧焊变压器或直流电焊机供给焊接电流。

2）控制箱。控制箱的主要功能是实现对电弧的自动控制，完成起弧、稳弧、熄弧等动作。

3）焊接小车。焊接小车由机头、操作盘、焊丝盘、焊剂料斗和车架等几部分组成，功能是携带焊丝与焊剂。由两台直流电动机分别带动小车行走机构和送丝机构，由操作盘调节、控制和指示各种焊接参数。

12.6.2 气体保护电弧焊

气体保护电弧焊是以外加气体作为电弧介质并保护电弧和焊接区的电弧焊，一般称为气体保护焊。保护气体从喷嘴中以一定的速度流出，把电弧、熔池与空气隔开，避免其有害作用，以获得性能良好的焊缝。常用的气体保护电弧焊为氩弧焊和 CO_2 气体保护焊。

1. 氩弧焊

氩弧焊是使用氩气作为保护气体的气体保护电弧焊。可分为非熔化极氩弧焊和熔化极氩弧焊。非熔化极氩弧焊常采用钨棒作为电极，又称为钨极氩弧焊，焊接时电极不熔化，充填焊丝熔化。熔化极氩弧焊是以连续送进的焊丝作为电极进行焊接的。图 12-22 所示为氩弧焊的原理示意图。氩气连续经外喷嘴喷射在电弧及熔池的

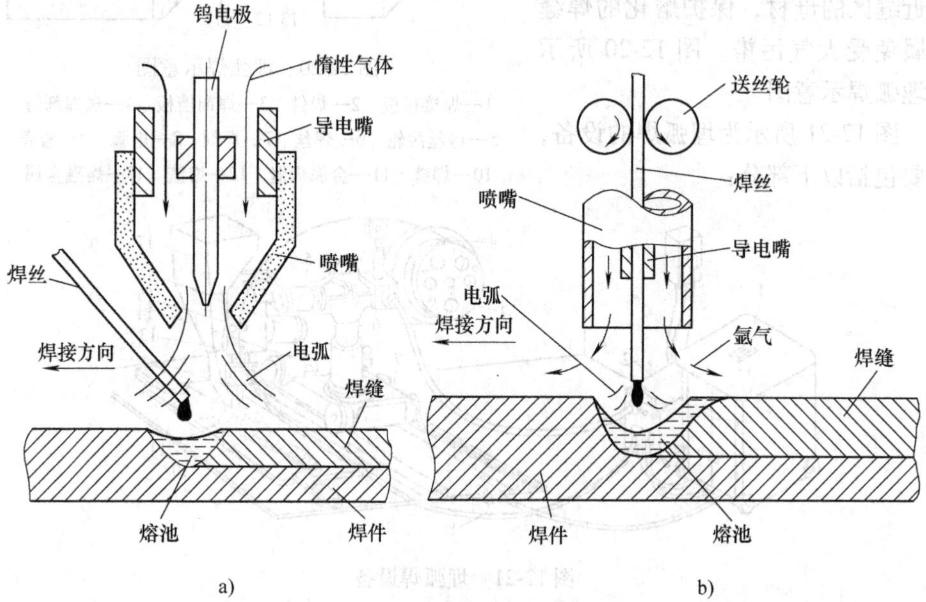

图 12-22 氩弧焊的原理示意图

a）非熔化极氩弧焊 b）熔化极氩弧焊

周围，形成封闭的气流，隔离了周围的空气。氩气是一种惰性气体，避免了空气的有害作用，又不与熔池的金属发生化学反应，也不溶解，所以焊缝质量好、致密、美观。另外氩弧焊的热影响区较窄，变形也小。氩弧焊主要用于不锈钢、耐热钢等合金钢，易氧化的铝、镁、铁等有色金属及其合金，稀有金属锆、钽、钼等金属的焊接，但是氩气价格昂贵，成本高，设备比较复杂，应用受到限制，普通钢材焊接很少使用氩弧焊。

2. CO_2 气体保护焊

CO_2 气体保护焊是利用 CO_2 作为保护气体的一种电弧焊，简称 CO_2 焊，它用可熔化的焊丝作为电极引燃电弧，从喷嘴中喷出 CO_2 气体，使电极和熔池与周围空气隔离，可防止空气对液体金属的有害作用。它可以自动或半自动方式进行焊接，较多的是半自动 CO_2 气体保护焊。

CO_2 气体保护焊的焊接设备主要由焊枪、直流电源、供气系统、控制系统等组成。焊丝可分为细丝和粗丝两类，根据焊接板厚选用。焊接时焊丝由送丝机构送进。

由于 CO_2 气很便宜，因此焊接成本低于氩弧焊和埋弧焊。焊丝焊接时导电长度短，允许电流密度大，又不用除焊渣，所以生产率高。焊缝抗锈能力强，焊缝金属含氢量低，抗裂性能好。采用细焊丝时，焊薄板不易烧穿，变形小，容易掌握，并可进行全位置焊接。但在大电流焊接时，易飞溅，焊缝表面成形不如埋弧焊和氩弧焊平滑。焊机较复杂，维修不便。

CO_2 气体保护焊适用于低碳钢和低合金结构钢的焊接。

12.6.3 电阻焊

电阻焊是焊件组合后通过电极施加压力，利用电流通过接头的接触面及邻近区域时产生的电阻热进行焊接的方法。它是压焊的一种。电阻热将焊件加热到塑性状态或局部熔化状态，然后断电，同时施加压力将被焊材料焊接在一起。电阻焊可分为点焊、缝焊和对焊三种基本形式。电阻焊的特点是生产率高，它在低电压（1～12V）、大电流（几千～几万安）、短时间（0.01s 至数秒）内进行焊接，耗电量大，设备较复杂，投资大。在电阻加热的同时施加压力，接头在压力下焊合，焊接时不需要填充其他焊接材料。

除此之外，还有等离子弧焊、电子束焊、激光焊等焊接方法。

练 习 题

1. 焊接的概念是什么？直流焊机正接法和反接法各用于什么场合？
2. 焊条由哪几部分组成？各起什么作用？
3. 焊条电弧焊在引弧、运条和收尾操作时要注意什么？

4. 气焊的四种火焰各有什么特点？低碳钢、铸铁、黄铜各用哪种火焰进行焊接？
5. 焊条电弧焊的焊件厚度达到多少时才开坡口？坡口的作用是什么？
6. 金属材料要具备哪些条件才能进行气割？
7. 举例说明焊条型号和牌号的意义。
8. 为什么焊接接头之间要留有一定的间隙或开出坡口？
9. 焊条电弧焊和气焊各有哪些优缺点？
10. 气割时能否用焊炬代替割炬？为什么？

第13章 锻 压

13.1 锻压基本知识

13.1.1 锻压生产概述

锻压生产包括锻造和冲压，属于金属压力加工生产方法。金属压力加工是指金属材料在外力作用下产生塑性变形，从而得到具有一定尺寸、形状和力学性能的原材料、毛坯或零件的加工方法。

1. 锻造

锻造是在加压设备及模具的作用下，使金属毛坯或铸锭产生局部或整体的塑性变形，以获得一定形状、尺寸和质量的锻件的加工方法。锻料以锭料或棒料为坯料。锻造按成形方式分为自由锻和模锻两大类，以及由二者结合而派生出来的胎模锻。根据锻造温度的不同，可分为热锻、温锻和冷锻三种。

用于锻造的材料应具有良好的塑性，避免锻造时产生塑性变形而不被破坏。低碳钢、中碳钢是生产中常用的锻造材料，具有良好塑性的钢、铜、铝及其合金可用于锻造，受力大及有特殊物理、化学性能要求的重要零件可选用合金钢进行锻造。因铸铁的塑性较差，锻造时易碎裂，故不适宜锻造。锻造通常要对金属毛坯进行加热，故锻造生产是一种金属热加工成形方法。

金属材料经锻造后其内部成分更加均匀，组织更加致密，晶粒得到细化，还具有一定的锻造流线，从而强度、韧性都有所提高，使工件得以承受更大的动载荷，同时可节约材料与加工工时。因此，机械设备中承受重载的零件需用锻造的方法制造毛坯（如机床主轴、发动机连杆、齿轮等）。但锻造属于固态成形，因而其形状一般不能太复杂，不适于制造有复杂内腔的零件。

2. 冲压

冲压是板料在压力机的压力作用下，用冲模使其分离或变形，从而制成所需形状和尺寸的工件的加工方法。板料冲压以板为坯料，通常在室温下进行，故又称为冷冲压。

冲压用的原材料主要是金属材料，用于进行冲压的材料（如低碳钢及铜、铝、镁等的合金）必须具有足够的塑性，也可对非金属材料（如胶木、云母、石棉、纸板、皮革等）进行切离。

冲压加工的生产率高，易于实现机械化、自动化。但是，冲压生产必须使用专用模具，因而只有在大批量生产的条件下，才能发挥其优越性。

13.1.2 坯料的加热及冷却方式

1. 加热的目的和锻造温度范围

加热坯料的目的是为了提高坯料的塑性和降低其变形抗力并使其内部组织均匀，以便达到用较小的锻造力来获得较大的塑性变形且坯料不被破坏的目的。

通常金属加热温度越高，金属的强度和硬度越低，塑性也就越好。但加热温度过高，会导致锻件产生加热缺陷，甚至造成废品。因此，为了保证金属在变形时具有良好的塑性，又不产生加热缺陷，锻造必须在合理的温度范围内进行。各种金属材料锻造时允许的最高加热温度称为该材料的始锻温度。由于坯料在锻造过程中热量逐渐散失，温度会不断下降，导致塑性下降，变形抗力提高。当锻件的温度低于一定数值后，不仅锻造时费力，而且易导致锻裂，此时应停止锻造，重新加热后再锻。各种金属材料终止锻造的温度称为该材料的终锻温度。

坯料的温度可以用仪器测量，也可通过观察坯料的颜色来确定。

2. 加热设备及其操作

锻造时加热金属的装置称为加热设备。根据加热时采用的热源不同，加热设备分为火焰炉和电加热装置两类。

(1) 火焰炉　火焰炉是利用燃料燃烧放出的热量加热金属。火焰炉的优点是：燃料来源方便，炉子较容易修造，费用较低，加热的适应性强，应用广泛。缺点是：劳动条件差，加热速度较慢，加热质量较难控制。按燃料分，主要有燃煤火焰炉、燃油炉和煤气炉。火焰炉又可分为手锻炉、反射炉、燃油炉和煤气炉等。

1）手锻炉。手锻炉是常用的火焰加热炉，燃料为烟煤，由炉膛、炉罩、烟囱、风门和风管等组成，如图13-1所示。手锻炉具有结构简单、操作容易等优点，但生产率低，加热质量不高，在维修工程中应用较多。

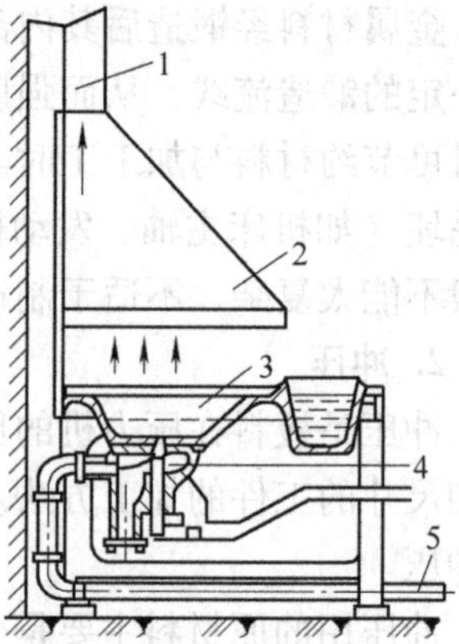

图13-1　手锻炉

1—烟囱　2—炉罩　3—炉膛　4—风门　5—风管

手锻炉点燃步骤如下：先关闭风门，然后开动鼓风机，将炉膛内的碎木或油棉纱点燃，逐渐打开风门，向火苗四周加干煤，待干煤点燃后覆以湿煤并加大风量，待煤烧旺后，即可放入坯料进行加热。

2）反射炉。反射炉也是以煤为燃料的火焰加热炉，结构如图13-2所示。燃烧室中产生的高温炉气越过火墙进入加热室（炉膛）加热坯料，废气经烟道排出，坯料从炉门装取。

反射炉的点燃步骤如下：先小开风门，依次引燃木材、煤焦和新煤后，再加大风门。

3）燃油炉和煤气炉。燃油炉和煤气炉分别以重油和煤气为燃料，结构基本相同，仅喷嘴结构不同。燃油炉和煤气炉的结构形式很多，有室式炉、开隙式炉、推杆式连续炉和转底炉等。图13-3为室式重油加热炉示意图，由炉膛、喷嘴、炉门和烟道组成。其燃烧室和加热室合为一体，即炉膛。坯料码放在炉底板上。喷嘴布置在炉膛两侧，燃油和压缩空气分别进入喷嘴。压缩空气由喷嘴喷出时将燃油带出并喷成雾状与空气均匀混合燃烧以加热坯料。用调节喷油量及压缩空气的方法来控制炉温。

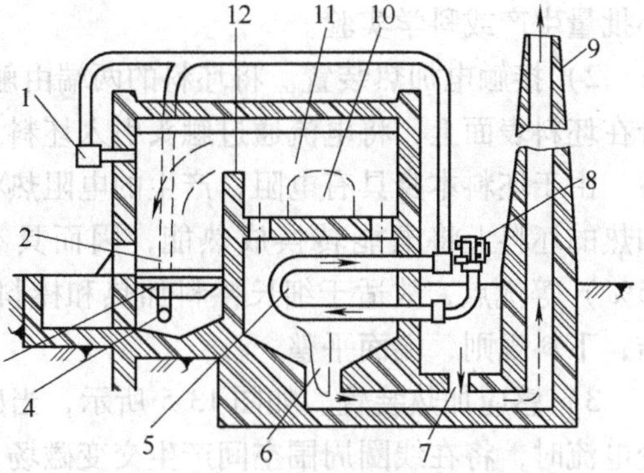

图13-2 反射炉

1—二次送风管 2—燃烧室 3—水平炉箅 4—一次送风管 5—换热器 6—烟道 7—烟闸 8—鼓风机 9—烟囱 10—装出料炉门 11—炉膛 12—火墙

（2）电加热装置 电加热装置是由电能通过电阻元件或电感元件转变为热能加热金属的，主要有电阻炉、接触电加热装置和感应加热装置等。电加热具有加热速度快、加热温度控制准确、氧化脱碳少、易实现自动化、操作方便、劳动条件好、无环境污染等优点。但设备费用较高，电能消耗大。

1）电阻炉。电阻炉是利用电流通过布置在炉膛围壁上的电热元件产生的电阻热为热源，通过辐射和对流的传热方式将坯料加热的。炉子通常制成箱形，分为中温箱式电阻炉和高温箱式电阻炉。中温箱式电阻炉如图13-4所示，电热元件通常制成丝状或带状，放在炉内的砖槽中或搁砖上，最高使用温度为1000℃；高温电阻炉通常以硅碳棒为电热元件，最高使用温度为1350℃。

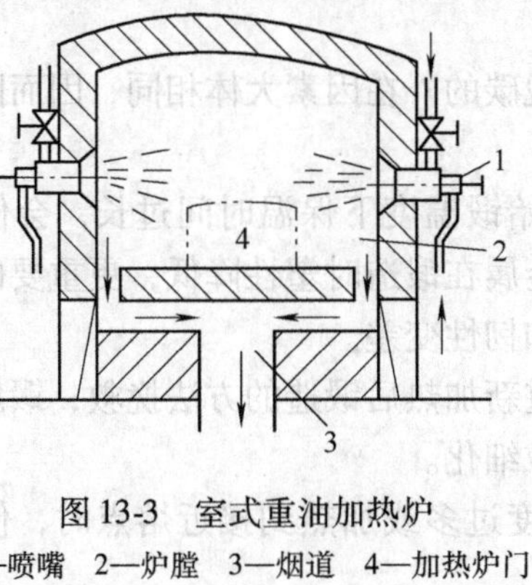

图13-3 室式重油加热炉

1—喷嘴 2—炉膛 3—烟道 4—加热炉门

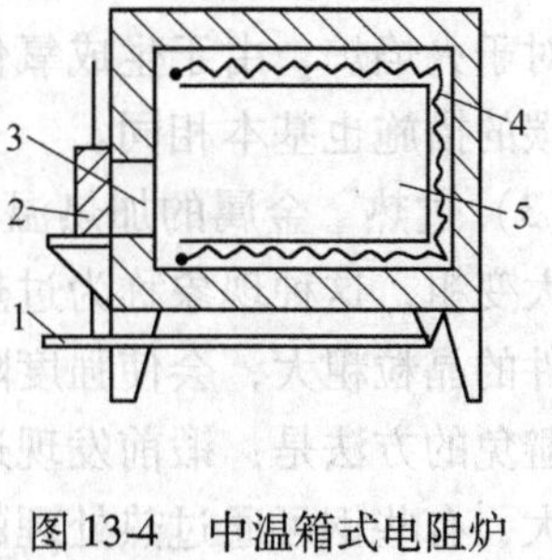

图13-4 中温箱式电阻炉

1—踏杆 2—炉门 3—炉口 4—电热元件 5—加热室

箱式电阻炉结构简单、体积小、操作简便，炉温均匀并易于调节，广泛应用于小批量生产或科学实验。

2）接触电加热装置。将坯料的两端由触头施加一定的力夹紧，使触头紧紧贴合在坯料表面上，将电流通过触头引入坯料。

由于坯料本身具有电阻，产生的电阻热将其自身加热。接触电加热是直接在被加热的坯料上将电能转换成热能，因而具有设备结构简单、热效率高（75% ~ 85%）等优点，故适于细长棒料加热和棒料局部加热。但需被加热的坯料表面光洁，下料规则，端面平整。

3）感应加热装置。如图 13-5 所示，当感应线圈中通入交变电流时，将在线圈周围空间产生交变磁场，处于此交变磁场中的坯料内部将产生感应电动势，使金属内部产生涡流，利用涡流转化的热量即可将坯料加热。该装置加热速度快，加热温度和对工件的加热部位稳定，具有良好的重复性，适于大批量生产，但感应加热装置复杂。

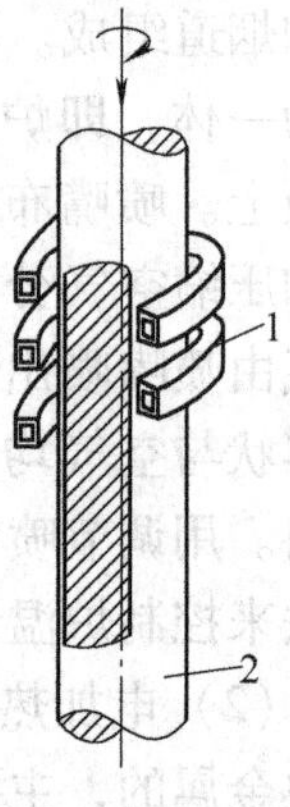

图 13-5 感应加热装置原理
1—加热感应线圈
2—工件

金属在加热过程中可能产生的缺陷有氧化、脱碳、过热、过烧和裂纹等。

(1) 氧化　在高温下，坯料表层金属与炉气中的氧化性气体（氧气、二氧化碳及二氧化硫等）发生化学反应生成氧化皮，造成金属的烧损，这种现象称为氧化。严重的氧化会造成锻件表面质量下降，还可能造成锻模磨损加剧。

减少氧化的措施主要是在保证加热质量的前提下采用高温装炉的快速加热法，缩短坯料在高温下停留的时间；控制进入炉内的氧化气体量，或者采用中性或还原性气体加热等措施。

(2) 脱碳　金属在高温下与炉内气体接触发生化学反应，造成坯料表层碳元素烧损而使碳的质量分数降低的现象称为脱碳。脱碳后金属表层的硬度和强度会降低，从而影响锻件的使用性能。

对于火焰炉，由于生成氧化皮和造成脱碳的外在因素大体相同，因而防止氧化和脱碳的措施也基本相同。

(3) 过热　金属的加热温度过高或在始锻温度下保温时间过长，会使晶粒过分长大变粗，这种现象称为过热。过热使金属在锻造时塑性降低，更重要的是锻造后锻件的晶粒粗大，会使强度降低，塑性和韧性变差。

避免的方法是：锻前发现过热，可用重新加热后锻造的方法挽救；锻后发现组织粗大，有些钢可通过热处理的方法使晶粒细化。

(4) 过烧　金属加热温度超过始锻温度过多或加热到接近熔点时，使晶粒边界物质氧化甚至局部熔化的现象称为过烧。

避免发生过烧的措施是严格控制加热温度和加热时间。

3. 锻件的冷却

锻件冷却是保证锻件质量的重要环节。通常，锻件中的碳及其他合金元素含量越多，锻件体积越大，形状越复杂，冷却速度越要缓慢，否则会造成表面过硬、变形甚至开裂等缺陷。冷却方法分为三种。

（1）空冷　将锻后锻件放在无风的空气中且在干燥的地面上自然冷却。常用于低中碳钢和合金结构钢的小型锻件。

（2）坑冷　锻后锻件埋在充填有石灰、砂子或炉灰的坑中缓慢冷却。常用于合金工具钢锻件，而碳素工具钢锻件应先空冷至600~700℃，然后再坑冷。

（3）炉冷　锻后锻件放入500~700℃的加热炉中随炉缓慢冷却。常用于高合金钢及大型锻件。

13.1.3　锻压安全生产和注意事项

1. 锻造实习安全技术

1）进入实习（训练）场地前应穿戴好规定的安全防护用品。

2）检查各种工具（如大锤、手锤等）的木柄是否牢固，空气锤上、下铁砧是否稳固，铁砧上不许有油、水和氧化皮。

3）钳子的钳口必须与锻件的截面相吻合，保证夹持牢靠，防止锻打时坯料飞出伤人。

4）坯料在炉内加热时，风门应逐渐加大，防止高温使煤屑和火焰突然喷出伤人。

5）锻打时应将锻件的锻打部位置于下砧的中部，锻件及垫铁等工具必须放正、放平，以防飞出伤人。

6）两人手工锤打时，必须高度协调。钳子不要对准腹部，挥锤时严禁任何人站在后面2.5m范围以内。坯料切断时，打锤者必须站在被切断飞出方向的侧面，快切断时，大锤必须轻击。

7）只有在指导人员直接指导下才能操作空气锤。空气锤严禁空击、锻打未加热的锻件、终锻温度极低的锻件以及过烧的锻件。

8）锻锤工作时，严禁用手伸入工作区域内或在工作区域内放取各种工具、模具。

9）锻区内的锻件毛坯必须用钳子夹取，严禁将手伸入上下砧铁之间直接拿取，以防烫伤。

10）实习完毕应清理工具、夹具及量具，并清扫工作场地。

2. 冲压实习安全技术

1）进入实习（训练）场地前应穿戴好规定的安全防护用品。

2）冲压实习时未经指导教师允许，不得擅自开动设备。

3）开机前，必须检查离合器、制动器及控制装置是否灵敏可靠，设备的安全防护装置是否齐全有效。

4）严禁在压力机的工作台面上放置物品。

5）禁止用手直接取放冲压件。清理板料、废料或成品时，需戴好手套，以免划伤手指。

6）单冲时，不许把脚一直放在离合器踏板上进行操作，应每放一件，踩一下，随即脚脱离脚踏板，严禁连冲。

7）两人以上同时操作一台设备时，要分工明确，协调配合。

13.2 自由锻造

使用简单的通用工具或在锻压设备的上下砧铁之间，利用冲击力或压力直接使加热好的坯料经多次锻打逐步塑性变形，以获得所需尺寸、形状及内部质量的锻件的方法称为自由锻。因自由锻不需专用模具，仅用普通锻压设备的上下砧块和一些通用工具便可完成，故生产准备周期短，应用范围广，适于单件小批量生产。自由锻造也是生产大型锻件的唯一方法。

自由锻造按其所用设备的不同，分为手工自由锻和机器自由锻。

13.2.1 自由锻造的工具和设备

1. 手锻工具和手锻操作

（1）手锻工具　手工自由锻造的工具包括：支承工具（如铁砧（图13-6）等），锻打工具（如大锤、手锤等（图13-7）），衬垫工具和成形工具（如錾子、剁刀、漏盘、冲子和各种型锤等（图13-8）），夹持工具（如各种钳口的手钳等（图13-9）），测量工具（如钢直尺、卡钳、样板等（图13-10））。

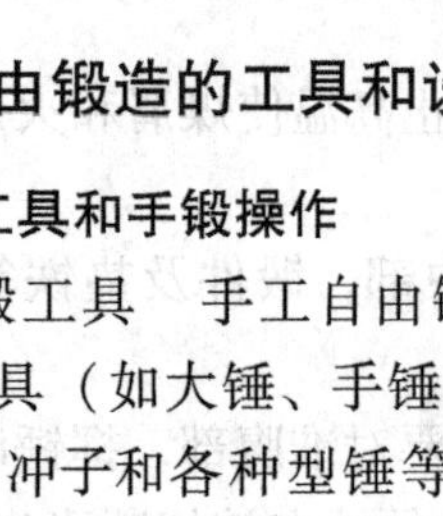

图13-6　铁砧

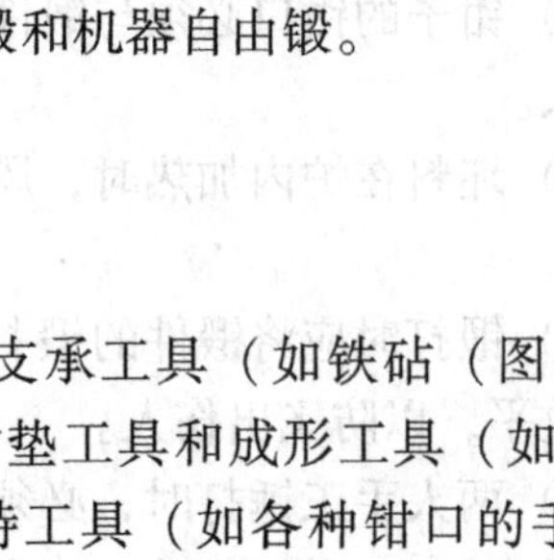

图13-7　手锤

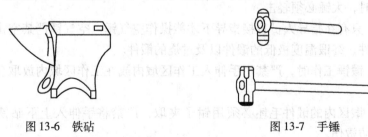

（2）手锻操作　手工自由锻由掌钳工和打锤工配合进行。操作时，掌钳工用左手握钳夹持、移动或翻动工件，右手握手锤指挥打锤者操作或锻打变形量很小的工件。所用手钳必须正确选择，使钳口的大小和形状与工件相吻合，以便夹牢工

件，否则在锤击时容易造成毛坯飞出或振伤手臂等事故。操作过程中，钳口需要经常浸水冷却，以免受热变形或钳把烫手。打锤工双手紧握大锤，站在铁砧外侧，通过手锤指挥锻打坯料。打锤分重打和轻打两种。

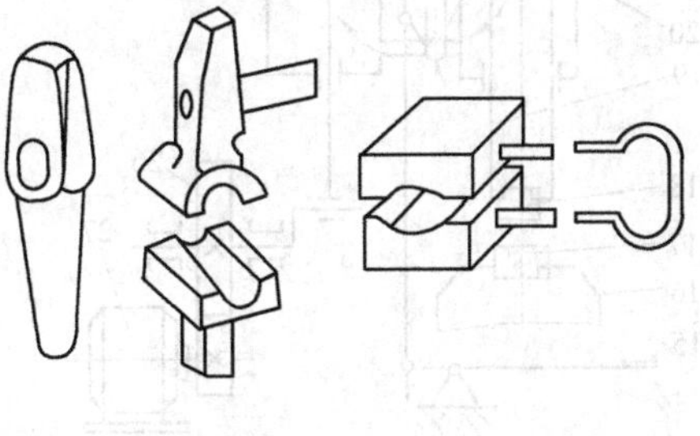

图13-8 成形工具

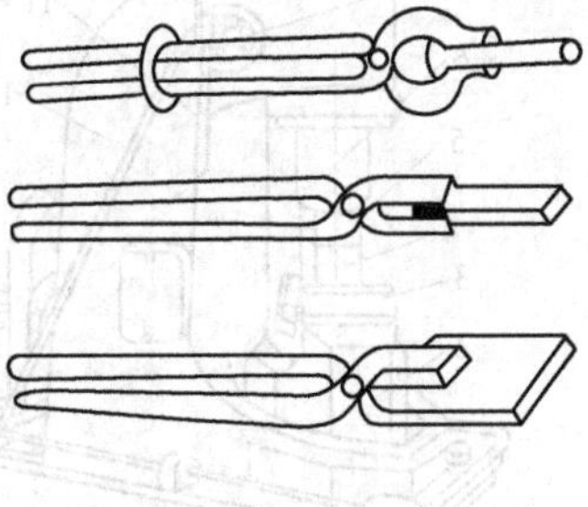

图13-9 手钳

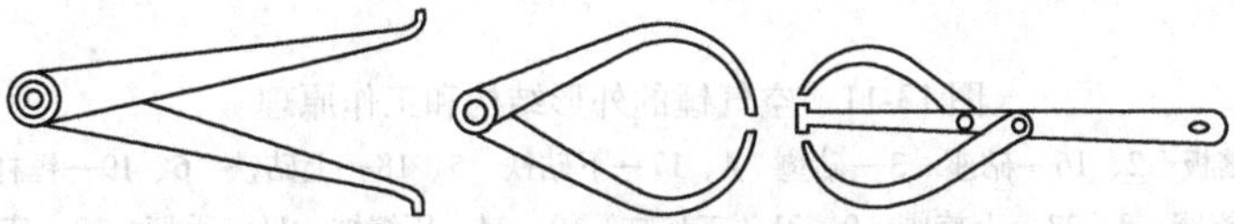

图13-10 测量工具

2. 机器自由锻设备和工具

机器自由锻造所用的设备有空气锤、蒸汽-空气锤和水压机等，其中以空气锤应用最为广泛。

(1) 空气锤 空气锤是一种利用电力工作的锻造设备，可用于锻造中小型锻件。空气锤的规格是以落下部分的质量表示，如65kg的空气锤是指其落下部分的质量为65kg，通常其产生的冲击力是落下部分质量的1000倍。它既可进行自由锻造，又可进行胎模锻造。

1）组成。空气锤由锤身、压缩缸、工作缸、传动机构、操纵机构、落下部分及砧座等组成。锤身用来安装和固定锤的其他部分，工作缸和压缩缸与锤身铸为一体。传动机构由带传动、齿轮减速装置及曲柄连杆机构等组成；操纵机构包括踏杆（或手柄）、连接杠杆、上旋阀和下旋阀。下旋阀中装有一个只准空气做单向流动的单向阀。落下部分由工作活塞、锤杆、锤头和上砧块组成。砧座部分包括下砧铁、砧垫和砧座，用以支持工件及工具并承受锤击。

2）工作原理及基本动作。电动机通过传动机构带动压缩缸内的压缩活塞往复运动，使活塞的上部或下部产生压缩空气。压缩空气进入工作缸的上腔或下腔，工作活塞便在空气压力的作用下往复运动，并带动锤头进行锻打。空气锤的外形结构和工作原理如图13-11所示。

通过踏杆（或手柄）操纵上、下旋阀，可以使空气锤完成以下动作。

① 上悬。压缩缸和工作缸的上部都经上旋阀与大气相通，压缩缸和工作缸的下部与大气隔绝。当压缩活塞下行时，压缩空气经下旋阀冲开单向阀进入工作缸下

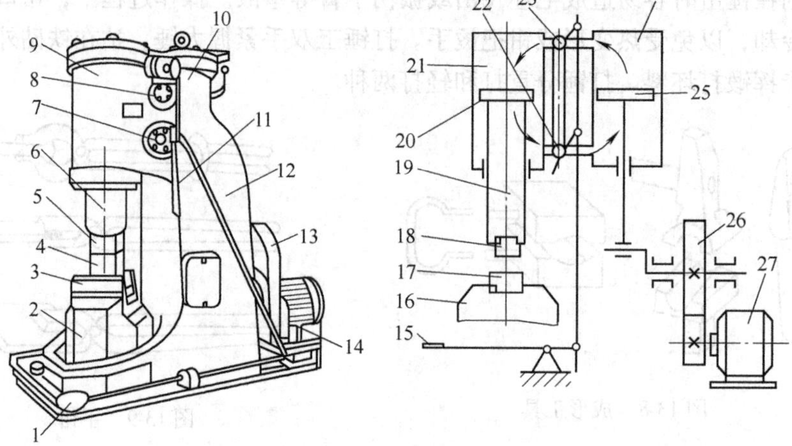

图 13-11 空气锤的外形结构和工作原理

1、15—脚踏板 2、16—砧座 3—砧垫 4、17—下砧铁 5、18—上砧铁 6、19—锤杆 7、22—下旋阀 8、23—上旋阀 9、21—工作缸 10、24—压缩缸 11—手柄 12—床身 13—减速机构 14、27—电动机 20—工作活塞 25—压缩活塞 26—大齿轮

部，使锤头上升。当压缩活塞上行时，压缩空气经上旋阀排入大气。单向阀的单向作用，可防止工作缸下部的压缩空气倒流，使锤头保持在上悬位置。此时，可在锤头上进行各种辅助操作，如摆放工件、检查锻件的尺寸、清除氧化皮等。

② 下压。压缩缸上部和工作缸下部与大气相通，压缩缸下部和工作缸上部与大气隔绝。当压缩活塞下行时，压缩空气通过下旋阀冲开单向阀，经中间通道向上，由上旋阀进入工作缸上部，作用在工件活塞上，连同落下部分的自重将工件压住。当压缩活塞上行时，上部气体排入大气。由于单向阀的单向作用，使工作活塞保持足够的压力。此时，可对工件进行弯曲、扭转等操作。

③ 连续锻打。压缩缸与工作缸经上、下旋阀连通，并全部与大气隔绝。当压缩活塞往复运动时，压缩空气交替压入工作缸的上部和下部，使锤头相应地往复运动（此时，单向阀不起作用），进行连续锻打。

④ 单次锻打。将踏杆踩下后立即抬起，或将手柄由上悬位置推到连续锻打位置，再迅速退回上悬位置，使锤头完成单次锻打。

⑤ 空转。压缩缸和工作缸的上下部分都与大气相通，锤的落下部分靠自重停在下砧块上，这时尽管压缩活塞上下运动，但锤头不工作。

单次锻打和连续锻打的力量是通过下旋阀调节实现的。踏杆或手柄扳动角度小，通气孔开启的角度就小，出压缩缸进入工作缸的压缩空气就慢，锤头的移动速度低，冲击力也就小；反之，冲击力就大。

(2) 蒸汽-空气锤 它是用0.6~0.8MPa的压力蒸汽或压缩空气作为功力源进行工作的。蒸汽-空气锤的规格用落下部分的质量表示，落下部分的质量一般为1

~5t，适用于中型锻件的生产。

1）组成。蒸汽-空气锤由机架（锤身）、气缸、落下部分、配气操纵机构及砧座等部分组成。机架包括左右两个立柱，通过螺栓固定在底座上。气缸和配气机构的阀室铸成一体，用螺栓与锤身的上端面相连接。落下部分是锻锤的执行机构，由连接活塞的锤杆、锤头和上砧铁组成。配气操纵机构由滑阀、节气阀、进气管、操纵杠杆等组成。砧座由下砧铁、砧垫、砧座等组成。为了提高打击效果，砧座质量为落下部分的15倍，以保证锤击时锻锤的稳固。常用的是双柱拱式蒸汽-空气锤，其外形结构如图13-12所示。

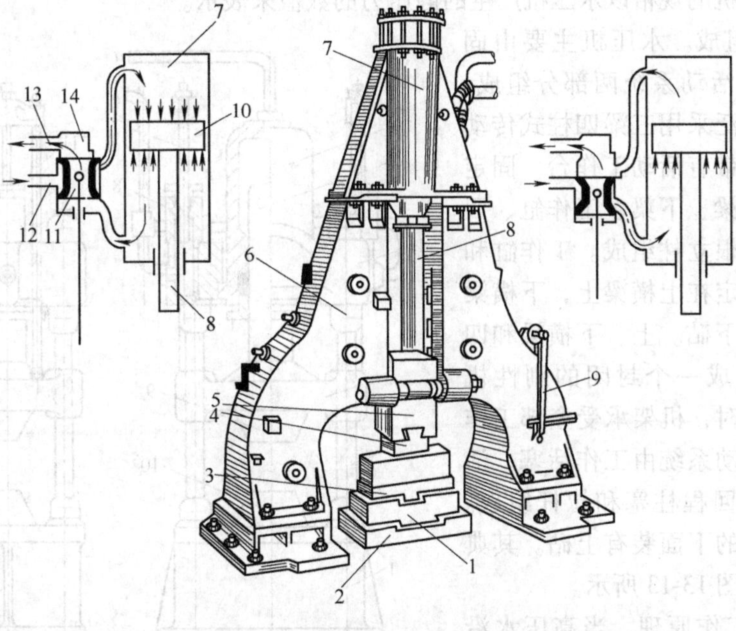

图13-12 双柱拱式蒸汽-空气锤

1—砧垫 2—底座 3—下砧铁 4—上砧铁 5—锤头 6—机架 7—工作气缸 8—锤杆 9—操纵手柄 10—活塞 11—滑阀 12—进气管 13—排气管 14—滑阀气缸

2）工作原理。蒸汽-空气锤是利用操纵杆操作气阀来控制蒸汽（或压缩空气）进入工作缸的方向和进气量，以实现悬锤、压紧、单击或不同能量的连打等动作。如图13-12所示，蒸汽（或压缩空气）从进气管进入，经过节气阀、滑阀中间细颈部分与阀套壁所形成的气道，由上气道进入气缸的上部作用在活塞的顶面上，使落下部分向下运动，完成打击动作。此时，气缸下部的蒸汽（或压缩空气）由下气道从排气管排出。反之，滑阀下行，蒸汽（或压缩空气）便通过滑阀中间的细颈部分与阀套壁所形成的气道，由下气道进入气缸的下部，作用在活塞的环形底面上，使落下部分向上运动，完成提锤动作。此时，气缸下部的蒸汽（或压缩空气）从上气道经滑阀的内腔由排气管排出。

通过调节节气阀的开口面积控制进入气缸的蒸汽（或压缩空气）压力，由工人操纵手柄，使滑阀处于不同位置或上下运动，使锻锤完成上悬、下压、单次打击、连续打击等动作要求。

蒸汽-空气锤具有操作方便、锤击速度快、打击力呈冲击性等特点。且由于锤头两旁有导轨，保证了锤头运动准确，打击平稳，但蒸汽-空气锤需配备蒸汽锅炉或空气压缩机及管道系统，较空气锤复杂。

（3）水压机　水压机是以高压水泵所产生的高压水（15～40MPa）为动力进行工作的。水压机是生产大型锻件，特别是可锻性较差的合金钢锻件的主要锻造设备。水压机的规格以水压机产生的静压力的数值来表示。

1）组成。水压机主要由固定系统和活动系统两部分组成。水压机广泛采用三梁四柱式传动结构，并带有活动工作台。固定系统由上梁、下梁、工作缸、回程缸和四根立柱组成。工作缸和回程缸固定在上横梁上，下横梁上面装有下砧。上、下横梁和四根立柱组成一个封闭的刚性机架，工作时，机架承受全部工作载荷。活动系统由工作活塞、活动横梁、回程柱塞和拉杆组成。活动横梁的下面装有上砧。其典型结构如图 13-13 所示。

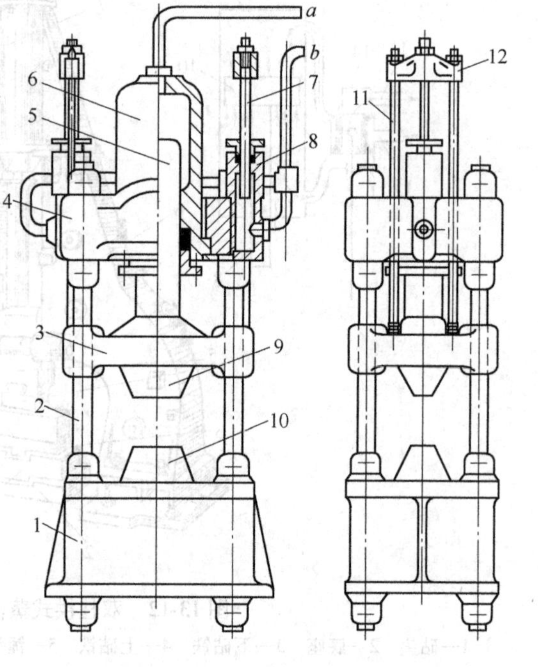

图 13-13　水压机结构图

1—下横梁　2—立柱　3—活动横梁　4—上横梁　5—工作柱塞　6—工作缸　7—回程柱塞　8—回程缸　9—上砧　10—下砧　11—拉杆　12—回程横梁　a、b—导管

2）工作原理。当高压水沿管道进入工作缸时，工作柱塞带动活动横梁沿立柱下行，对坯料进行锻压。当高压水沿管道进入回程缸下部时，则推动回程柱塞上行，通过回程小横梁和拉杆将活动横梁提升离开坯料，从而完成锻压与回程的一次工作循环。

水压机的特点是工作时以无冲击的静压力作用在坯料上，因此工作时振动小，不需笨重的砧座；锻件变形速度慢，变形均匀，易将锻件锻透，使整个截面呈细晶粒组织，从而改善和提高了锻件的力学性能；容易获得较大的工作行程，并能在行程的任何位置进行锻压，劳动条件较好。但由于水压机主体庞大，并需配备供水和操纵系统，故造价较高。

13.2.2 自由锻造的基本工序

自由锻造的基本工序有镦粗、拔长、冲孔、弯曲、扭转、错移、切割、锻接等。其中前三种工序应用最多。

1. 镦粗

镦粗是减少坯料长度，增加横截面积的锻造工序。它分为完全镦粗、局部镦粗和垫环镦粗，如图13-14所示。镦粗常用来锻造齿轮坯、凸轮、圆盘形锻件，在锻造环、套筒等空心锻件时，则可作为冲孔前的预备工序，也可作为提高锻件力学性能的预备工序。

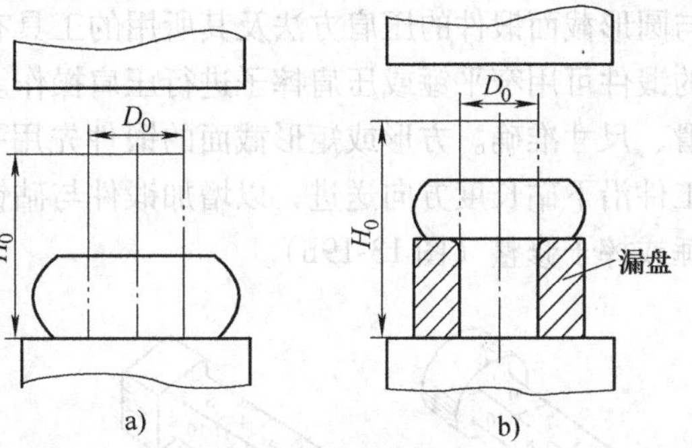

图13-14 镦粗类型
a）整体镦粗 b）局部镦粗

镦粗操作时应注意：坯料不能太长，镦粗部分的原高度 H_0 与原直径 D_0 之比应小于3，否则容易镦弯；镦粗前应使坯料的端面平整并与轴线垂直，否则会镦歪。镦粗力要足够，否则会产生细腰形，若不及时纠正，继续镦粗就会产生折叠。

2. 拔长

拔长是使坯料横截面积减小，增加长度的锻造工序。拔长多用于锻造轴类、杆类和长筒形零件。

拔长操作时应注意：锻打时，工件应沿砧铁的宽度方向送进，每次的送进量 L 应为砧铁宽度 B 的0.3~0.7（图13-15）；圆截面坯料拔长成直径较小的圆截面锻件时，必须先将坯料锻成方形截面，再进行拔长，直到接近锻件的直径时，再锻成八角形，最后锻打成圆形，如图13-16所示；拔长过程中要不断翻转坯料，塑性较高的材料拔长可在沿轴向送进的同时将毛坯反转90°，如图13-17a所示；塑性较低

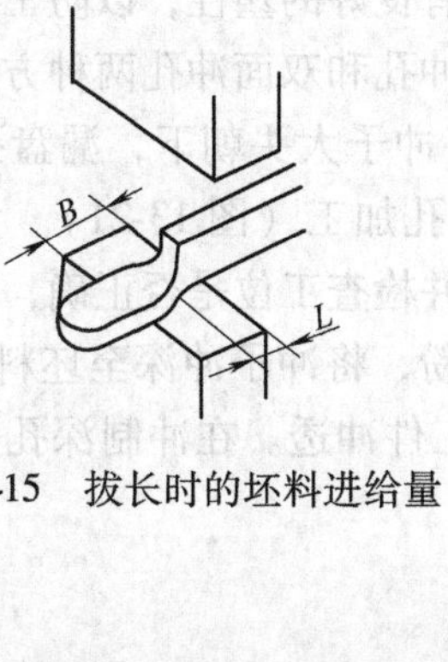

图13-15 拔长时的坯料进给量

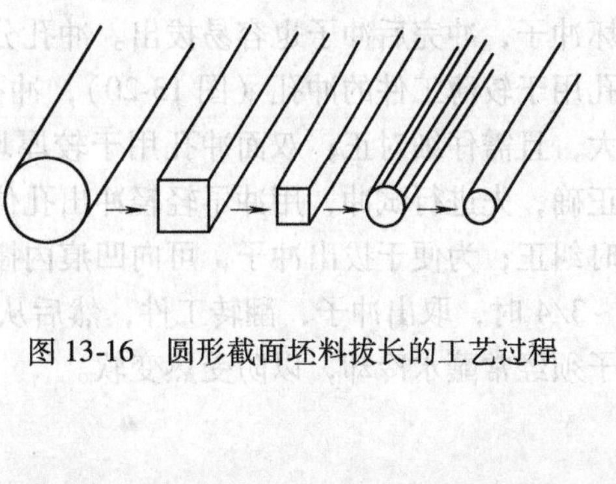

图13-16 圆形截面坯料拔长的工艺过程

的材料拔长可在沿轴向送进的同时将毛坯沿一个方向做90°螺旋式翻转，如图13-17b所示。由于毛坯各面都接触下砧面，因而可使其各部分温度保持均匀。对于大件的锻造拔长，可将毛坯沿整个长度方向锻打一遍后再翻转90°，采取同样依次锻打的操作方法，顺序如图13-17b所示，但工件的宽度与长度之比不应超过2.5，否则再次翻动后继续拔长容易形成折叠。局部拔长锻造台阶轴时，拔长前应在截面分界处压出四槽（称为压肩），以便做出平整和垂直拔长的过渡部分。方形截面锻件与圆形截面锻件的压肩方法及其所用的工具有所不同，如图13-18所示。圆形截面的锻件可用窄平锤或压肩摔子进行压肩操作。锻件拔长后需要修整，使表面工整光滑、尺寸准确。方形或矩形截面的锻件先用平锤修整（图13-19a）。修整时，应将工件沿下砧长度方向送进，以增加锻件与砧铁间的接触长度。圆形截面的锻件用型锤或摔子修整（图13-19b）。

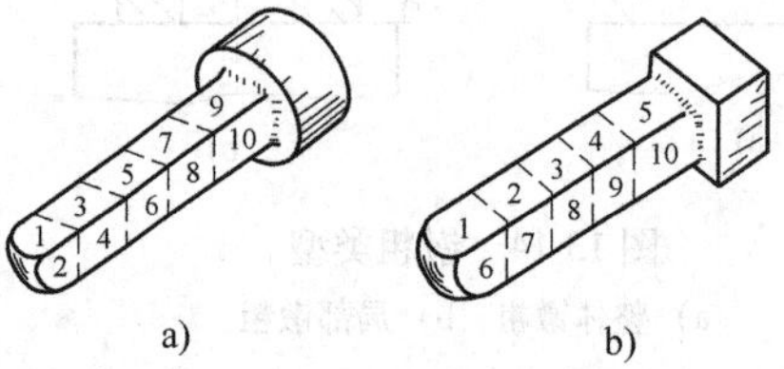

图13-17　拔长时锻件的翻转方法

a）翻转90°　b）螺旋式翻转

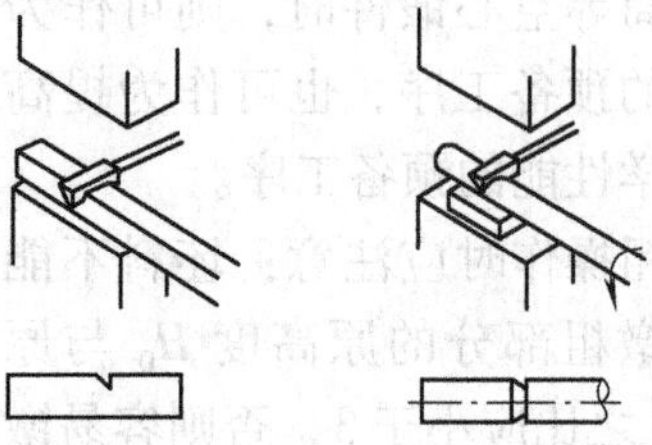

图13-18　坯料压肩

3. 冲孔

冲孔是使用冲子在锻件上冲出通孔或盲孔的锻造工序。冲孔常用于锻造齿轮、套筒、圆环等空心零件。直径小于25mm的孔一般不冲，而选择切削加工时钻出。

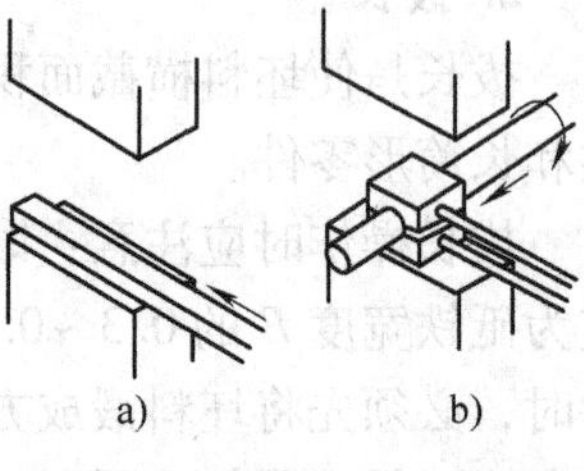

图13-19　坯料拔长后的修整

a）方形截面　b）圆形截面

冲孔操作时应注意：冲孔前坯料须先镦粗，以尽量减小冲孔深度和使端面平整，并避免冲孔时工件胀裂；冲孔的坯料应加热到允许的最高温度，且需均匀热透。这时锻件的局部变形量很大，要求坯料具有良好的塑性，以防工件冲裂或损坏冲子，冲完后冲子也容易拔出。冲孔分为单面冲孔和双面冲孔两种方式。单面冲孔用于较薄工件的冲孔（图13-20），冲孔时应将冲子大头朝下，漏盘孔径不宜过大，且需仔细对正；双面冲孔用于较厚坯料的冲孔加工（图13-21）。为保证孔位正确，先进行试冲，用冲子轻轻冲出孔位的凹痕并检查工位是否正确，如有偏差及时纠正；为便于拔出冲子，可向凹痕内撒少许煤粉，将冲子冲深至坯料厚度的2/3～3/4时，取出冲子，翻转工件，然后从反面将工件冲透。在冲制深孔过程中，冲子须经常蘸水冷却，以防受热变软。

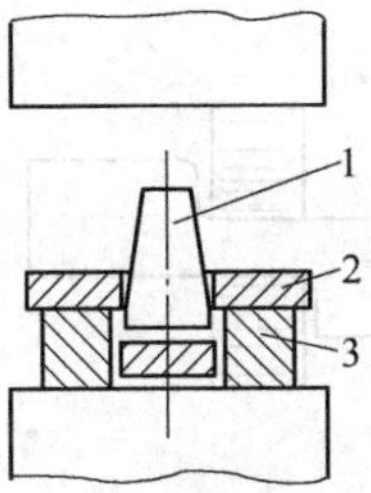

图 13-20 单面冲孔

1—冲子 2—工件 3—漏盘

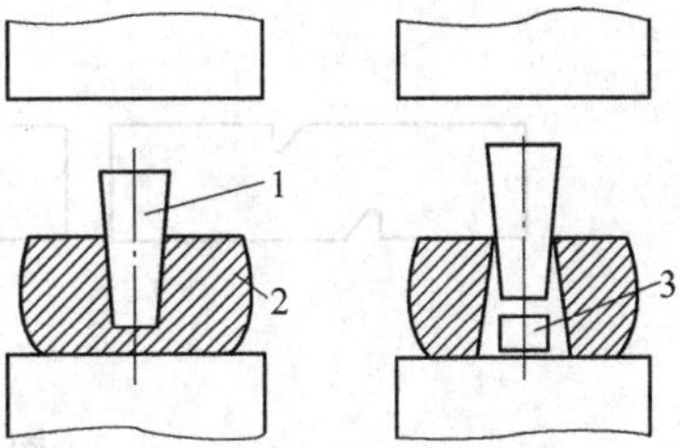

图 13-21 双面冲孔

1—冲子 2—坯料 3—冲孔余料

4. 弯曲

弯曲是使坯料弯成一定角度或形状的锻造工序。弯曲用于锻造吊钩、链环、弯板等锻件。弯曲时最好只限于加热被弯曲一段的那部分坯料，加热必须均匀。在空气锤上进行弯曲时．将坯料夹在上下砧铁间，使欲弯曲的部分露出，用锤子或大锤将坯料打弯（图 13-22a），也可借助于成形垫铁、成形压铁等辅助工具，使其产生成形弯曲（图 13-22b）。

5. 扭转

扭转是将坯料的一部分相对另一部分绕其轴线旋转一定角度的锻造工序，如图 13-23 所示。锻造多拐曲轴、连杆、麻花钻等锻件和校直锻件时常采用这种工序。

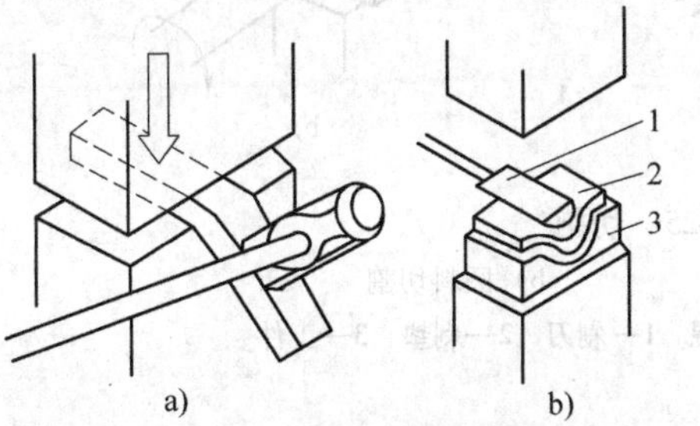

图 13-22 弯曲

a）击打弯曲 b）成形弯曲

1—成形压铁 2—坯料 3—成形垫铁

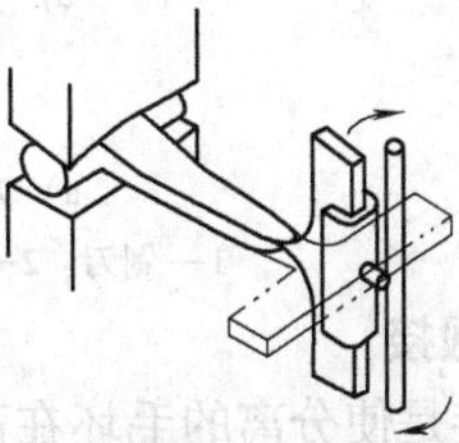

图 13-23 扭转

扭转前，应将整个坯料先在一个平面内锻造成形，并使受扭曲部分表面光滑。扭转时金属变形剧烈，要求受扭部分加热到始锻温度，且均匀热透。扭转后要注意缓慢冷却，以防出现扭裂。

6. 错移

错移是将毛坯的一部分相对于另一部分平移一定距离，但仍保持金属连续性的锻造工序。错移主要用于锻造曲轴的曲柄类锻件。

错移时，毛坯先在错移的部位进行压肩，然后进行锻打错开，最后再进行修整，如图 13-24 所示。

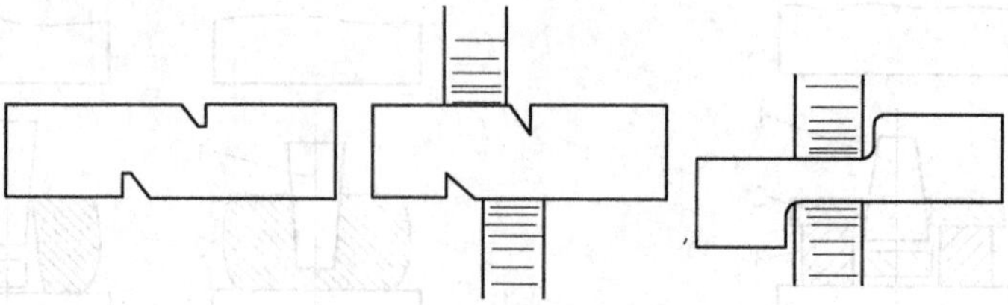

图 13-24 错移

7. 切割

切割是将坯料或工件切断的锻造工序。切割用于下料和切除料头等。

较小矩形截面坯料的切割常用单面切割法，如图 13-25a 所示。先将剁刀垂直切入坯料，快断时，翻转工件，再用锤击剁刀或压棍冲断连皮。切割较大截面的矩形坯料，可使用双面切割或四面切割法。切割圆形截面坯料，可在带有凹槽的剁垫中边切割边旋转坯料，直至切断为止，如图 13-25b 所示。

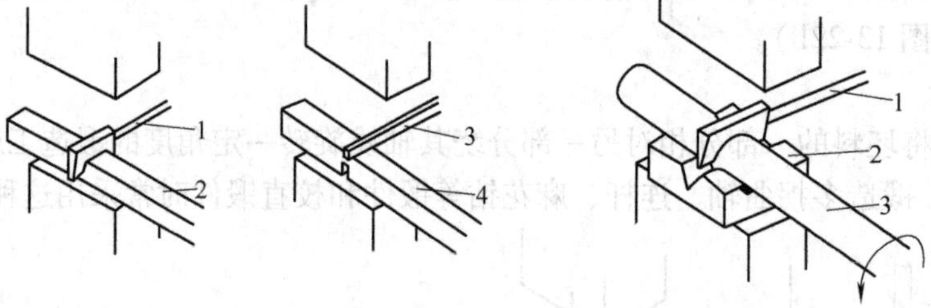

图 13-25 切割

a) 方料切割 b) 圆料切割

1—剁刀 2—工件 3—刻棍 1—剁刀 2—剁垫 3—工件

8. 锻接

锻接是使分离的毛坯在高温状态下经过锻压变形而使其连接成一体的锻造工序。锻接只适用于碳的质量分数较低的结构钢。锻接时要注意拿捏温度并除净锻接处的氧化皮。

13.3 模型锻造

把加热的坯料放在固定于模锻设备上的锻模内并施加冲击力或压力，使坯料在锻模模膛所限制的空间内产生塑性变形，从而获得与模膛形状相同的锻件的锻造方法称为模型锻造，简称模锻。模锻比自由锻的生产率高出几倍甚至几十倍，可锻造形状复杂的锻件，且加工余量小，尺寸精确，锻件纤维分布合理，强度较高，表面质量好。但所用锻模是用贵重的模具钢经复杂加工制成，成本高，因而只适用于大批量生产，且受设备能力的限制，一般仅用于锻造 150kg 以下的中小型锻件。

模锻按所用设备的不同，分为锤上模锻、压力机上模锻和胎膜锻等。

13.3.1　模锻设备

常用的模锻设备有蒸汽-空气模锻锤、摩擦压力机、曲柄压力机和平锻机等。

蒸汽-空气模锻锤的结构如图 13-26 所示，是目前使用广泛的一种模锻设备。它和蒸汽-空气自由锻锤的结构基本相似，但砧座质量比自由锻锤大得多，而且砧座与锤身连成一个封闭的整体，锤头与导轨之间的配合也比自由锻精密，因而锤头运动精确，锤击中能保证上下模对准。

蒸汽-空气模锻锤的规格以落下部分的质量来表示，常用规格为 1～10t。

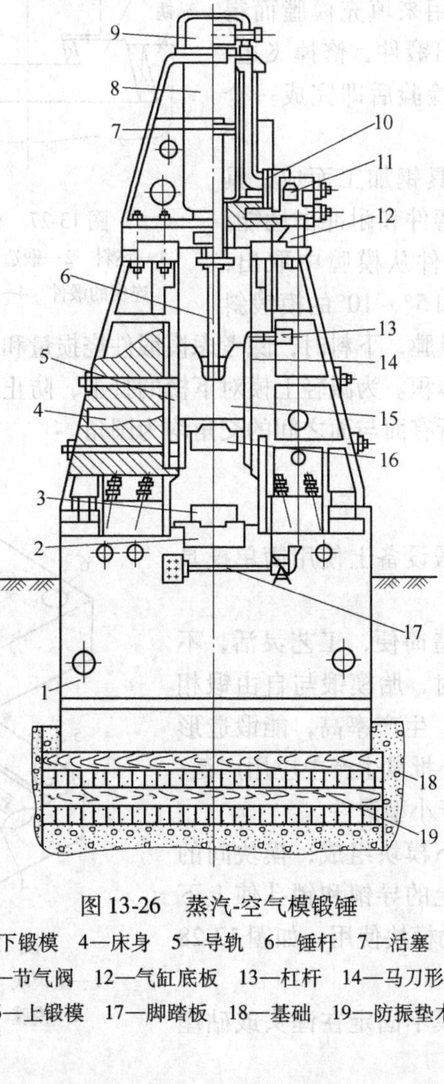

图 13-26　蒸汽-空气模锻锤

1—砧座　2—横座　3—下锻模　4—床身　5—导轨　6—锤杆　7—活塞　8—气缸　9—保险气缸　10—配气阀　11—节气阀　12—气缸底板　13—杠杆　14—马刀形杠杆　15—锤头　16—上锻模　17—脚踏板　18—基础　19—防振垫木

13.3.2 锤上模锻工作过程

锤上模锻是在蒸汽-空气模锻锤上进行的模锻，是模锻生产中最常见、应用最广泛的一种方法。

锤上模锻工作过程如图 13-27 所示。上模和下模分别用楔铁紧固在锤头和砧座的燕尾槽内。下模之间的分界面称为分型面。上下模闭合时形成的内腔即为模膛。工作时，上模与锤头一起上下往复运动，以锤击模膛中已加热好的坯料，使其产生塑性变形，用来填充模膛而得到所要求的锻件，取出锻件，修掉飞边、连皮和毛刺，清理并检验后即完成一个模锻工艺流程。

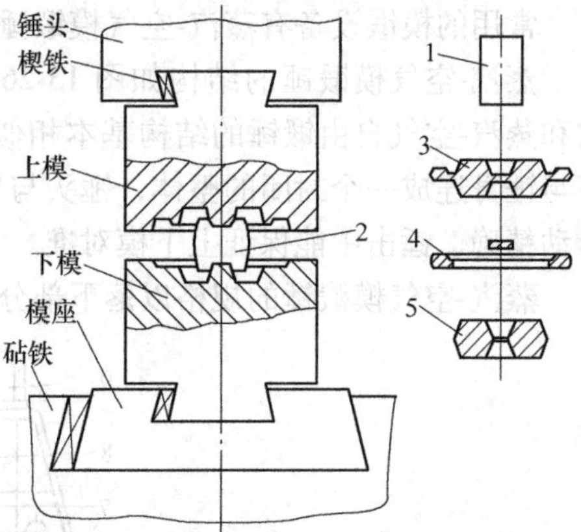

图 13-27 模锻工作示意图

1—坯料 2—锻造中的坯料 3—带飞边和连皮的锻件 4—飞边和连皮 5—锻件

锻模由专用的模具钢加工而成，具有较高的热硬性、耐磨件和耐冲击性能。为便于将成形后的锻件从模膛中取出，应确定合理的分型面和 5°～10°的模锻斜度。为保证金属充满模膛，下料时，除考虑模锻件烧损量和冲孔损失外，还应使坯料的体积稍大于锻件体积。为减轻上模对下模的打击，防止因应力集中使模膛开裂的情况发生，模膛内所有面与面之间的交角均为圆角。

13.3.3 胎模锻

胎模锻是在自由锻设备上使用简单模具（胎模）的锻造方法。

胎模锻的模具制造简便，工艺灵活，不需模锻锤。成批生产时，胎模锻与自由锻相比，前者锻件质量好，生产率高，能锻造形状复杂的锻件，在中小批量生产中应用广泛；但劳动强度大，只适于小型锻件。

胎模一般由上、下模块组成，模块间的空腔称为模膛，模块上的导销和销孔使上下模膛对准，手柄供搬动模块使用，如图 13-28 所示。

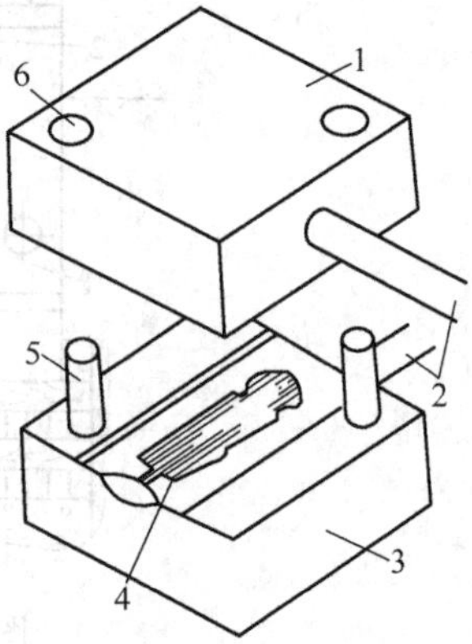

图 13-28 胎膜锻

1—上模块 2—手柄 3—下模块 4—模膛 5—导销 6—销孔

胎模锻造所用胎模不固定在锤头或砧座

上，按加工过程需要，可随时放在上下砧铁上进行锻造。锻造时，先把下模块放在下砧铁上，再把加热的坯料放在模膛内，然后合上上模块，用锻锤锻打上模块背部。待上下模块接触，坯料便在模膛内锻成锻件。胎模锻时，锻件上的孔也不能冲通，留有冲孔连皮；锻件的周围亦有一薄层金属，称为飞边。因此，胎模锻后也要进行冲孔和切边，以去除连皮和飞边。

13.4　冲压

13.4.1　冲压概述

冲压是指利用冲压设备和冲模使金属或非金属板料产生分离或变形，从而获得具有一定形状、尺寸和性能的毛坯或零件的压力加工方法，也称为板料冲压。它是机械制造中重要的加工方法之一，应用十分广泛。这种加工方法通常是在常温下进行的，所以又称冷冲压。

用于冲压的材料必须具有良好的塑性，常用的有低碳钢、铝和铝合金、铜和铜合金、镁合金及奥氏体不锈钢等金属板，以及塑性板、胶木板、皮革和云母片等非金属材料。

冲压的特点是可冲出形状复杂的零件，材料利用率高；冲压件表面质量高，强度高，刚性好；操作简单，生产效率高，易于实现机械化和自动化；冲模精度要求高，结构复杂，制造成本高，因此冲压适用于大批量生产。

13.4.2　冲压设备

常用的冲压设备有剪床和压力机。

1. 剪床

剪床是将板料剪切成所需形状，以供冲压后续工序使用的基本设备，其传动系统如图 13-29 所示。电动机 1 经带轮、齿轮和牙嵌离合器 3 使曲轴 4 转动，曲轴带动装有上切削刃的滑块 5 沿导轨上下移动，与装在工作台上的下切削刃相配合，进行剪切。下料的尺寸由挡铁控制。制动器 7 的作用是使上切削刃剪切后停在最高位置上，为下次剪切做好准备。

2. 压力机

压力机是进行冲压加工的基本设备，常用的开式单柱曲轴压力机如图 13-30 所示。电动机 5 通过 V 带减速系统 4 带动带轮转动，踩下踏板 7 后，离合器 3 闭合并带动曲轴 2 旋转，再经过连杆 11 带动滑块 9 沿导轨 10 做上下往复运动，进行冲压加工。如果将踏板踩下后立即抬起，滑块冲压一次后便在制动器 1 的作用下停止在最高位置，若踏板不抬起，滑块将连续动作，进行连续冲压。

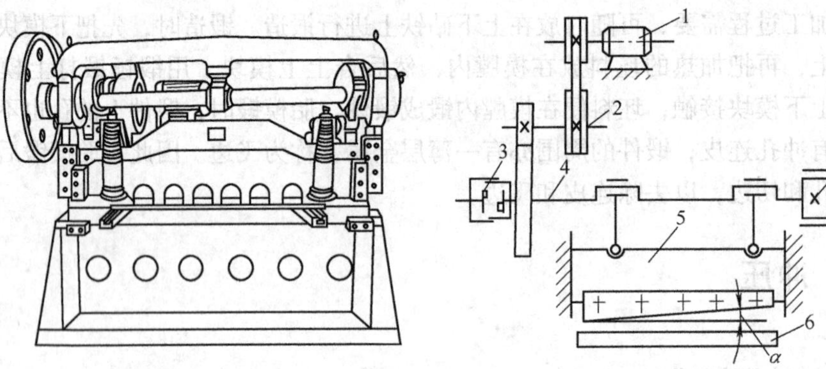

a) b)

图 13-29 剪床

a）剪床外形图 b）传动示意图

1—电动机 2—轴 3—牙嵌离合器 4—曲轴 5—滑块 6—工作台 7—制动器

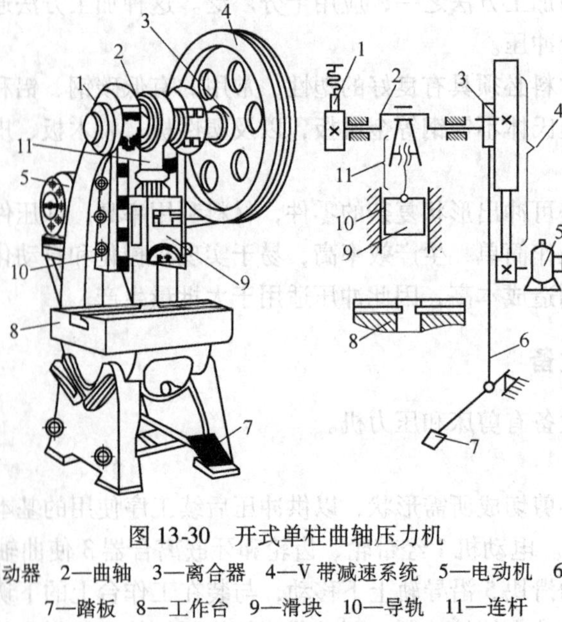

图 13-30 开式单柱曲轴压力机

1—制动器 2—曲轴 3—离合器 4—V 带减速系统 5—电动机 6—拉杆 7—踏板 8—工作台 9—滑块 10—导轨 11—连杆

3. 冲模

冲模是使板料分离或变形的主要工具。按照结构特点的不同，冲模可以分为简

连续模及复合模 3 种。在冲床滑块的一次行程中只完成一道工序的模具称为

，又称单工序模。简单模结构简单，容易制造，适用于生产单工序完成的冲

连续模是在压力机的一次行程中，在一副模具的不同位置上同时完成几个工

又称级进模或跳步模。连续模使用设备和模具较少，生产效率高，操作

，易于实现自动化，但是由于定位误差，会影响加工工件的精度。因

般适用于精度要求低、多工序的小型零件。复合模是指在压力机滑块的

一次行程内，于模具的同一个位置完成两个以上的冲压工序的模具。复合模的生产效率高，结构复杂，制造精度要求高，因此适用于生产大批量、高精度的冲压件。

典型的冲模结构如图13-31所示，它是由上模和下模两部分组成。凹模7用下压板6固定在下模板5上，下模板5用螺栓固定在压力机工作台上。凸模11用上压板12固定在上模板2上，上模板2则通过模柄1与压力机的滑块连接，凸模11可随滑块做上下运动。上下模利用导柱4和导套3的滑动配合导向，保持凸凹模间隙均匀。坯料在凹模上沿两个导料板9之间送进，碰到定位销8为止。凸模向下冲压时冲下部分进入凹模孔；而条料则夹住凹模一起回程向上运动。坯料碰到卸料板10时被推下，这样坯料继续在导板间送进。重复上述动作，即可连续冲压。

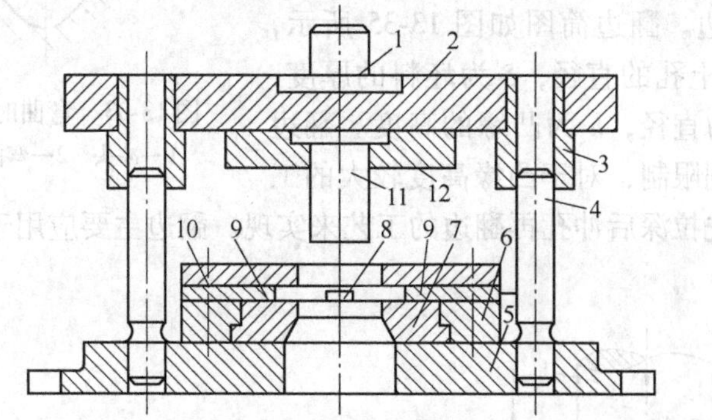

图13-31　典型冲模结构

1—模柄　2—上模板　3—导套　4—导柱　5—下模板　6—下压板　7—凹模
8—定位销　9—导料板　10—卸料板　11—凸模　12—上压板

4. 冲压的基本工序

冲压的基本工序可分为分离工序和变形工序两类。

分离工序是使零件与坯料沿一定的轮廓相互分离的工序，如剪切、落料、冲孔和整修等。变形工序是在板料不被破坏的情况下产生局部或整体塑性变形的工序，如弯曲、拉深和翻边等。

(1) 剪切　剪切是按不封闭的轮廓线从板料中分离出零件或毛坯件的工序。生产中主要在剪床上进行，用于毛坯的下料。

(2) 落料和冲孔　落料和冲孔都是按照封闭的轮廓线将板料分离的工序，统称为冲裁。从板料上冲下所需形状的零件（或毛坯）为落料，即冲下部分为成品，剩下周边部分为废料；而冲孔则相反，它是在板料上冲出所需形状的孔，即冲下部分为废料，剩余周边部分为成品。落料和冲孔如图13-32所示。

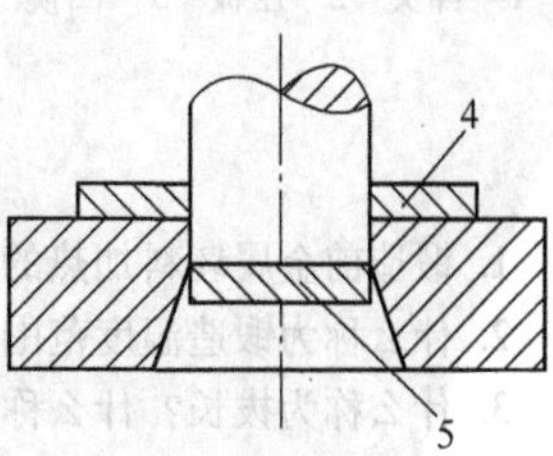

图13-32　落料和冲孔

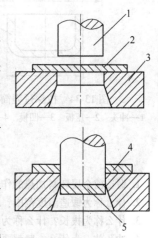

1—冲头　2—坯料　3—凹模
4—冲孔成品　5—落料成品

(3) 弯曲 弯曲是指将板料或型材用冲模弯成一定角度的工序。弯曲时金属变形简图如图 13-33 所示。弯曲件有最小弯曲半径的限制，凹模的工作部位必须有圆角过渡，以免拉伤工件。弯曲主要应用于制造各种弯曲形状的冲压件。

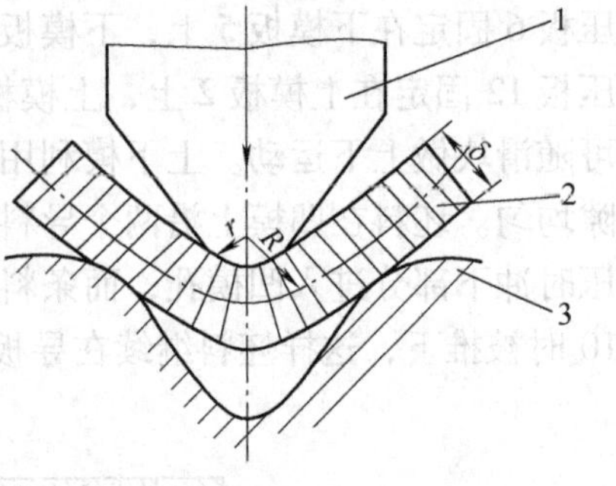

图 13-33 弯曲时金属变形简图

1—冲头 2—弯曲件 3—凹模

(4) 拉深 拉深是指利用冲模使板料形成开口空心零件的工序。拉深过程简图如图 13-34 所示。为了防止起皱，要用压板将坯料压紧，凹模和凸模必须有圆角过渡。

(5) 翻边 在带孔的平坯料上用扩孔的方法使板料沿一定的曲率翻成直立边缘的冲压成形方法称为翻边。翻边简图如图 13-35 所示，图中 d_0 为坯料上孔的直径，δ 为坯料的厚度，d 为凸缘的平均直径，h 为凸缘的高度。翻边的变形程度受到限制，对于凸缘高度较大的工件，可以采用先拉深后冲孔再翻边的工艺来实现。翻边主要应用于带有凸缘或具有翻边的冲压件。

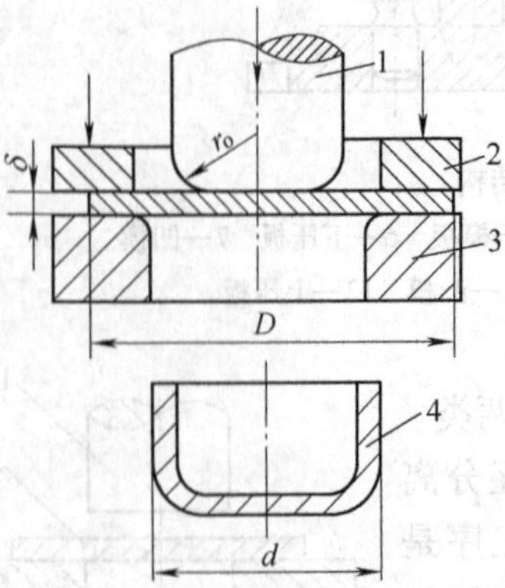

图 13-34 拉深过程简图

1—冲头 2—压板 3—凹模 4—拉深工件

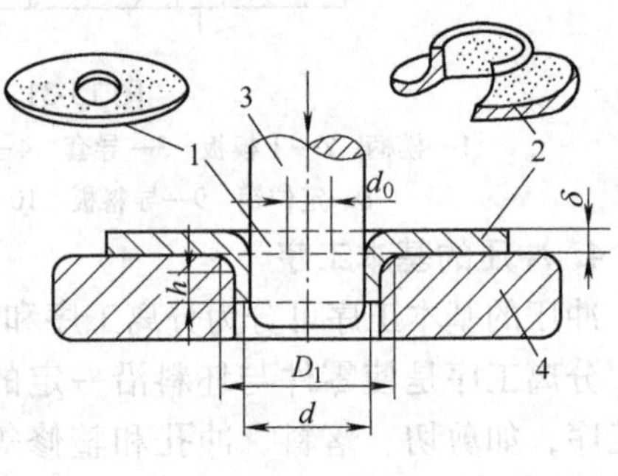

图 13-35 翻边简图

1—坯料 2—成形件 3—冲头 4—凹模

练 习 题

1. 锻造前金属坯料加热的作用是什么？加热温度是不是越高越好？

什么称为锻造温度范围？常用钢材的锻造温度范围是多少？

什么称为拔长？什么称为镦粗？锻件的镦歪、折叠是怎样产生的？

孔前，为什么一般都要进行镦粗？一般的冲孔件（除薄锻件外）为什么都采用双面冲

件的裂纹是如何产生的？减少或避免弯曲裂纹的措施？

产生拉裂和皱褶的原因是什么？防止拉裂和皱褶的措施？

参 考 文 献

[1] 孙朝阳，刘仲礼. 金属工艺学[M]. 北京：北京大学出版社，2006.

[2] 朱张校. 工程材料[M]. 3 版. 北京：清华大学出版社，2003.

[3] 唐秀丽. 金属材料与热处理[M]. 北京：机械工业出版社，2008.

[4] 柳秉毅. 金工实习[M]. 北京：机械工业出版社，2002.

[5] 李华. 机械制造技术[M]. 北京：高等教育出版社，2005.

[6] 王志海，罗继相. 工程实践与训练教程[M]. 武汉：武汉理工大学出版社，2007.

[7] 刘晋春，白基成，郭永丰. 特种加工[M]. 北京：机械工业出版社，2008.

[8] 孔德音. 金工实习[M]. 北京：机械工业出版社，1998.

[9] 车建明. 机械工程训练基础——金工实习教材[M]. 天津：天津大学出版社，2008.

[10] 傅水根. 机械制造工艺基础[M]. 北京：清华大学出版社，1996.

[11] 董丽华. 金工实习实训教程[M]. 北京：电子工业出版社，2006.

[12] 刘胜青，陈金水. 工程训练[M]. 北京：高等教育出版社，2005.

[13] 刘武发，刘德平. 机床数控技术[M]. 北京：化学工业出版社，2007.

[14] 李家杰. 数控机床编程与操作实用教程[M]. 南京：东南大学出版社，2005.

[15] 聂蕾. 数控实用技术与实例[M]. 北京：机械工业出版社，2006.

[16] 王瑞芳. 金工实习[M]. 北京：机械工业出版社，2002.

[17] 刘家发. 焊工手册[M]. 3 版. 北京：机械工业出版社，2002.

[18] 王洪光，赵冰岩，洪伟. 气焊与气割[M]. 北京：化学工业出版社，2005.

[19] 朱庄安，朱轮. 焊工实用手册[M]. 北京：中国劳动社会保障出版社，2002.

[20] 冀秀焕. 金工实习教程[M]. 北京：机械工业出版社，2009.

[21] 张辽远. 现代加工技术[M]. 北京：机械工业出版社，2002.

[22] 盛晓敏，邓朝晖. 先进制造技术[M]. 北京：机械工业出版社，2002.

[23] 顾小玲. 量具、量仪与测量技术[M]. 北京：机械工业出版社，2009.

[24] 海克斯康测量技术(青岛)有限公司. 实用坐标测量技术[M]. 北京：化学工业出版社，2008.

[25] 赵万生. 特种加工技术[M]. 北京：高等教育出版社，2001.

[26] 刘志东. 特种加工[M]. 北京：北京大学出版社，2012.

上，按加工过程需要，可随时放在上下砧铁上进行锻造。锻造时，先把下模块放在下砧铁上，再把加热的坯料放在模膛内，然后合上上模块，用锻锤锻打上模块背部。待上下模块接触，坯料便在模膛内锻成锻件。胎模锻时，锻件上的孔也不能冲通，留有冲孔连皮；锻件的周围亦有一薄层金属，称为飞边。因此，胎模锻后也要进行冲孔和切边，以去除连皮和飞边。

13.4 冲压

13.4.1 冲压概述

冲压是指利用冲压设备和冲模使金属或非金属板料产生分离或变形，从而获得具有一定形状、尺寸和性能的毛坯或零件的压力加工方法，也称为板料冲压。它是机械制造中重要的加工方法之一，应用十分广泛。这种加工方法通常是在常温下进行的，所以又称冷冲压。

用于冲压的材料必须具有良好的塑性，常用的有低碳钢、铝和铝合金、铜和铜合金、镁合金及奥氏体不锈钢等金属板，以及塑性板、胶木板、皮革和云母片等非金属材料。

冲压的特点是可冲出形状复杂的零件，材料利用率高；冲压件表面质量高，强度高，刚性好；操作简单，生产效率高，易于实现机械化和自动化；冲模精度要求高，结构复杂，制造成本高，因此冲压适用于大批量生产。

13.4.2 冲压设备

常用的冲压设备有剪床和压力机。

1. 剪床

剪床是将板料剪切成所需形状，以供冲压后续工序使用的基本设备，其传动系统如图 13-29 所示。电动机 1 经带轮、齿轮和牙嵌离合器 3 使曲轴 4 转动，曲轴带动装有上切削刃的滑块 5 沿导轨上下移动，与装在工作台上的下切削刃相配合，进行剪切。下料的尺寸由挡铁控制。制动器 7 的作用是使上切削刃剪切后停在最高位置上，为下次剪切做好准备。

2. 压力机

压力机是进行冲压加工的基本设备，常用的开式单柱曲轴压力机如图 13-30 所示。电动机 5 通过 V 带减速系统 4 带动带轮转动，踩下踏板 7 后，离合器 3 闭合并带动曲轴 2 旋转，再经过连杆 11 带动滑块 9 沿导轨 10 做上下往复运动，进行冲压加工。如果将踏板踩下后立即抬起，滑块冲压一次后便在制动器 1 的作用下停止在最高位置，若踏板不抬起，滑块将连续动作，进行连续冲压。

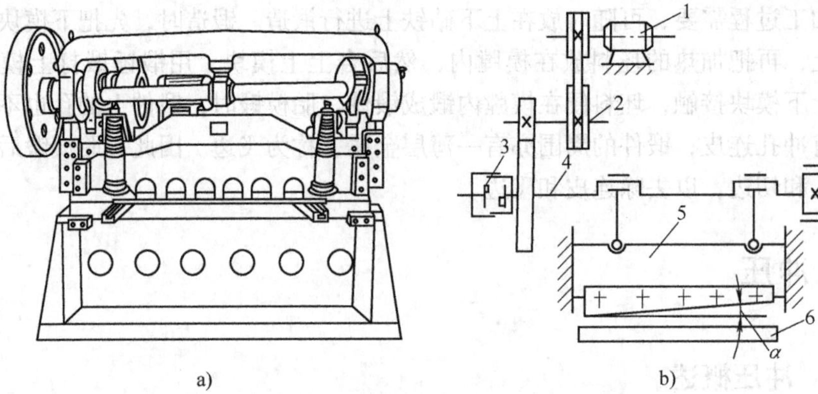

图 13-29 剪床

a）剪床外形图 b）传动示意图

1—电动机 2—轴 3—牙嵌离合器 4—曲轴 5—滑块 6—工作台 7—制动器

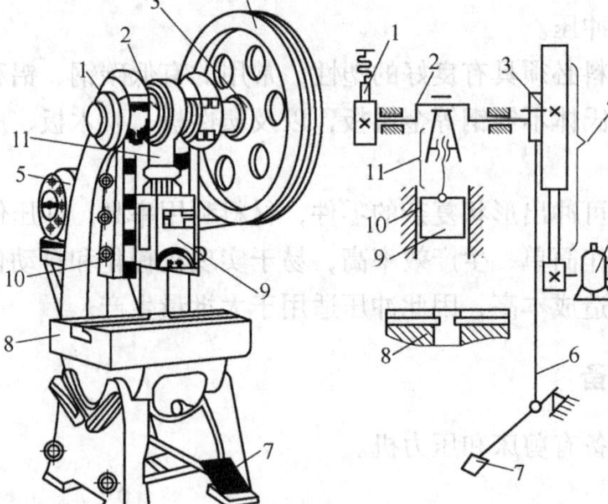

图 13-30 开式单柱曲轴压力机

1—制动器 2—曲轴 3—离合器 4—V 带减速系统 5—电动机 6—拉杆 7—踏板 8—工作台 9—滑块 10—导轨 11—连杆

3. 冲模

冲模是使板料分离或变形的主要工具。按照结构特点的不同，冲模可以分为简单模、连续模及复合模 3 种。在冲床滑块的一次行程中只完成一道工序的模具称为简单模，又称单工序模。简单模结构简单，容易制造，适用于生产单工序完成的冲压件。连续模是在压力机的一次行程中，在一副模具的不同位置上同时完成几个工序的冲模，又称级进模或跳步模。连续模使用设备和模具较少，生产效率高，操作方便、安全，易于实现自动化，但是由于定位误差，会影响加工工件的精度。因此，连续模一般适用于精度要求低、多工序的小型零件。复合模是指在压力机滑块的

（3）弯曲　弯曲是指将板料或型材用冲模弯成一定角度的工序。弯曲时金属变形简图如图13-33所示。弯曲件有最小弯曲半径的限制，凹模的工作部位必须有圆角过渡，以免拉伤工件。弯曲主要应用于制造各种弯曲形状的冲压件。

（4）拉深　拉深是指利用冲模使板料形成开口空心零件的工序。拉深过程简图如图13-34所示。为了防止起皱，要用压板将坯料压紧，凹模和凸模必须有圆角过渡。

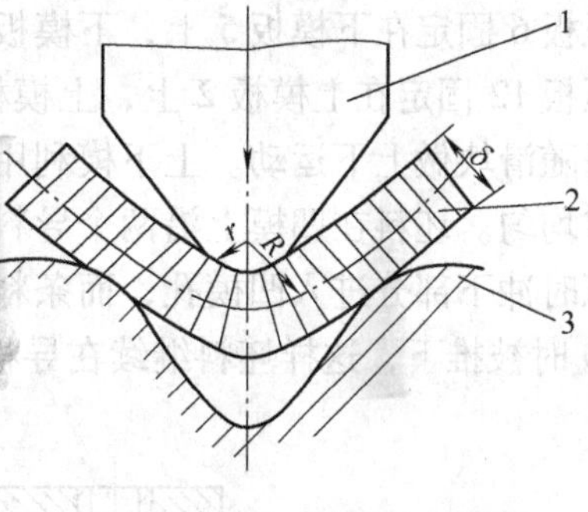

图13-33　弯曲时金属变形简图

1—冲头　2—弯曲件　3—凹模

（5）翻边　在带孔的平坯料上用扩孔的方法使板料沿一定的曲率翻成直立边缘的冲压成形方法称为翻边。翻边简图如图13-35所示，图中 d_0 为坯料上孔的直径，δ 为坯料的厚度，d 为凸缘的平均直径，h 为凸缘的高度。翻边的变形程度受到限制，对于凸缘高度较大的工件，可以采用先拉深后冲孔再翻边的工艺来实现。翻边主要应用于带有凸缘或具有翻边的冲压件。

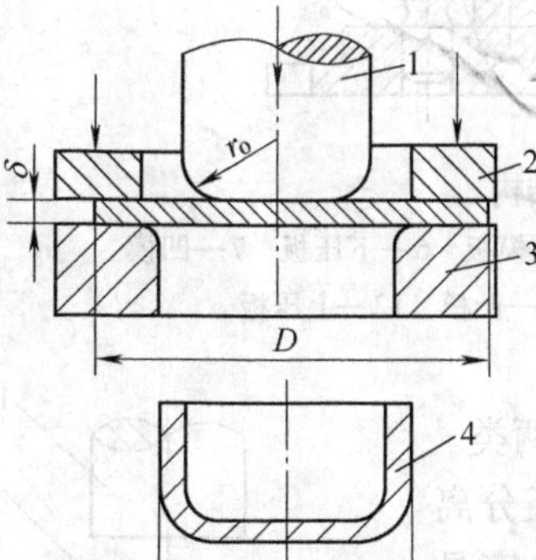

图13-34　拉深过程简图

1—冲头　2—压板　3—凹模　4—拉深工件

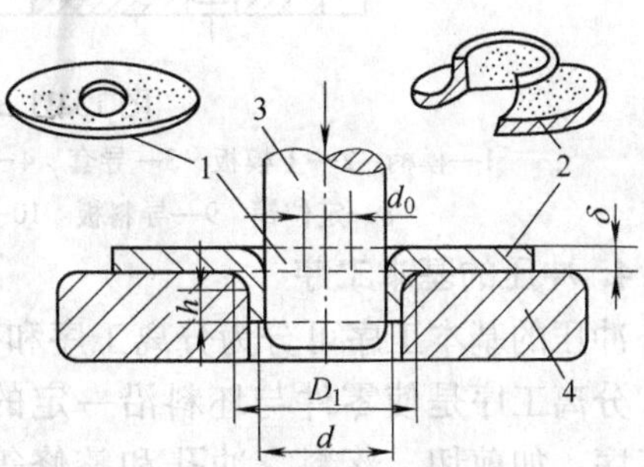

图13-35　翻边简图

1—坯料　2—成形件　3—冲头　4—凹模

练习题

1. 锻造前金属坯料加热的作用是什么？加热温度是不是越高越好？
2. 什么称为锻造温度范围？常用钢材的锻造温度范围是多少？
3. 什么称为拔长？什么称为镦粗？锻件的镦歪、折叠是怎样产生的？
4. 冲孔前，为什么一般都要进行镦粗？一般的冲孔件（除薄锻件外）为什么都采用双面冲孔的方法？
5. 弯曲件的裂纹是如何产生的？减少或避免弯曲裂纹的措施？
6. 拉深件产生拉裂和皱褶的原因是什么？防止拉裂和皱褶的措施？

一次行程内，于模具的同一个位置完成两个以上的冲压工序的模具。复合模的生产效率高，结构复杂，制造精度要求高，因此适用于生产大批量、高精度的冲压件。

典型的冲模结构如图 13-31 所示，它是由上模和下模两部分组成。凹模 7 用下压板 6 固定在下模板 5 上，下模板 5 用螺栓固定在压力机工作台上。凸模 11 用上压板 12 固定在上模板 2 上，上模板 2 则通过模柄 1 与压力机的滑块连接，凸模 11 可随滑块做上下运动。上下模利用导柱 4 和导套 3 的滑动配合导向，保持凸凹模间隙均匀。坯料在凹模上沿两个导料板 9 之间送进，碰到定位销 8 为止。凸模向下冲压时冲下部分进入凹模孔；而条料则夹住凹模一起回程向上运动。坯料碰到卸料板 10 时被推下，这样坯料继续在导板间送进。重复上述动作，即可连续冲压。

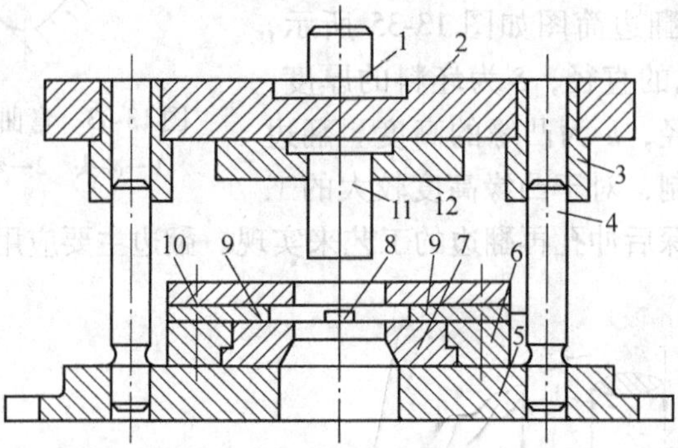

图 13-31　典型冲模结构

1—模柄　2—上模板　3—导套　4—导柱　5—下模板　6—下压板　7—凹模
8—定位销　9—导料板　10—卸料板　11—凸模　12—上压板

4. 冲压的基本工序

冲压的基本工序可分为分离工序和变形工序两类。

分离工序是使零件与坯料沿一定的轮廓相互分离的工序，如剪切、落料、冲孔和整修等。变形工序是在板料不被破坏的情况下产生局部或整体塑性变形的工序，如弯曲、拉深和翻边等。

（1）剪切　剪切是按不封闭的轮廓线从板料中分离出零件或毛坯件的工序。生产中主要在剪床上进行，用于毛坯的下料。

（2）落料和冲孔　落料和冲孔都是按照封闭的轮廓线将板料分离的工序，统称为冲裁。从板料上冲下所需形状的零件（或毛坯）为落料，即冲下部分为成品，剩下周边部分为废料；而冲孔则相反，它是在板料上冲出所需形状的孔，即冲下部分为废料，剩余周边部分为成品。落料和冲孔如图 13-32 所示。

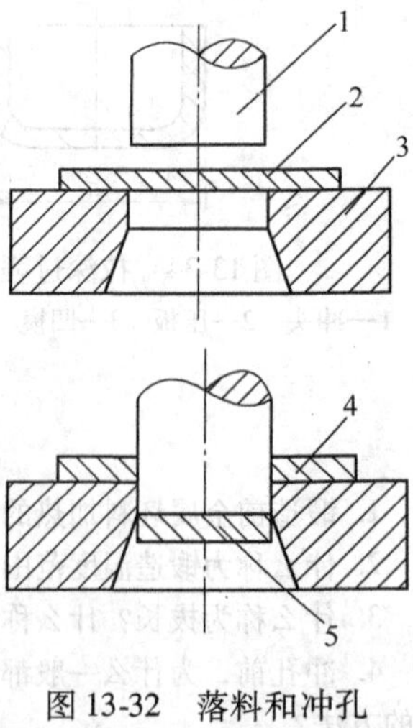

图 13-32　落料和冲孔

1—冲头　2—坯料　3—凹模
4—冲孔成品　5—落料成品

参考文献

[1] 孙朝阳，刘仲礼．金属工艺学[M]．北京：北京大学出版社，2006.
[2] 朱张校．工程材料[M].3 版．北京：清华大学出版社，2003.
[3] 唐秀丽．金属材料与热处理[M]．北京：机械工业出版社，2008.
[4] 柳秉毅．金工实习[M]．北京：机械工业出版社，2002.
[5] 李华．机械制造技术[M]．北京：高等教育出版社，2005.
[6] 王志海，罗继相．工程实践与训练教程[M]．武汉：武汉理工大学出版社，2007.
[7] 刘晋春，白基成，郭永丰．特种加工[M]．北京：机械工业出版社，2008.
[8] 孔德音．金工实习[M]．北京：机械工业出版社，1998.
[9] 车建明．机械工程训练基础——金工实习教材[M]．天津：天津大学出版社，2008.
[10] 傅水根．机械制造工艺基础[M]．北京：清华大学出版社，1996.
[11] 董丽华．金工实习实训教程[M]．北京：电子工业出版社，2006.
[12] 刘胜青，陈金水．工程训练[M]．北京：高等教育出版社，2005.
[13] 刘武发，刘德平．机床数控技术[M]．北京：化学工业出版社，2007.
[14] 李家杰．数控机床编程与操作实用教程[M]．南京：东南大学出版社，2005.
[15] 聂蕾．数控实用技术与实例[M]．北京：机械工业出版社，2006.
[16] 王瑞芳．金工实习[M]．北京：机械工业出版社，2002.
[17] 刘家发．焊工手册[M]．3 版．北京：机械工业出版社，2002.
[18] 王洪光，赵冰岩，洪伟．气焊与气割[M]．北京：化学工业出版社，2005.
[19] 朱庄安，朱轮．焊工实用手册[M]．北京：中国劳动社会保障出版社，2002.
[20] 冀秀焕．金工实习教程[M]．北京：机械工业出版社，2009.
[21] 张辽远．现代加工技术[M]．北京：机械工业出版社，2002.
[22] 盛晓敏，邓朝晖．先进制造技术[M]．北京：机械工业出版社，2002.
[23] 顾小玲．量具、量仪与测量技术[M]．北京：机械工业出版社，2009.
[24] 海克斯康测量技术(青岛)有限公司．实用坐标测量技术[M]．北京：化学工业出版社，2008.
[25] 赵万生．特种加工技术[M]．北京：高等教育出版社，2001.
[26] 刘志东．特种加工[M]．北京：北京大学出版社，2012.